U0070412

商店叢書 ⑧⓪

開店創業手冊（增訂五版）

葉斯吾 黃憲仁　編著

憲業企管顧問有限公司　　發行

開店創業手冊〈增訂五版〉

序　言

　　此書是 2021 年 5 月增訂五版，增加更多的成功實務經驗，值得你參考使用。

　　開店創業的好處就在於心中踏實，資本可大可小，經營靈活多樣，成千上萬的商品，每一種都有利潤空間，買進賣出，又不需要特別的技術，開店規模可大可小，也能發展成股票上市的大企業，所以開店成了很多人的創業首選。

　　進入的人越多，競爭就越大，你想把店開好，把生意做大，是一件很不輕鬆的事。很多人一出道就想當老闆，投入資金就可以灑灑灑

灑成為老闆。其實當老闆很辛苦，尤其是創業之初，你所付出的辛勞，遠遠超過員工，有鑑於此，本書特別聘請開店專家提供寶貴開店經驗，供有志開店者作為實務參考用書。

此書原稿是赴商業司對有志開店創業者的演講內容，講究實務，得到創業家族們的喜愛；更感謝承蒙大學專業教師以此為授課教材。

此書針對創業者想要開設各種類型的不同商店，核心議題就是指導創業者如何開店的工具書。

本書作者在撰寫<餐飲業工作規範>、<服飾店經營技巧>、<餐飲業經營技巧>三書後，再推出此書<開店創業手冊>，上市後承蒙眾多讀者喜愛，本書是 2021 年 5 月增訂五版，書中內文已經大幅修改並增加更多實務內容，由最早版本的的 250 頁，增加到第五版的 375 頁，增加更多開店創業的實務技巧，希望你會更喜歡！

2021 年 5 月 增訂五版

<編輯部註>
如果你對開設商店有興趣，可以翻看本書最末頁的
<圖書出版目錄>，裏面有多本商店叢書可供你參考選購。

開店創業手冊〈增訂五版〉

目　錄

第一章　開店必須具備的基本條件 / 11

創業意味著從無變到有，開店是創業的一種，開一家小店或許是最好的從商之路，也是創業首選；但開店並不是簡單的事，在投資開店前，必須仔細想好。

第二章　初期就要避免開店風險 / 43

要想在這個開店行業賺錢，就要先變成內行。善於借鑒他人的經驗，開源節流，這才有助於店舖生意的穩定發展。對各種支出運作的資金預算不足，或超出預算太多，會給開店帶來大風險。

第三章　開店籌資有技巧 / 57

資金是開店籌劃中最重要的一個環節。如果沒有資金，一切都是枉然，在運用籌措資金要特別小心，店舖投資者在投資時一定要本著節省的宗旨辦事，將資金運用恰當。首要的一點就是做好管理，控制好開店各種費用。

第四章　利用連鎖加盟的優勢 / 94

連鎖加盟是一種最簡單、成功率可能最高的經營手段，它提

供了一種雙贏的模式。許多初次創業者缺乏資金和市場經驗，採用連鎖加盟可以讓不熟悉開店之道的人，以相對較小的風險開創自己的事業，對於選擇連鎖加盟的創業者來說，必須選對公司、避免加盟風險。

第五章　開店的前期市場調查 / 121

不打無準備之仗，開店就要做好前景分析。開店前要重點調查瞭解各市場因素，掌握具體的調查方法，明確店鋪的市場定位及目標客戶以及對競爭對手進行全面調查，從多方面開展調查，以確保自己少犯錯誤，立於不敗之地。

第六章　開店選址有講究 / 143

店址為經營之本，確定營業場地是店舖產生和發展的基礎，只有選好了店址，才可掌握良好的商機。店址的選擇與店舖的營業內容及潛在客戶群息息相關，各行各業均有不同的特性和消費對象。

第七章　店舖租賃有技巧 / 173

對於創業開店者來說，一旦找到理想的店面，就要當機立斷，儘快承租，否則夜長夢多，很有可能會因你的片刻遲疑而被別人捷足先登，錯失良機。承租談判是至關重要的，商談後立即簽訂房屋租賃合約，並實施租賃登記備案，完成交易。

第八章　開幕和假期要促銷慶祝 / 188

「凡事預則立，不預則廢。」做任何事情都要做好計劃和準備，才能成功。因而，開店就必須要制訂週密的計劃。一份完整的開店計劃書，可協助你規劃開店並事半功倍。開業慶典是店舖向社會公眾的第一次亮相，其規模與氣氛，代表一個企業的風範與實力。

第九章　營造良好的店面銷售環境 / 205

有特色的店面設計則能抓住顧客的心，吸引他們進店購買，獲得顧客的忠誠。店舖的名號是店舖外觀形象設計的第一印象，好比店舖的眼睛，所以，在店舖進行形象設計之前，必定要先給店舖取一個好名。好名字會對顧客的心理產生微妙的影響從而影響顧客的入店率。

第十四章　店面財務管理與評估 / 316

　　商店生意需要管理，一旦生意冷淡，意味著店鋪開始走下坡路，一定要及早洞察出生意不佳的原因，究根溯源，找出病因，然後對症下藥。

　　店鋪的財務管理至關重要，財務規劃是重頭戲，規劃週到，理財有方，才能以錢生錢，才能擴大店鋪規模，獲取更大的利潤。

第 一 章

開店必須具備的基本條件

1 開店，你想好了嗎

開店，是創業的一種，創業意味著把一件東西從無變到有，開店並不是一件簡單的事，在投資開店前你必須仔細的想好。

1. 瞭解創業

創業並非像一些未涉商海的人所想像的或像文學影視作品中所描繪的那樣瀟灑有趣。實際上，對一個創業者來說，創業的艱辛是很難以用語言來表達的。你會經常遇到各種各樣的困境，例如資金短缺、市場打不開等等。在創業過程中可能會有數不清的障礙和困難。只要有一個問題沒解決，有一個障礙無法克服，就可能前功盡棄。

創業，意味著自己當老闆，那麼他就要比一般人承受更大的壓力。對於工薪階層的職員來說，公司垮了可以另謀職位，然而，對於創業者來說，公司垮了就等於他整個的事業垮了。在人生旅途上，

總是充滿各種困難和挫折，有的挫折是由於自己不慎重造 成的，有的則是不可避免的或意想不到的。由於各人意志力的差別，有的人在失敗和挫折中沉淪下去，而有的人卻在失敗和挫折中奮發起來。大概沒有那個生意人沒嘗過失敗的滋味。經濟成長時期生意比較好做，似乎那一行都有錢賺。經濟衰退時期許多企業就會陷入困境。常因一項決策的失誤或計劃不週密而導致經營失敗。

人在得意時，往往呼風喚雨事事順手，但當處於困境時，可能是「屋漏偏逢連夜雨」，各種麻煩都有可能遇到：銀行不願貸款，賣主不敢批貨，買主不願購貨，僱員離心離德，各有打算，更有那些落井下石的人趁火打劫等。身處逆境中，要麼咬緊牙關，勇往直前，要麼一路退敗，前功盡棄。怕失敗是人性的弱點，一個人的自信心能夠被失敗之後的那種挫折感徹底摧毀。有些人會因此一蹶不振。但人生沒有永遠的失敗，也沒有戰勝不了的困難，辦法總比困難多。一個人要想渡過難關，取得最後的成功，不僅要有信心、勇氣和不屈不找的精神，還要以積極的態度去迎接挑戰。

所以，要明白，創業是一件很艱辛的事，不論你從那開始創業，都有可能會遇到困難的挫折，可能出現意想不到的問題，要有充分的心理準備，例如吃苦的準備，遇到困難和挫折的準備，失敗的準備。有了心理準備，遇到的困難和挫折便會迎刃而解，到達理想的彼岸。

2.瞭解自己

創業是一件很艱險的事，瞭解了這些後，另外你還需要瞭解的是你自己，人與人是不同的，不同的人適合不同的工作，在創業之前，你最好評估一下，自己是否適合創業，是否該自己去創辦事業？

首先，作為一個成功的企業者，你必須能夠獨立承擔風險，富有創新意識和團隊精神，那麼，你是嗎？

　　第二，每個人在開始創業之前，都有自己的事業。捨棄自己的事業去追求另一份冒險，你有勇氣去承受嗎？

　　創業的路是充滿艱難險阻的，你有充分準備去迎接挑戰嗎？

　　第三，瞭解自己創業成功的幾率。創業聽起來很不錯，沒有老闆管，也沒有等級架構。但創業並不是那麼容易成功的，你必須仔細測試一下自己的成功率。

　　⑴你有多懷念原來的工作？很多人對原來的工作十分懷念也幹得很有成就，如果你選擇離開，自己去創業。是否放得下？

　　⑵你為什麼要放棄現在的工作？仔細思考你為什麼要放棄現在的工作？很多創業成功的人之所以離開他們的公司，是因為他們有一個了不起的新創意。這是能量的源泉，可以補償他獨自創業時的資源匱乏。那麼，你是因為什麼呢？

　　⑶你的人際關係如何？與各種不同行業的人建立關係，是你不斷開拓業務的關鍵技能。

　　⑷你如何應付壓力？自己獨立創業，意味著你將承受一種不同於以往的壓力，你會很難把個人生活與商業困境分離開來，事業的成敗也就是你的成敗。

　　⑸現在是合適的時機嗎？選擇自己創業，你是否已經有了一定的準備。當你開始創業時，你應該具有一定的資金或技術或是其他資本。

　　⑹你真的想自己做老闆嗎？你一人獨力支撐時，該如何去面對？

　　⑺你是否企盼著成為企業家？你必須要有做企業家的那一股激情，才有可能驅使自己走向成功。

　　⑻你能夠放棄那些東西呢？如果你是放棄原有的工作開始創業，在決定之前，應該仔細思考一下其中的利與弊。一些人只顧想

著創業的種種好處，其實，作為創業者，還有一些損失也許你會覺得難以承受。所以，你必須思考你能放棄些什麼。

①要放棄固定的工資收入。創業回報是要一定的耐心的，如果你已經習慣了每月按時收到工資單的生活，考慮一下你是否能夠長久等待。因為等待投資回報是十分令人心焦的。

②要放棄個人時間。作為創業者，你必須要比以前付出更多的時間和精力。會失去很多的個人時間，你能否放棄？

③要放棄帶薪假期。作為創業者，一切都是你自己的，你想休假，行，但損失是你自己的。

④要放棄獎賞。在創業時期，你不可能享受到原公司的那些獎賞。

⑤要放棄地位。獨立創業，說來是不錯，但要想爭得自主地位，卻需要你百倍的努力。

⑼你會選擇那條創業途徑？你會選擇一條最順暢的途徑，從你最熟悉的業務開始創業；還是另闢蹊徑，辦一個與你目前工作毫不相干的企業？

⑽如何做出重大決策？獨立創業，你就是老闆，所有的一切都靠你自己把握。當你面臨重大決策時，你會怎樣去把握呢？你必須得明白，拿自己的錢去冒險和拿公司的錢去冒險可是截然不同的兩回事。

3. 測試自己是否適合開店

當老闆，開創屬於自己的事業是每個有志者的宏願。然而，並不是每個人都能開店當老闆的。店舖雖小，學問頗大，每個有志於開店的人都必須首先審視自身，從各個方面評價自己是否適合開店，從而揚利棄弊，明確自身素質及軟硬體要求，為成功開店而掃盲避障。正所謂「知己知彼，方能百戰不殆也」。

　　開店當老闆除要具備一定的外在條件外，自身還應具有一定的心理素質和個性方面的特徵。一些心理專家和管理專家認為，如果你具有以下 11 項個性特質中的 3 項以上，你就適合創業當老闆。你若肯下功夫，也許成功只是近在咫尺。

　　(1) **敢於冒險**

　　這是一些善於發現新生事物，並對新生事物有強烈的求知慾的人，他們對新出現的生意有躍躍欲試的衝動，即使沒有十分的把握，也敢於果斷地嘗試。

　　(2) **自信心十足**

　　這種人認為，人定勝天。一個人能否在事業上取得成功，不是命中註定的，而是完全靠自己把握的。這種人相信自己能夠利用有利因素戰勝一切困難。

　　(3) **思路清晰**

　　他們對於將要從事的事業能有一個科學的規劃。他們瞭解自己的長處和短處，清楚自己究竟能幹些什麼，能幹到什麼程度，善於發揮自己的長處，著眼於未來，對未來有一個準確的判斷。

　　(4) **善於交際**

　　這些人善於交際，他們認為，多一個朋友多一條路，不分貧窮貴賤，四海之內皆朋友。

　　(5) **有主見**

　　他們喜歡和別人合作共事，也容易接納別人的不同見解，但對自己認為正確的意見不輕易改變，不容易為別人所征服。

　　(6) **永不滿足**

　　他們不會因有了小小的成績而沾沾自喜，而敢於投入更大的人力、物力和心血去創造奇跡。

(7) 熱愛工作

這種人對待工作有濃厚的興趣和使不完的熱情，他們不因遇到困難和挫折而消沉或半途而廢。恒心和毅力是其堅強的支撐。

(8) 永不言敗

他們不怕失敗、不言失敗，即使失敗了，也會頑強地站起來。失敗在其看來，就像人生道路上的一次意外跌跤，重新站起來，輕撣一下灰塵，大步走過去，前面又是一個嶄新的天地。

(9) 極富感召力

他們擁有一顆博大的愛心，對待每位同事、下屬，都能像對待自己的兄弟一樣，友善平等地去關愛別人，真誠呵護。

(10) 管理慾極強

當他們一想到自己當上了老闆，即將獨立管理許多事務時，不但不感到緊張和膽怯，而是更加精神煥發、鬥志昂揚，做事更加胸有成竹、有條不紊。

(11) 對行業情況是否瞭解

三百六十行，行行出狀元。新手開店時，面對的是一個廣闊的新天地。張三開饅頭店賺了幾十萬，李四開美容美髮屋每天數千元營業額⋯⋯，他們都在賺錢。然而，不要以為別人賺錢的行業，你進入也會賺錢。

開店做生意成功的一個秘訣是「不熟不做」。那就是說，你開始經營的生意，一定是你熟悉的行業，不應該以一個外行的身分，做自己一無所知的事業。

自己熟悉的生意，就容易掌握得多，這是初做生意的捷徑。

做自己熟悉的生意，可以駕輕就熟。對於各方面的知識和業務都已經熟悉了，做起來就得心應手。雖然是剛剛開業，但就好像是做原來的工作那樣，只不過是換一個環境並且自己做了老闆。

做自己熟悉的生意，會帶來平穩和順利，否則會給自己帶來許多意想不到的難題。

不做自己陌生的生意，不是說不可以做，只是在創業時，一定要充分地審視自己。只有做自己熟悉的，才最容易站穩腳跟，待到逐步取得收益後，再擴展經營範圍才是明智之舉。

2 你要選擇開店時

1. 喜歡什麼

準備開店時，最重要的一件事，就是從你喜歡的商品和服務種類先著手。

經營一家商店，並不是只在進貨、與顧客週旋，或是商品陳列這些乍看之下輕鬆愉快的工作，其實接下來還有更多麻煩的事等著你。例如收貨（當然也包含紙箱的處理）、點貨、商品標價、庫存管理、打掃乃至於資金的運籌，等等，都是開店的必要工作。

就拿必須與顧客接觸的銷售活動來說，本來應該每天都保持愉悅的心情，但並非每位顧客都很講理，於是難纏的客人就成了煩惱的根源。商品的陳列也是一樣，好像不管怎麼擺放，都覺得不太對勁，甚至感到失望。

如果做的是自己喜歡的事，則又另當別論，即使是努力鑽研也不會厭倦，工作上的辛勞也成了小事一樁，很容易撐過去。

相反的，明明不想做，卻因為別人的勸誘，或撿現成便宜貿然開店，最後往往會走上失敗的路途。這種人當初之所以會開店，不

是出自本身強烈的意願，所以當經營稍有不順，便會立刻產生厭煩的心理。

2.你想賣什麼商品

一旦找到自己喜歡的行業之後，再來就要考慮你想要賣什麼商品？你要替它營造出什麼氣氛？開什麼店？花店？麵包店？還是運動器材店？室內裝潢用品店？

不管是那一種，只要下定決心，就必須對下列業界共通的經營資源有通盤的瞭解。

⑴有關批發商等商品流通的信息。

⑵消費者對店家的需求(分為商品、服務兩方面)。

⑶地點與商店的規模以及合適的店內擺設。

⑷資金(店面設計費用、初期進貨成本等創業所需資金，也包括週轉金)。

⑸員工人數及素質。

⑹專業知識與技術(商品知識、陳列技術等)。

⑺基礎的會計概念。

然後，你必須冷靜地想想，這些經營資源你已經掌握了多少。當然，就算掌握再多資源，也不保證生意一定會興隆。可是如果一開始就漫無計劃，那麼將來經營想上軌道，就難上加難了。

經過一番謹慎的評估之後，也許你會發現竟然沒有一項合格，有的只是「意願」和「幹勁」。沒關係，先別懊惱。

怎麼說呢？因為只要發現經營資源的不足，很容易找到解決之道。接著，稍微延後開業日期，等經營資源儲備夠了再正式上路吧！

3.究竟要開那種店

你適合開那種店？這是一個大而空洞的問題，誰也難以回答。具體開什麼店，根據店主自身的情況、店鋪所在地大環境、所在街

區小環境等特殊情況不同而不同。

　　開店前應進行充分地調查，沒有調查就沒有發言權。在選擇開某種店之前，你必須對目標顧客（開店後可能到店裏買東西的消費者）進行預測和調查。調查店鋪所在地人口分佈情況，附近聚集的單位性質、工作性質，本區域消費能力、習慣，有無同類店鋪，若有，其生意好壞、今後如何競爭。你越深入瞭解目標客戶，在店鋪定位時便愈能投其所好，準確定位。

　　想開店有兩種情況：一種情況是事先已確定開某種店，再分析店鋪將定下的地段是否可做這樣的生意；另一種情況是對某位置所在區域有充分瞭解後再確定開設某種店。後一種情況往往是事先沒有準備開店，而靈光一現，預測開某種店會賺錢後才抓住機會開店。但兩種情況道理是相通的：要調查、分析市場需求。沒有調查就沒有發言權。

　　有的人一看見某某店鋪轉讓，覺得其位置不錯，價格也不貴，便貿然接手下來，殊不知開店之後才發現目標市場太小，甚至造成「無人上門」的窘境，但為時已晚。若你平時細心觀察，有時便會發現某店鋪門面上經常都寫著「轉租」二字，老闆換了一撥又一撥，說明都沒賺到錢。還有一種情況，同一店鋪經常變換著形式，一會兒是蛋糕店，一會兒又成書店、服裝店或者小吃店，這說明這些店都沒有成功。而相反的情況是：有的店鋪幾年來一直沒有改變，這說明該店有生意可做，有錢可賺，其選擇是正確的。

　　具體開店時，還應與自身情況相結合。自己對將要從事的行業是否熟悉，或自身的素質是否能勝任等等，均要適當考慮到，特別是初開店者，往往採供銷管一人全兼，什麼事都得自己做。

3 一枝獨秀的店舖投資

在目前的投資工具中，店舖投資似乎是「一枝獨秀」，那麼，它的「秀」到底在那兒？為什麼大家都認為開店是個不錯的主意呢？

1. 店舖投資創業的資金要求不高

一般說來，店舖投資涉及的資金量並不大，而且其投資量可大可小。例如你經營低價位的商品，自己有經營場所的話，少則十幾萬元、多則百萬元，就足以創業。即使沒有經營場所，在大中城市每月租個小舖面，也可以開張營業，在小城市租舖面的花銷就更少。以如此少的資金就能創業，具備這種條件的人真太多了。因此，可以說，店舖投資是最容易創業的投資領域。假如你以如此少的資金投資於股票或房地產，則很難稱得上是真正意義上的創業了。

2. 安全性高

店舖投資不可能像股票、房地產投資那樣獲得高額利潤，一般只能保持在營業額的 10%~50%左右。但是，它的風險小，受政策變動和通貨膨脹的負面影響相對較小，走上正軌之後，有比較穩定的收入。一般來說，店舖投資不會像股票和房地產那樣出現血本無歸的情況；如果不是經營中有嚴重錯誤，肯定不會有大的虧損。對多數人來說，不過是賺得少、賺得慢一些而已。

表 1-3-1　十大最賺錢加盟行業

單位：萬元（數字會有變動）

行業別	總投資金額	每月營業額	每月淨利	回收期
中式速食	150-250	50-150	10-30	8-13 月
泡沫紅茶	120-200	40-80	5-30	7-12 月
咖啡店	400-600	40-150	10-20	25-40 月
餐車	10-20	10-30	3-20	1-2 月
中式麥食	100-200	40-60	8-15	10-18 月
文教業	60-250	30-50	6-15	6-24 月
便利商超	150-250	120-250	5-15	15-24 月
西式早餐	20-40	15-35	5-15	2-4 月
漫畫出租店	100-150	15-40	6-10	13-19 月
水處理業	15-40	5-10	3-4	5-12 月

3.靈活性強

店舖投資經營門類廣泛、品種繁多，易於投資者在複雜的市場競爭中改變經營方向和經營種類——這種商品不好銷，就銷另一種商品，反正船小好調頭，總能找到生存空間。

4.資金週轉快，操作技術簡單

店舖投資在短期內就可見效益，投入首期資本後，以後一般不需要重新投入。店舖投資不需要太多的技術和技巧，簡單操作，老實經營，一般都會有收穫。

5.滿足願望

店舖投資較之其他投資方式除了具有以上幾個特點外，對於投資者個人來說，滿足你當老闆的願望。一個店舖就是一個小企業，作為投資者，你就是小企業的老闆。從中，你能體會到老闆的酸甜

苦辣，你能擁有屬於你自己的事業，你能得到自豪感與滿足感。在這個創造老闆的時代中，你也能成為名副其實的老闆。經營得當的話，你還可以擴大你的店舖，擁有幾個夥計，一步步當上大老闆。

　　現代的人，多半是為別人打工，那麼就免不了來自上級的壓力和制約，而自己投資開店的話，錢是自己的，店是自己的，除了對自己負責外，投資者不需要對任何人負責。創業者可以自我設計、自我發揮，成功也好，失敗也好，是我自己的事，誰也管不了我。所以，創業者可以盡情展示自己的聰明與才智。

6.開店是小事業，卻是一個大財源。

　　古今中外，以開店致富的人大有人在。在美國，以經營餅乾店而發展成為連鎖店的億萬富翁不乏其人。著名的沃爾瑪超市就是一個最好的例子；在日本，也有不少以夫妻店起家，後發展成為著名大公司的財閥。而現今著名的華僑富商中，很大一部份都是以開店起家，發財致富的。如印尼富商林紹良、緬甸藥王胡文虎等。

　　臺灣工業鉅子王永慶，是以開米店起家，掌握經營訣竅而成為工業鉅子的；臺灣首富蔡萬霖、蔡萬春兄弟，則是從果菜批發生意做起慢慢發達而成為億萬富翁的；香港巨富霍英東開始時經營雜貨店，等到後來有了一定基礎，利用收購戰後剩餘物資發家，再進軍房地產。

　　商界中以開店起家的事例是層出不窮的，新的創業者在店舖經營過程中不斷學習、不斷總結、不斷積蓄而最終成為大富翁。

先具備相關的商業知識

常言道：生意做遍，不如開店。開店是所有生意中最容易做，也是最容易賺錢的生意。對於資金不是很大的創業者來說，開一家小店或許是最好的從商之路，也是第一次創業的首選。但是，要開店，就必須具備相關的商業知識，了解開店的開業程序，經營過程中的各種知識。這樣才能做到心中有數，少走彎路。創業開店應該學的商業知識有以下幾種：

1. 合法的開業知識

「合法經營、開店致富」是每一個創業者應該確立的基本觀念。無論做什麼，都應遵紀守法，不能靠投機取巧，坑騙顧客致富，也不能偷偷摸摸地偷稅漏稅，因此，必須要學習合法開業知識。這些知識包括：

(1)有關企業、有限公司的法律法規。

(2)怎樣進行驗資。

(3)怎樣申請開業登記。

(4)那些行業不允許。

(5)那些行業的經營須辦理有關行業管理手續。

(6)怎樣辦理稅務登記。

(7)納稅申報有那些規定和程序。

(8)如何領購和使用發票。

(9)銀行開戶程序和有關結算規定。

(10)成為一般納稅人有那些條件。

(11)你應該交那些稅費，如何交納。

(12)怎樣獲得稅收減徵免徵待遇。

(13)怎樣進行帳務票證管理。

(14)偷漏稅等違反行為有那些制裁措施。

(15)增值稅率及計徵方法。

(16)工商、財稅部門怎樣進行檢查。

(17)管理部門如何進行行業管理和檢查。

2. 行銷知識

行銷是關於企業如何發現、創造和交付價值以滿足一定目標市場的需求，同時獲取利潤的學科。開店不需要學這麼深，但必須對這些知識掌握到一定的程度，要能滿足店面經營的需要。這些行銷知識包括：

(1)市場預測與調查知識。

(2)消費心理、特點和特徵。

(3)定價知識和策略。

(4)產品知識。

(5)銷售管道和方式知識。

(6)行銷管理知識。

3. 貨物知識

開店必須對相關的貨物知識瞭解透徹，對進貨、商品存儲等知識熟練掌握。這些貨物知識包括：

(1)批發、零售知識。

(2)貨物種類、品質和有關計量知識。

(3)貨物運輸知識。

(4)貨物保管貯存知識。

⑸真假貨物識別知識。

4. 資金及財務知識

資金及財務的基本知識是必須掌握的。必須能進行簡單的財務核算，掌握帳務等知識。資金及財務知識包括：

⑴貨幣金融知識。

⑵信用及資金籌措知識。

⑶資金核算及記帳知識。

⑷證券、信託及投資知識。

⑸財務會計基本知識。

⑹外匯知識。

⑺識別假幣的技巧。

5. 行業知識

每個行業都有其特殊的專業知識，如服裝行業、美容美髮行業、日用百貨行業等。這些知識具體包括：

⑴行業管理的法律法規。

⑵各行業的規則、業務知識。

6. 經濟法常識

要進行創業開店，對於基本的經濟法常識必須要瞭解清楚。

7. 健康保險知識

店面規模如果很小，一般不會牽扯到保險、社會保障問題。但是，如果店面有一定的規模，或開連鎖店，就要招聘員工，這時就一定要熟悉相關的社會保障知識。

8. 公關交際知識

這一部份知識需要在日常生活和經營實踐中不斷積累學習。

對普通創業者來說，上述知識不需要全部都掌握，只需掌握與你選擇的掙錢方法有關的知識，各取所需，學以致用。

上述知識的取得，可以通過專業培訓，就業指導諮詢，廣播電視媒體講座，自學或向別人請教等多種方式獲得。可以邊幹邊學，邊學邊幹，帶著問題學，學以致用，逐漸瞭解和掌握。

5 要贏得家人和朋友的支持

在創業開店的過程中，取得家人和朋友的支持非常重要。創業，其實不是你一個人的事情，是你一家人的事情，是你所有朋友圈的事情，因為你的創業必將影響到他們的生活，如果他們不理解不支持，你也是孤掌難鳴，堅持不了多久就會放棄。

例如，大學剛畢業，想自己做事情，當他需要家人支援的時候，而家人卻說：「你自己有什麼本事？」這使得他很受打擊。最終他只好去找工作。

有的家人可能出於某種原因，不會支持自己的親人創業開店。這時候，該怎麼辦呢？如何才能取得家人的支持呢？

的確，家人是否支持，對於我們的創業之途會有決定性的影響。比起硬著頭皮先斬後奏，留下一連串的後遺症甚至到最後還要影響和家人感情的激烈做法，耐心而細緻地與家人溝通則是個圓滿的方法。一般家人的反對，無非是怕我們把家裏的錢賠光，沒有時間照顧老人、孩子，弄壞了身體等等。這時的我們，應先收集好自己所要創業行業的資料，備妥創業計劃書，並以逐步漸進的方式開始展開我們的「遊說」大計。通過與家人理性反覆的溝通，詳細說明創業的方案，勾勒出未來創業後的種種場景與狀況，並強調他們的支

持對我們所產生的極大幫助。這樣，一般情況下家人都會支援的。

對於創業者來說，可以把家人的疑慮當作是自己創業的第一次修煉。創業者還可以用與家人溝通所激蕩出來的火花，來完善自己的創業開店計劃。

在照顧孩子和打工之間，不少主婦會選擇照顧孩子、自主創業。

例如，我是一個有兩個孩子的母親，我和家人都不希望我的餘生都為別人工作，因為老闆總是讓我無休止的工作。我希望自己當老闆，我知道前期會很苦，但是等到事業成熟一些後，我就可以抽出一些時間照顧孩子了。但是，我如何才能平衡創業前期的艱苦日子和我的家庭呢？

回答這個問題很困難，不僅要仔細想想你的身份，還要考慮你的家庭義務，是否能夠得到家庭其他成員從情感到道義上的支持。

通常，你最想花時間照顧孩子的階段正是事業發展的最主要階段，因此要非常有技巧的處理這件事情，才可以家庭事業兩不誤。

在工作中，必須掌握有效按排工作的技巧，例如，從公司僱員變成新的商業業主，工資會大幅度改變。要仔細考慮自己適合那種商業，要仔細考慮自己的技術和即將介入的行業。

一種方式就是，在沒有獲得足夠主顧和資金前，要一直工作。可以利用中午時間，為以後的商業打基礎，即使只有五分鐘也非常有用。

你知道創業前期需要長時間的工作。但是還的有個限定，到底工作多少時間，如何工作才能推動你實現目標──能夠多花點時間和孩子們呆在一起。一種方法就是按照時間進度表辦事，定期開會，定期照顧孩子。

另一種方式就是使用人際網和當地業內企業或集團保持聯繫。其中重要的一點是確保你的人際網（主要是你的配偶）有時間，在你

需要他們幫助的時候，就可以幫助你照顧孩子或者別的什麼。同時要吸引一些公司對你進行支持，而不能將自己孤立出來。

6 夫妻創業的測試技巧

小到路邊小攤販、小店，大到享譽世界的國際財團，夫妻兩人搭檔無處不在。許多人羨慕這樣的「配對」，因為他們不僅生活在一起，就連工作也不分開。但正是這種「捆綁」使得不少夫妻店財務混亂，影響經營。到底該如何把握安排的尺度呢？理財專家提醒，打理任何規模的夫妻店都應當「公私分明」。

開夫妻店的兩口子總是讓人羨慕，大家認為他們不僅每天生活在一起，就連工作也不分開，這樣可以使感情更加穩定，而且和諧一致的經營也是招攬財富的法寶。

事情其實並不完全像人們想像中的那樣美好。記者在採訪中瞭解到，不少夫妻開店之初備感珍惜，但經過一段時間的經營之後，特別是財務問題或多或少的暴露出來之後，他們有的會推卸責任，有的甚至「怒目相向」。影響夫妻感情不說，店鋪也會因為管理不當發生經濟危機。

夫妻開店就像養孩子，雖然勞心費神卻樂此不疲。特別是處在這樣一個積極的年代，越來越多的小夫妻想合力創業，有條件的上，沒有條件的創造條件也準備一試。

經營事業一定會牽涉諸多財務問題，無論是創業準備金還是利潤再投入，都是必須明確的因素。如果夫妻雙方理財的觀念無法達

成共識，必將發展成經營失敗或關係衝突的導火線。

　　另外，夫妻創業可能會使家庭雙薪收入轉為單薪收入，如果資金調度失靈，或者創業失敗，不但會增加生活壓力，嚴重的話更可能造成夫妻失和。

　　〈小測驗〉：你們是否適合開夫妻店

　　測驗動機：不少人認為開夫妻店只要有勇氣和決心就可以，其實如果兩人沒有較高水準的「財商」，到頭來可能是「竹籃打水一場空」。

　　〈測驗問題〉：

　　1. 平時是否制定家庭財務計劃？

　　A. 制定； 　　　B. 偶爾； 　　　C. 從不

　　2. 家庭財務管理矛盾多嗎？

　　A. 從來沒有； 　B. 偶爾會有； 　C. 經常

　　3. 經濟目標是否一致？

　　A. 非常吻合； 　B. 偶有分歧； 　C. 不知道

　　4. 是否瞭解理財的基本知識？

　　A. 十分瞭解； 　B. 還可以； 　C. 完全外行

　　5. 平時的溝通是否順暢？

　　A. 心心相印； 　B. 偶爾會有誤會； 　C. 不願表明心中真實想法

　　〈答案〉：

　　選 A 得 5 分，B 得 3 分，C 得 1 分

　　（得分 20～25）「錢」途光明型：

　　恭喜！如果屬於這個類型，你們完全可以實施夫妻創業計劃。無論從專業素養還是兩人的默契程度都堪稱優良，實現「宏圖大志」是早晚的事。

(得分 10～20)希望尚存型：

雖說現有的特點並不適合立刻採取行動，但是潛能不可小視。相信經過一段時間的磨合，等「野心」更大時，夫妻創業也許最適合你們。

(得分 5～10)尋求他途型：

現有的情況實在不適合夫妻創業，如果非要效仿他人，可能會因為種種矛盾破壞你們現有的感情，各自單幹吧，那才是更適合的致富之路。

7 你適合創業嗎

一個人是否有改變自己命運的強烈慾望，決定了他最終能不能改變自己的命運。如果一個人沒有成為「有錢人」的強烈慾望，那他終生就會為生計而奔波。

要想成功開店，就必須具有強烈的賺錢慾望，這是開店最重要的條件。具有強烈賺錢慾望的人，一定天天充滿幹勁，抬頭挺胸勇往直前；具有強烈賺錢慾望的人，才會把自己的全部精力都投入到店面經營中去，不會因遇到困難而退卻。可以說，強烈的賺錢慾望是開店最強大的動力。一個人賺錢慾望的大小，決定了他賺錢的多少。

在創造財富的道路上，有強烈的慾望，必定會產生火熱的、堅不可摧的力量。在這種慾望的呼喚下，定會在有生之年成功創造出

財富。

慾望是掙取財富的原動力，動力越大，其行動就越有力；行動越有力，實現財富夢想的幾率就越大。這些都是成正比的。要想獲得財富，你就必須要讓你自己的慾望變得非常強烈，只有強烈的慾望才能使你奮進。

只看到錢的人絕對不會成功，而看不到錢的人簡直就是傻瓜。特別是對於剛創業的小老闆，錢當然是辛辛苦苦地做老闆的最根本動力。沒有錢時的貧困，人窮志短的遭遇，有錢人的隨心所慾都深深刺痛他們的心。心想當老闆，一定要賺到錢的內心衝動使得千百萬人前仆後繼地走上了創業之路。也正是有這種衝動和慾望，所以才出現了一個又一個創業成功者。所以，開店前請先問問自己是否具有開店賺大錢的強烈慾望。

有句話說得好：「你能看多遠，你便能走多遠。」所以，開店必須要有經營的頭腦和眼光。具備了這個條件，才能使店面紅紅火火地開下去，才不會沒開多長時間就關門倒閉。

具有經營頭腦和眼光的人，往往能發現賺錢的機會，而且能及時付諸行動。具有這種品質的人從不眼高手低。對生活的熱愛以及對生活的深切瞭解，使他們能從衣、食、住、行等各行各業中創出一片天地。

開店創業是挖掘人生財富的開端。人生很短暫，每個人都有權利享受上帝賜予我們的一切財富——只要你不甘落後於人，希望可以像富人那樣生活，就要有一個長遠的目標，把眼光放得長遠一些，實現自己的富人夢，不要一味地只看到自己的眼前，而忽略了未來，忽略了讓自己成為富人的條件，一個人的眼光放遠一些，方能成為一個真正的富人。我們要想開店成功，放開自己的眼光，開動自己的大腦，不斷地去開創。

　　創業是極具挑戰性的社會活動，是對創業者自身智慧、能力、氣魄、膽識的全方位考驗。一個人要想獲得創業者的成功，必須具備基本的創業素質。創業基本素質包括創業意識、創業心理品質、創業精神、競爭意識、創業能力。

1. 強烈的創業意識

　　要想取得創業的成功，創業者必須具備自我實現、追求成功的強烈的創業意識。強烈的創業意識，幫助創業者克服創業道路上的各種艱難險阻，將創業目標作為自己的人生奮鬥目標。創業的成功是思想上長期準備的結果，事業的成功總是屬於有思想準備的人，也屬於有創業意識的人。

2. 良好的創業心理品質

　　有句話：「艱難困苦，玉汝於成。」還有一句則是「篳路藍縷」，意思都是說創業艱難。

　　對一般人來說，忍耐是一種美德，對創業者來說，忍耐卻是必須具備的品格。

　　創業之路，是充滿艱險與曲折的，自主創業就等於是一個人去面對變化莫測的激烈競爭以及隨時出現的需要迅速正確解決的問題和矛盾，這需要創業者具有非常強的心理調控能力，能夠持續保持一種積極、沉穩的心態，即有良好的創業心理品質。它是對創業者的創業實踐過程中的心理和行為起調節作用的個性心理特徵，它與人固有的氣質、性格有密切的關係，主要體現在人的獨立性、敢為性、堅韌性、克制性、適應性、合作性等方面，它反映了創業者的意志和情感。創業的成功在很大程度上取決於創業者的創業心理品質。正因為創業之路不會一帆風順，所以，如果不具備良好的心理素質、堅韌的意志，一遇挫折就垂頭喪氣、一蹶不振，那麼，在創業的道路上是走不遠的。宋代大文豪蘇軾說：「古之成大事者，不唯

有超世之才，亦必有堅韌不拔之志」。只有具有處變不驚的良好心理素質和愈挫愈強的頑強意志，才能在創業的道路上自強不息、競爭進取、頑強拚搏，才能從小到大，從無到有，闖出屬於自己的一番事業。

3. 自信、自強、自主、自立的創業精神

自信就是對自己充滿信心。自信心能賦予人主動積極的人生態度和進取精神。不依賴、不等待。要成為一名成功的創業者，必須堅持信仰如一，擁有使命感和責任感；信念堅定，頑強拼搏，直到成功。信念是生命的力量，是創立事業之本，信念是創業的原動力。要相信自己有能力，有條件去開創自己未來的事業，相信自己能夠主宰自己的命運，成為創業的成功者。

自強就是在自信的基礎上，不貪圖眼前的利益，不依戀平淡的生活，敢於實踐，不斷增長自己各方面的能力與才幹，勇於使自己成為生活與事業的強者。

自主就是具有獨立的人格，具有獨立性思維能力，不受傳統和世俗偏見的束縛，不受輿論和環境的影響，能自己選擇自己的道路，善於設計和規劃自己的未來，並採取相應的行動。自主還要有遠見、有敢為人先的膽略和實事求是的科學態度，能把握住自己的航向，直至達到成功的彼岸。

自立就是憑自己的頭腦和雙手，憑藉自己的智慧和才能，憑藉自己的努力和奮鬥，建立起自己生活和事業的基礎。21 世紀的青年人應該早立、快立志向，自謀職業，勤勞致富，建立起自己的事業。

4. 競爭意識

競爭是市場經濟最重要的特徵之一，是企業賴以生存和發展的基礎，也是一個立足社會不可缺乏的一種精神。人生即競爭，競爭本身就是提高，競爭的目的只有一個——取勝。隨著我國社會主義市

場經濟從低級向高級發展，競爭愈來愈激烈。從小規模的分散競爭，發展到大集團集中競爭；從國內競爭發展到國際競爭；從單純產品競爭，發展到綜合實力的競爭。因此，創業者如果缺乏競爭意識，實際上就等於放棄了自己的生存權利。創業者只有敢於競爭，善於競爭，才能取得成功。創業者創業之初面臨的是一個充滿壓力的市場，如果創業者缺乏競爭的心理準備，甚至害怕競爭，就只能是一事無成。

人們都喜歡誇耀自己見多識廣，然而對於創業者來說，重要的並不是誇耀，而是要做到真正見多識廣。擁有廣博的見識，開闊的眼界，就可以很有效地拉近自己的成功距離，在創業過程中少走彎路。

5. 敏感

創業者的敏感，是對外界變化的敏感，尤其是對商業機會的快速反應。

有些人的商業感覺是天生的，如胡雪岩，更多人的商業感覺則依靠後天培養。如果你有心做一個商人，就應該像訓練獵犬一樣訓練自己的商業感覺。良好的商業感覺，是創業者成功的最好保證。

在創業過程中，創業者必須要有敏稅的商業市場意識，要能快速判斷出此時此刻自己做出什麼的決策才是最正確的。沒有商業意識的朋友們，應該多培養一些這方面的意識，再選擇創業。

培養商業意識並不是一朝一夕就能完成的，首先，創業者要熟悉經濟走向；其次，要瞭解自己所處行業的大勢走向；再次，要熟知消費者的高層次需求（心理需求）；最後，反覆錘煉自己才能培養出來良好的商業意識。

8 你要具備吸引客戶的能力

　　所有人都知道，成熟的人際關係網路可以為你網羅更多的財富。但是如果你在有需要的時候才想起它的話，那就有點臨時抱佛腳的意味了，因為人脈的經營是一種長期的投資，而絕非當下可以快速累積的資源。如果你有這方面的資源，而不好好使用，那就太浪費了！而且，旺盛的人脈經營需要良好的溝通能力，缺乏溝通能力是很難和別人打交道並處理好人際關係的。

　　吸引客戶，留住顧客，擴大銷售是許多創業開店者想要達到的目標。商場生意興隆與否，要看所擁有的固定顧客的數量而定，而瞭解顧客是與顧客建立良好關係的第一步。人一定先從相識，進而相知，最後才能建立穩固的合作關係，店面銷售人員與顧客的關係，也必須如此。

　　那麼，在店面銷售中如何才能做好與顧客的溝通呢？一般來說有三種方法：

1. 觀察

店面銷售員觀察要以四種方法來揣摩顧客的需要：

⑴通過觀察顧客的動作和表情來探測顧客的需要。

⑵通過向顧客推薦一兩件商品，觀看顧客的反應，以此來瞭解顧客的真實意願。

⑶通過自然的提問來詢問顧客的想法。

⑷善意地傾聽顧客的意見。

「揣摩顧客需要」與「商品提示」結合起來，兩個步驟交替進行，不應把他們割裂開來。

顧客在產生了購買慾望後，並不能立即決定購買，還必須進行比較、權衡，直到對商品充分依賴之後，才會購買。店面銷售員要根據觀察與顧客進行初步接觸，那麼銷售員如何才能抓住與顧客交流的最佳時機呢？其一，當顧客長時間凝視某一商品，若有所思之時；其二，當顧客觸摸商品一小段時間之後；其三，當顧客抬起頭來的時候；其四，當顧客突然停住腳步時；其五，當顧客的眼睛在搜尋之時；其六，當顧客與營業員的眼光相碰時。

2.打招呼說明

把握好以上時機後，店面銷售員一般會以三種方式實現與顧客的初步接觸，包括：與顧客隨便打個招呼；直接向顧客介紹他中意的商品；詢問顧客的購買意願。在這個過程之中，店面銷售員就必須做商品的說明工作。商品說明即銷售員向顧客介紹商品的特性。這就要求銷售員對於自己店裏的商品有充分的瞭解。

3.推銷勸說

顧客在聽了銷售員的相關講解後，就開始做出決策了，這時銷售員要把握機會，及時遊說顧客購買商品，這一步驟稱為「勸說」。同時還要注意的是，商品說明並不是在給顧客開商品知識講座，商品說明必須有針對性，要針對顧客的疑慮進行澄清說明，針對顧客的興趣點進行強化說明，方法是：

⑴實事求是的勸說。

⑵投其所好的勸說。

⑶輔以動作的勸說。

⑷用商品說話的勸說。

⑸幫助顧客比較、選擇的勸說。

當然一個顧客對於一件商品會有許多要求，但其中必有一個要求是主要的，而能否滿足這個主要需求是促使顧客購買的最重要因素。當銷售員把握住了銷售要點，並有的放矢地向顧客推薦商品時，買賣是最易於完成的。在店面的銷售過程中與顧客溝通時，還應注意一些問題：

⑴樹立良好的第一印象。

⑵仔細聆聽顧客的意見。

⑶以肢體語言配合你的話術。

⑷放鬆自己。說話時主題清晰，講究語言技巧，不自相矛盾，對自己的話負責任。

⑸明確告訴自己的立場，給顧客正確的選擇立場。

⑹不要被無聊的話題將主題扯開。

⑺設定一個問題，給顧客一個思考的機會，並以反問、設問的方式打消他的顧慮。

總之，要想所開的店面人脈旺盛，生意興隆，就必須掌握高超的溝通技巧，並且對店面銷售人員做好這一方面的培訓工作。

測試題：從選樓層看你的開店創業潛質

下面的測試可以看出你的開店創業潛質。

〈測試一〉

你的公司在一座 8 層的大廈裏，你希望自己的工作地點在那一層？

1. 一層或二層

2.三層或四層

3.五層或六層

4.七層或八層

〈測試二〉

你的公司在一座 8 層的大廈裏，你希望自己的工作地點在那一層？

1.一層或二層

2.三層或四層

3.五層或六層

4.七層或八層

〈查看答案〉

1.一層或二層你的創業意識較強，能腳踏實地，是個務實的創業者，但有時遇到問題過於猶豫，往往失去好的發展機會。

2.三層或四層你很務實，有很強的思考能力，是非常精幹的創業者，只是過於機敏反而容易誤失時機。

3.五層或六層你能夠抓住時機迎頭而上，具備超強的市場洞察力，並且能夠聽從他人的指正，是位非常有潛質的創業者。

4.七層或八層你具有不服輸的性格，具有力壓群雄之勢，有競爭力，對自已創業充滿信心，但要避免出現急於求成的心態。

測試題：你的創業智商有多高

如果你不願再受老闆的惡氣，不妨找個機會過一把老闆癮，也許你還真能使老闆的圈子從此多一個「明君」。下面就來測一下你的智商吧！企業家的氣質也許就隱藏在你的內心深處……針對企業家在家庭背景、童年經歷、主要價值觀、個性等方面共同特徵的研究越來越多。

下面的測試題可以測驗一下你的智商，看看你是否具有那些企業家們所應具備的氣質。這些問題並不是你未來成功與否的標準，不過它也許可以告訴你應該從何處入手以及你需要進一步提高的方面。請回答下列問題「是」或「否」。

〈測試題〉

1. 你與父母有過吵架的經歷嗎？

2. 在學校時你學習好嗎？

3. 在學校時，你是否喜歡參加群體活動，如俱樂部的活動或集體運動項目？

4. 少年時代，你是否更願意一個人待著？

5. 你是否參加過學校工作人員的競選或是自己做生意，如賣檸檬水，辦家庭報紙或者出售賀卡？

6. 你小時候是否很倔強？

7. 少年時代，你是否很謹慎？

8. 小時候你是否很勇敢而且富於冒險精神？

9.你很在乎別人的意見嗎？

10.改變固定的日常生活模式是否是你開創自己的生意的一個動機？

11.也許你很喜歡工作，但是你是否願意晚上也工作？

12.你是否願意隨工作要求而延長工作時間，可以為完成一項工作而只睡一會兒，甚至根本不睡？

13.在你成功完成一項工作之後，是否會馬上開始另一項工作？

14.你是否願意用你的積蓄開創自己的生意？

15.你是否願意向別人借東西？

16.如果你的生意失敗了，你是否會立即開始另一個？

17.（接上題）或者你是否會立即開始找一個有固定工資的工作？

18.你是否認為作一個企業家很有風險？

19.你是否寫下了自己長期和短期的目標？

20.你是否認為自己能夠以非常職業的態度對待經手的現金？

21.你是否很容易煩？　　22.你是否很樂觀？

〈分數計演算法〉

1.是：加1分　　否：減1分

2.是：減4分　　否：加4分

成功的企業家照例都不是學校的好學生。

3.是：減1分　　否：加1分

企業家們在學校時，似乎都不太熱衷於團體活動。若你在應徵工作時，缺乏「團體活動」，有可能是你的不利評估項目。

4.是：加1分　　否：減1分

研究顯示，企業家們在少年時代往往更願意一個人待著。

5.是：加2分　　否：減2分

開創生意通常從很小開始。

6. 是：加 1 分　　否：減 1 分

童年時的倔強似乎可以理解為按照自己的方式行事的堅定決心——成功企業家的典型特徵。

7. 是：減 4 分　　否：加 4 分

謹慎可能意味著不願冒險。這對於在新興領域開創事業可能是個絆腳石。不過，如果你希望作一個經銷商，這一點不會有什麼影響，因為多數情況下供應商已經考慮到各種風險。

8. 是：加 4 分

9. 是：減 1 分　　否：加 1 分

企業家們往往不在乎別人的意見而堅持開創不同的道路。

10. 是：加 2 分　　否：減 2 分

對日常單調生活的厭倦，可以堅定開創自己事業的決心。

11. 是：加 2 分　　否：減 6 分

12. 是：加 4 分

13. 是：加 2 分　　否：減 2 分

企業家一般都是特別喜愛工作的人。他們會毫不拖延地進行一項接一項的計劃。

14. 是：加 2 分　　否：減 2 分

成功的企業家都會願意用積蓄資助一項計劃。

15. 是：加 2 分　　否：減 2 分

16. 是：加 4 分　　否：減 4 分

17. 是：減 1 分

18. 是：減 2 分　　否：加 2 分

19. 是：加 1 分　　否：減 1 分

許多企業家都把記下自己的目標作為一種習慣。

20. 是：加 2 分　　否：減 2 分

以正確的態度處理經手的現金對企業的成功至關重要。

21. 是：加 2 分　　否：減 2 分

企業家們的個性似乎都是很容易厭倦的。

22. 是：加 2 分　　否：減 2 分

樂觀的態度有助於推動你在逆境中取得成功。

〈說明〉

35 分到 44 分——絕對合適。

得 35 分以上的人士不自己創業，簡直是太浪費資源了！

15 分到 34 分——非常合適。

如果你得分在 15 分以上（包括），那你應該是個「老闆坯子」了。

0 分到 14 分——很有可能。

你的人生其實可以有許多選擇，包括選擇自己還是就做個高級白領。你的智商和情商發展均衡，這意味著你在很多選擇中可進可退，可攻可守。

-1 分到-15 分——也許有可能。

如果你非要走之途，應該說也有屬於自己的機會，但首先要克服很多困難，包括環境，也包括你自身的思維方式與性格制約。

-16 分到-43 分——不合適。

還是死了這條心吧，不要浪費自己。也別浪費別人的時間、精力和金錢。

你應該仔細考慮自己是否適合做生意，因為你的才華可能並不在這方面。也許為別人工作或是掌握某種技術遠比做生意更適合你，可以讓你更好地享受生活的樂趣並且充分發揮自己的能力，發展自己的興趣。

第 二 章

初期就要避免開店風險

1 不做自己不熟悉的生意

創業開店初期,就要避免開店風險,不做自己不熟悉的生意,其次,心態上就先有失敗的心理準備。

1. 不做自己不熟悉的生意

對於開店來說,要避免風險,首先就要做自己熟悉的生意,不能盲目行動,不涉足自己陌生的行業。

其實,凡是小本創業,一般都有一條原則,就是「不熟不做」。任何一個行業,都是內行賺外行的錢,要想在這個行業賺錢,就要先變成內行。這一點非常重要,任何項目、任何行業都不是三天兩天可以摸透的,不要把一個行業想得太簡單,相關的行業經驗非常重要,如果你對某個領域不熟悉,無論別人賺多少錢都不要去跟風,你跟風可能就是做別人的墊腳石。

俗話講行行有道,隔行如隔山。每一個行業,都有自己一套規

則和規律，每種生意，都有自己的特點。不熟悉這個行業或不熟悉這種生意，若貿然進入，就如同進入一個黑暗的房子，不知東西南北，容易失去方向。當今社會的競爭已到了相當激烈的程度，業內的行家裏手存活尚且不易，何況一個外行的人？什麼該做，什麼不該做，你不知道，那裏是陷阱，那裏是坦途，你還不知道。你只有處處被動，時時挨打的份。你辛辛苦苦投資的幾十萬元，可能不明不白就已經賠光了。因此，一定要做自己最熟悉的生意，做自己最拿手的生意，這樣才最容易成功，風險才會最小。如果說細節決定成敗，那麼做最熟悉的事，便會使所有的細節了然於胸，既然成竹已經在胸，豈有不勝之理？

2.先要有失敗的心理準備

做生意開店的出發點是為了賺錢，但是有風險的。風險並不可怕，只要心態保持平和，做事有依據，未雨綢繆，就可以將風險控制在最小的範圍。盲目冒險，是武夫的作為，但如果一個人什麼風險都不敢冒，那是做不成事的。開店之前，只有在心理上正確認識風險，做好充分的心理準備，才能在面對風險的時候，做到有勇有謀，沉著應對。

自謀生路，不論做什麼，都可能會遇到困難和挫折，可能出現意想不到的問題，開店也一樣。所以，創業開店者要有充分的心理準備，要有吃苦的心理準備，要有遇到困難和挫折的心理準備，要有失敗的心理準備。有了心理準備，就能在遇到困難挫折的時候，泰然處之，渡過難關，走出失敗的陰影，到達理想的彼岸。

對於開店做生意來說，防止陷入失敗的陷阱是最為重要的。作為店鋪，每開一天門，都會產生一定的費用，如果沒有收入與盈利，必然是坐吃山空。加之很多店鋪的本錢都很有限，尤其是那些規模較小的店鋪，稍有閃失，必然是血本無歸。所以，開店會有很大的

壓力。對於創業者來說，就要對開店的風險有足夠的認識，並最大限度地杜絕風險的出現。一般來說，開店的風險來自以下幾個方面：

1. 選項失誤造成失敗；　　2. 管理不善造成失敗；

3. 選址不當造成失敗；　　4. 資金不足造成失敗；

5. 所有權出現糾紛造成失敗；

6. 缺乏足夠的專業知識、經驗和業務關係造成失敗。

2 開店成功的 14 條經驗法則

　　善於借鑒他人的經驗，往往能使我們少犯錯誤、少走彎路，從而使我們的事業成功更順利。下面是根據許多開店成功的經驗，整理出的 14 條法則。

法則 1：明確開業意向，不做蝕本生意

　　要確定好自己的經營方向，即先確定做那種生意，再確定投資方向，然後考慮投資規模。

法則 2：精心選擇店面，不要盲目設點

　　特別是商店、旅店、飯館、超市、便利店的店址選擇，對生意興衰有很大關係。

法則 3：注重工作環境

　　在資金許可的範圍內，儘量給自己和員工提供一個舒適的環境。新的企業應有新氣象，整潔清新的工作環境就是這種新氣象的表現。

法則 4：建立好生意網，不要忽視人際關係

「在家靠父母，出外靠朋友」，做生意尤其如此。建立好人際關係後再創業，更易事半功倍，減少許多風險。

法則 5：緊跟市場變化趨勢，不要成為後來者

市場是一個大潮流，如果消費者歡迎某些產品，人人購買，人人談論，這些產品的生產商、批發商、零售商，必定會賺大錢。

法則 6：確定顧客對象，不要針對所有消費者

每一種商品每一類服務都有不同的銷售和服務對象，不可能一種商品或服務適合所有階層、所有年齡的男女。確定你的商品和服務針對那一類消費者，並依據這一方向行事，就會把這類顧客留住，而且同類的消費者中的回頭客將愈來愈多。

法則 7：不要盲目進貨

進貨是一門學問，供應商不會告訴你每一種貨品的成本，正如你也不會把進貨的成本告訴顧客一樣，要善於根據市場需求的發展趨勢和變化選擇暢銷貨物的品種，在市場競爭中搶佔優勢。

法則 8：不要忽視促銷策略

促銷策略是做生意必須的手段，也是回應對手挑戰的武器。做生意沒有一成不變的法則，最重要的是靈活變化，多動腦筋，使欠缺謀略的對手窮於應付。

法則 9：不要以借貸為恥

現代經營活動規律是利用他人資金來為自己賺錢。成功經營是利用銀行貸款去做自己的生意。精明的經營者會一手借錢，另一手投資，不斷擴大自己的經營規模，降低成本，提高投資的收益率。

法則 10：不打無準備之仗

一般來說，如何確定集資額度，取決於總投資額和自有資金兩個因素。總投資減去自有資金額就是需集資額。在確定集資額時，

還應考慮到銀行貸款的利息及期限問題，據此來掌握集資的方式。

法則 11：不要失信於銀行

銀行是創業者的重要財源。雖然借了錢要連本帶息地歸還，卻可以使創業者有資金週轉，把握一些賺錢機會，所以要恪守信譽，按期限還貸，讓銀行對你有信心是非常重要的。

法則 12：不要馬虎計算成本

做生意最重要的是盈利。成本愈少，利潤愈高，因此，計算成本時一定要計得準確、算得客觀，以成本作為衡量利潤的準繩。

法則 13：不要分散投資

「看菜吃飯，量體裁衣」，選擇經商項目也是如此。最好的辦法就是在你所從事的項目上不斷擴大再生產規模，把生意做大，但不要分散投資。

法則 14：不要盲目注資

做生意需要不少資金，尤其是經營零售業務。開業時，需要先付出一定的資金進貨，此時現金暫時轉換為商品，只有等到貨品賣出，才可換回現金。但如果還沒有把貨品套回現金，便另有開銷，很可能出現資金週轉不靈，危及公司的生存。如何靈活地應付資金週轉，是一項重要的經營技術。

3 制定週密的開店創業計劃

古人言：「凡事預則立，不預則廢。」講的就是做任何事情都要做好計劃和準備，這樣才能成功。可見「計劃」自古以來是成功人士十分注重的一項修煉。因而，如何有效地制定計劃，就顯得格外重要。那麼開店就必須要制訂週密的計劃。可以說，一份完整的開店計劃書，可協助你規劃開店並事半功倍。

1. 開店的基本動機

如你為何想要開這個店，開這個店對你有什麼重要意義等。

2. 你想開什麼類型的店

如你預計開店的店名、開店形態、店面規模、開店項目或你店內主要產品(花店、鐘錶、服飾、精品)等，這是開店創業最基本的內容。

3. 你的特殊技能或專長

如擅長花藝、珠寶設計、服飾銷售、飯店管理等……而它們會如何幫助你完成開店的夢想。

4. 你開店的競爭優勢

如你的店有什麼跟別人不一樣，特色在那裏，或有特殊進貨管道等。

5. 開店的資金規劃

如你預計開店創業的資金來源，是一個人獨資，還是和朋友合夥，如果合夥，每個合夥人的出資比例是多少，同時還要考慮到現

金、銀行貸款的比例或運用。因為這關係到未來開店後的利潤分配。另外，如果你想申請貸款開店，也可以把這部份詳細規劃好。

6. 目前市場的評估

如市場的發展前景如何，市場的利潤空間大不大，市場中的競爭者有那些，對你的影響程度如何等。

7. 開店的風險評估

如在開店的過程中可能遇到怎樣的狀況，如景氣、環境、競爭者等。有什麼風險會發生，該如何避免與應對。

8. 開店後的盈利預期

如你預計開店後，需達成的短期、中期、長期目標及達成的方式，例如多久達到損益平衡，多久要開始獲利，或是有無擴增的計劃等。

9. 開店後的銷售計劃

如你以什麼方式吸引顧客，你的賣點在什麼地方，你以什麼方式來宣傳和廣告等。

10. 執行開店工作

有了週密的開店計劃，就有了開店的藍圖。這樣就會避免盲目行動，有條不紊地實施自己的創業夢想。

當然，再美好的計劃也要認真地執行才有現實意義。很多時候計劃的制訂和執行會產生偏離，從而給計劃的最終實現造成困難。這就要求創業開店者，多努力，多行動，多克服，讓計劃變成現實。完整地制訂計劃，然後努力追逐計劃目標，最終完成它，這才是一個激情完美的過程，才是體會成功的過程。

開店之初不要盲目樂觀

　　假設你有適合某種特別需求的產品或服務，而需要擬定創業計劃時，最大的致命傷可能就是盲目樂觀。

　　開店之初稍稍低調一點，不但可以避免因盲目樂觀而導致信心大失甚至一蹶不振，也有助於店舖生意的穩定發展。

　　一般的開店者常犯的錯誤是：

1. 要求過高

　　在情況未知或不可預料時，就為自己設立第一年或第二年內可以銷售多少、贏利多少的目標。

2. 盲目樂觀

　　人們佩服有勇氣開創自己事業的人，但是不能把盲目樂觀和無所畏懼混為一談。例如說，對失敗心存畏懼，就是一種健康的傾向，並且應多提醒自己如何避免遭遇失敗。創業投資時，畏懼失敗落乃是最大的刺激與動力。

3. 低估競爭者

　　不要因為手上有創業計劃就輕視你的競爭者。對於你的競爭者，不要等閒視之。不管怎麼說，他們總是起步在你之前。如果你輕看或忽視競爭者存在的事實，那麼最終失敗的可能是你自己。

4. 迷信金錢能力

　　只有思想才能解決問題，金錢只能促其實現而已。以「怎樣尋找顧客」的問題，如果單單寄希望於「花 40 萬元來做廣告」，顯然

不能令人信服。

5. 計劃不落實

要創業，就要作最壞的打算、最好的準備。

有些創業計劃總是說得多，引經據典，旁徵博引，但是如何落實，怎樣去做，卻不具體。一旦在實施過程中遇到麻煩就不知如何解決，甚至簡單地放棄了事。

5 雙管齊下：一邊節流，一邊開源

開店創業，節流固然重要，但如果僅僅依靠節約，商店是不會有什麼利潤的。有「源」才有「流」，不能「開源」，「節流」就變得毫無意義。

1. 增加主營業務收入

商店首先得有營業額，營業額是商店的「源」，沒有營業額，再怎麼節約也會虧本。理財時如果本末倒置，只會越虧，理財的重點只能是增加營業收入，而且要增加主營業務收入。

要增加收入，只能從兩個方面入手：

①提高商品銷售價格；

②增加商品銷售數量。

在通常和情況下，商品的銷售價格是由市場供封面　情況確定的。當某種商品供大於求時，價格就會下降；而當某種商品供不應求時，價格就會上升。

店舖是不能控制和決定這種情況的，但是也有例外。例如當某

種新產品上市受到顧客歡迎時，往往能夠在價格上大做文章，獲取高額收入和大量利潤。這種事在彩電和移動電話的價格走勢中就能看得很明白。

店舖其實也可以出售新貨來抬高價格以增加營業額。例如許多店舖都在賣皮鞋，皮鞋的價格因競爭激烈不可能超出合理的水平。但如果你進了一種其他店舖都沒有的新款皮鞋，就有可能獲得超額利潤。

由於現在市場發育已經趨於成熟，商品的分銷網路大都比較健全，要想獲得某種商品的壟斷經營權，其可能性越來越小。因卓絕，依靠抬高商品定價來獲得主營業務收入增加的方法並沒有太多的實施機會。

增加主營業務收入的另一種方法是擴大商品的銷售量。提高商品的銷售量有雙重好處。

一是單位商品的固定成本下降。店舖的舖面租金、裝修折舊、設備折舊是固定不變的，是不受商品銷售量影響的，即使店舖一件商品也沒有賣出去，這些成本照樣要產生。但是，如果賣出去越多的商品，單位商品分擔的固定成本就越少，利潤就會越高。

二是隨著商品銷售數量的增加，銷售收入自然也就水漲船高，從中獲得的利潤也就會越多。

常常可以看到有些店舖為了增加銷售量做促銷，以驚人的低價喚起消費者的購買慾望，普通人認為店舖低價傾銷肯定要虧本，但事情往往並不是這樣。因為店舖雖然降低了售價，單位商品的盈利很低，但由於在短期內擴大了銷售量，銷售收入因此增加，故仍然有賺錢的可能。

2. 不放過任何增收的機會

抓好主營業務、增加主營業務收入雖然是理財的重中之重，但

並不表明經營者的眼光只能盯在主營業務上。商場有著許多賺錢的機會，只要眼疾手快，就可以抓住增加收入的良機。

增加主營業務之外的收入，擴大增收的機會，最常見的方法還是圍繞自己的店舖打主意。下面一個例子就昭示，只要充分研究自己的現有各方面的條件還是可以找到增加收入的途徑的。

郊區有一個農民，經營是飯館，買了一輛卡車，一星期從菜市場買一次菜，放在冰櫃裏儲存起來。

卡車的利用率很低，但又不能缺少，因為他所開的店位於高速公路上，主要為過往的旅客服務，在附近根本無法採購。但卡車經常閒著也是一個問題：司機的工資、養路費、修理費一個也不能少付。於是，他頭腦中琢磨：怎樣才能讓這部車充分得到利用呢？很快，他想出了一個好招。

每個星期一，讓卡車去拉菜：「其他時間，則讓卡車出租運輸，司機可以從運輸收入中提成。這樣，司機的積極性被調動了起來，空置的卡車也得到充分的利用。卡車每月既能淨賺，減少了支出，又增加了收入。

總之，店舖增加主營以外收入的方式多種多樣。歸結起來，有以下途徑：

①適度投機；

②充分發揮店舖的舖面及設備的功能；

③充分調動店舖人力資源，為服務增加附加值。

和為店主你時刻清醒：市場並不在決策者和生產經營者固有的頭腦裏，而在用戶之中，在社會需求和消費者需求發展變化的軌跡中。誰能精於創造消費的需求，誰就能在市場上捷足先登，競爭常勝。

6 測試題：不同星座容易犯的創業錯誤

性格或許也會和創業有一定的關係，下面是星座參考，據說很準確的。

· 白羊座(3.21～4.20)

白羊座這樣的急性子理財可真讓人擔心，那可是成天玩的就是心跳啊！股票一起一落，他們必然沉不住氣，萬一再做出些衝動的舉動來，後果不堪設想。所以股票一下跌，白羊座的弱點會害死他們的。

· 金牛座(4.21～5.21)

實在不好說金牛們理財有什麼弱點，倒是優點一堆，理財高手必然出自金牛。不過說實話，金牛也就適合做人家做過的買賣，創新性上實在有些糟糕，很難把握真正第一桶金的商機。

· 雙子座(5.22～6.21)

為了賺錢，雙子座啥都幹，一會炒股票，一會炒房地產，反正什麼賺錢就摻和什麼，東一榔頭西一棒子，這樣賺錢沒什麼不好，就是實在沒重點，跟風嚴重，如果跟風不對頭，必然要吃大虧。

· 巨蟹座(6.22～7.22)

讓巨蟹座冒個啥風險去投點啥，那是萬萬不可能的，一切總要穩著來，不過理財穩當是穩當，但這膽子也實在太小，大投入大產出，小投入自然也賺不到什麼錢。

‧獅子座（7.23～8.23）

獅子座什麼時候都是以自己為中心，很難聽進去別人的建議是最大的弱點。理財這種事情多聽聽週圍人的看法總沒壞處，千萬別太自以為是了。

‧處女座（8.24～9.23）

考慮問題嚴謹細緻是處女座的優點，理財上嚴謹考慮也是沒錯，但要知道，好機會往往稍縱即逝，想得太多未必是好事。處女座的理財如果吃虧，那就虧在想得實在太多。

‧天秤座（9.24～10.23）

天秤座做事情缺乏果敢的執行力，所以對於股票這種瞬間非賺即賠的買賣的確有些為難，什麼事情都需要依賴別人的天秤座是否考慮過，如果身邊沒有人指導或者支持，又該如何呢？

‧天蠍座（10.24～11.22）

一擲千金，恐怕沒有誰能有天蠍這麼極端，傾家蕩產地去理財實在不是一個正常人應該做的事情，雖然說大風險大產出，但天蠍座朋友理財產生的風險似乎有些玩得過大了。

‧射手座（11.23～12.21）

投資確實也不是射手擅長的事情，什麼事情都想得很好是射手投資最大的問題，要知道任何理財方式都或多或少的存在風險，但射手座朋友未免看得太樂觀了。樂極生悲是理財上經常看到的事情。

‧摩羯座（12.22～1.20）

在摩羯座看來任何事情都需要努力，敢於承受失敗是摩羯的優點。但對於瞬息萬變的投資狀況來說，摩羯座的適應性實在太差了，往往總是賠出很多錢後才能明白理財道路是如何走的。

‧水瓶座（1.21～2.19）

聰明的水瓶座遠比任何其他星座的同志們勇敢，嘗試各種新鮮

的理財方式對於水瓶是很正常的事情。但是事實告訴我們，第一波往往是很難賺到錢的，多用用水瓶的理性思維相信能拯救自己。

・**雙魚座(2.20～3.20)**

對錢沒有概念恐怕是所有雙魚座共同的弱點，如果「賺多少」一無所知還可以讓人理解，但如果「賠多少」也是莫名其妙的話，那只能說明雙魚同志們實在不適合理財，買國庫券或許是最明智的選擇。

第 三 章

開店籌資有技巧

1 開店前的投資預算很重要

經過調查後，店主對於店鋪規模、經營商品類型、市場需求現狀及未來發展趨勢等方面均已有了一個大致的瞭解，接下來就應該進行投資預算，以便進行籌資和資金安排。

投資預算的工作必須具體落實，它對於避免創建過程中的資金不足或資金閒置有著十分重要的意義。通常預算要有根有據，且顯示在業務表上。透過預算，可以讓投資者知道多長時間能收回自己的投資，以及能賺取多大的利潤。

一般來說，開店投資需要預算以下幾個部份：

1. 初期費用

初期費用包括用於會計核算、法律事務以及前期市場開發的費用，還有一些電話費、交通費之類的管理費用。

2.負現金流量

通常很少有新店能夠在一開始就達到營業損益平衡。一般要經過 6～8 個月才可能有利可圖。此間新店就會遇到負現金流量，這就需要用投資來達到收支平衡。

3.租賃場地費用

租賃場地費用估算要參照週圍出租費用行情，包括公共設施、車位、垃圾台等都要預算清楚。租賃場地費估算最好按每平方米每日多少元計算，不要按月或按年統計算出。

4.裝修費用、設備設施費用

店鋪的裝飾包括門面、廳面、庫房等方面，若是中小型店鋪，門面和廳面裝飾應以簡潔、明亮、雅致為主。原則上能節省則節省，避免豪華裝飾以減少營業前期投入過多的費用。在估算設備、設施費用時，還應包括運輸費和安裝調試費。設施和設備包括存貨設備、運輸設備、加工設備、冷氣機通風設備、安全和防火設備等。

5.員工勞力成本

無論是店家本人或者僱用他人負責經營，都需要付出一定的報酬，這即是勞力成本。各類人員的薪資水準，在各勞力市場都有平均薪資標準可供參考，預算勞力成本時，可按不同人員的薪資標準乘以人數來估算。

6.預算運營費用

運營費用包括行銷費用、廣告費用、培訓員工的費用等，還應該考慮不可預見的準備金。一般來講，需要準備比上述資金預算更為寬裕的資金，才能在發生意外成本時從容不迫地應付。從資金籌備來說，如果你的資金有限，那麼你就必須在資金的限度之內對店鋪的規模、檔次及從籌建到正常運作的時間進行嚴格的控制，儘量避免浪費資金和時間。

7.意外損失基金

在為新店計劃資金來源時，難免會有意想不到的開支。為了應付這些意外的費用開支，新店需要有可以動用的準備金。

2 週全籌劃，保障開店資金

開設一個店舖，看上去似乎非常簡單，因此不少人往往不做計劃，幹起來再說，可是，一到具體開辦的時候，便會遇到許多原先未料到的問題，開支大大超過當初粗略的預算，這就難免出現手忙腳亂、應付不迭的局面。因此，投資店舖經營要獲得成功，創業者最好不要怕麻煩，而要盡可能詳細地做一個投資計劃，計算一下投資所需要的資金數額，衡量一下是否可以承擔，從而避免因投資過大而引起資金上的困難導致經營失敗。

開業資金基本上可概分為兩部份，即一切開店前的資金(如租店面所需的押金、保證金、裝修費用、固定設備費用等，可統稱為開店準備金)和營運中所需的費用(如進貨資金、員工薪資、營銷宣傳等費用，可稱為營運週轉金)。

不同的地段，店面的租金與押金自然會有所差異。受店面所處的環境、建築物的結構以及是否有人流等因素影響，其金額有相當的差異。在租到店面後，外部裝修與內部裝潢的費用，也會隨著行業的不同而有所差異，像高級品專賣店和大眾化商品店其所需修繕裝潢費用就不同。

從設備費用方面來說，如果是商品的專賣店(如精品服飾店、唱

片專賣店等），其主要的設備是商品陳列架、櫥窗、收銀台、電話、冷暖氣設備等，資金約需 10～15 萬元，假如是開餐廳的話，則以客座設備、烹飪設備、空調設備、音響裝置等設備為主，至少需要 15～30 萬元資金。一般來說，至少要準備一個月的進貨資金及營運週轉金。

現在假設所開設店面的面積為 25 平方米，租金每月 1 萬元，裝潢費 2 萬元，設備費 5 萬元，進貨及週轉資金 2 萬元，合計約 10 萬元的店，那麼自己要準備多少資金應設定大概的目標。

在制定店舖投資計劃時，計劃者應盡可能地消除個人的主觀看法，而以經過調查研究得到的資料為基礎，來決定自己店舖的經營方向、規模、檔次，並據此預算出總投資額，估計資金的收支損益情況。

作為投資計劃的第一步，創業者可以根據欲設店舖的商業圈內居民成份、購買力狀況和競爭對手情況，確定自己店舖的規模和服務檔次，這是影響投資金額的基本方向。一般來說，居民多而購買力強的地方，營業面積可適當增大；相反，則應適當減少營業面積。如店舖服務檔次高，相應在裝修上也需要投入更多的資金，但大眾化的店舖則不必在裝修上過分講究，特別是在創業初期，營業還帶有很大的試驗性質，不應把過多的資金用在店舖外表裝潢方面。

第二步，估計一下創業費。創業費亦即店舖投資總額。對於沒有經驗的創業者來說，創業費似乎只包括店舖的租金、進貨費用和聘請員工的薪金等支出，這樣估計未免太粗疏了，應將許多瑣碎的開支詳細列出，才有利於衡量經營是否真正贏利。有的店舖經營者，覺得店舖的所有權歸自己，賺蝕皆由本人承擔，便忽略了將自己經營應得到的報酬計算在內，這是不恰當的，這樣非但不能賺取利潤，連本人的生活費也要受影響。

第三步，進行店舖營業的損益及資金收支情形預測。

有兩點應注意，一是店舖開業後的營業額是不可能預先知道的，但可以從行家或類似行業的店舖經營者那裏諮詢，從而獲得一定的參考資料。另一點是店舖投資總額中屬於一次性投入的設備費用，可分為若干年償付，每年僅計入一部份。

俗話說「計劃不如變化快」。在店舖開辦經營過程中，營業額和投資費用不可能完全按照計劃實施。這便需要根據經營發展的具體情況，對計劃本身進行核查和修正，制定對策。如果投資費用突破預算，就意味著營業額必須增加，否則便會出現收支不平衡；相反，營業額未達既定目標，而投資費用又未減低，也意味著生意不理想，若不採取措施便會蝕本。無論出現什麼變化，都不能說明投資計劃沒有用，反而證明它給投資店舖的創業者提供了自身經營狀況的一個基本指標，使之能在激烈的商業競爭中保持清醒的認識，立於不敗之地。

3 開店要多少資金

在剛開始準備投資開店時，你肯定會想我需要多少資金才可以開店呢？現在有錢的人很多，口說無憑，資金到賬才算數。如果你的構想能夠賺錢，你不必開口，自然會有人送錢上門，所以說，多少資金都可以創業，關鍵看你的點子好不好。

1. 多少資金可投資開店

如果你的產品或構想果真是好的點子，能給別人、別的企業帶

來利潤，他們肯定是求之不得，豈有拒人千里之外的道理？有些人總認為自己是無名小卒，說話沒有份量，沒人會相信他的構想，而他自己又沒有能力實現這個構想，天長日久，白白浪費了，豈不可惜，其實在目前這種時代，如果沒有自信說服客戶的話，你的事業那能成功？找別人投資也是如此，每位投資者其投資的目的，不外乎是為了獲利，如果你的計劃可行性高，獲利性又好，豈有不吸引人的道理？所以說，只要你撒下的是能夠賺錢的種子，你就應該有能力將它變成事實。

另外，你還需要檢驗自己的信用程度。你可以向你認識的親友每人借一筆他們可以借給你的錢，如此，從同意借你錢的人數和錢數，就可以猜測出你的信用度。如果有 10 個按額借給你了，那麼就證明你有 10 人的信用，如果有 20 人按額借給你了，你就大概有 20 人的信用了。至於那些借給了你錢，但不是按額借給你的，你可以考慮決定。而對於你來說，償還能力越佳，支援你的親友越多。當然，所謂的信用也完全建立在還債能力方面，例如有些親友願意借你錢，也說明是對你的能力有信心，所以在事先雖然覺悟到這筆錢可能會泡湯，但還是將錢借給你。如果有良好的信用，你的店舖投資就會更容易接近成功。

當然，自己創業，親友資助固然要，但最好也應有自己的資金。原則上，經營事業要擁有主導權，應該自己投入最大的股權，否則的話幹起經營的人就不易有魄力。所以，要想事業經營順利，自己就必須擁有一部份資金，這是創業者首先具備的資金，也是創業者首先必須具備的經濟觀念。像那種下個月的薪水還沒有領到，這個月的薪水花光，或是到處向人三千、兩千借的人，都不夠有資格自己經營事業。創業要想成功，往往就必須具備「儲蓄性格」才行。現在，連銀行都要考驗客戶的儲蓄性格，他們認為具備充分儲蓄性

格的人，自然就是具備了償還能力，所謂的信用就是這樣一步一步
建立起來的。因此，要想創業，必先有「儲蓄性格」。

　　總之，我們應該記住：創業，需要錢。一般來說，自己最好擁
有一半以上的資金。但是資金的來源會有很多種，也就是說選擇有
希望賺錢的行業，就不愁找不到資金。

　　投資開店，最需要的是資金，沒有資金就談不上辦事情，但有
了資金，如果不知道調配和運用也會辦不成事情。所以，作為店主，
必須要有一個詳細的投資資金規劃。

2.開店資金的依據原則

　　俗話說：凡事預則立，不預則廢。即是說做事要善於做計劃，「預」
是「立」的前提。計劃是邁向成功的第一步。在制定店舖投資計劃
時，應盡可能地摒除你個人的主觀看法，而應以經過調查研究得到
的資料為基礎，來決定自己店舖的規模、檔次，並據此預算出總投
資額、估計資金的收支損益情況。

⑴店舖投資規模

　　你可以根據欲設店舖的商業圈內居民構成、購買力狀況和競爭
對手情況，確定自己店舖的規模和服務檔次，這是影響投資金額的
基本方面。這些情況投資者可以自己親自去調查，也可以製作問卷
調查。調查後經過總結分析就可以瞭解居民的基本情況和要求，從
而確定投資規模。一般來說，居民多而購買力強的地方，營業面積
可適當增大，相反則應適當減少營業面積。而店舖服務檔次則要根
據購買人群身份、消費水準、收入水準等來決定。店舖服務檔次主
要表現在店面裝修，服務態度等方面。所以，店舖服務檔次高的，
在店舖裝修上相應就需要投入更多資金，而大眾化的店舖則不必在
裝修上過分講究，特別是在創業初期，營業還帶有很大的試驗性質，
更加不應把過多的資金用在店舖外表裝潢方面。因為顧客需要的是

貨物而不是裝潢。

(2)店舖投資創業費

店舖投資創業費的「預」即對創業費的估算。估算創業費是投資資金規劃的第二步。創業費亦即店舖投資總額。一般的人以為創業費只包括店舖的租金，進貨費用和聘請員工的薪金等支出，這是不確切的。計算創業費時應將許多瑣碎的開支詳細列出，這樣有兩個好處：一保證資金充足；二有利於衡量經營是否真正贏利。有的店舖經營者，覺得店舖的所有權歸自己，賺賠皆由本人承擔，便忽略了將自己經營應得的報酬計算在內，這是不恰當的，否則非旦未能賺取利潤，連自己的生活費也要受影響了。

(3)店舖營業額

店舖投資資金規劃的第三步營業額的預測，即對店舖營業的損益及資金收支情形預測。店舖營業預測的方法很多，有的很複雜，這裏介紹一種簡單可行的預測方法。用一個公式表示，即：

店舖開業後的營業額－店舖投資總額＞0

當然，店舖開業後的營業額是不能預知的，但是，你可以通過考察、諮詢類似行業的店舖或行家。從而獲得一定的參考資料。也可以由你自己預定一年打算賺的利潤，然後再從利潤計算出營業額；需要注意的一點是店舖投資總額中一次性投入的設備用具費用，在計算時，可分為若干年償付計算，每年僅計入一部份。

通過作計劃，投資者對自己的店舖已經有了一個簡單的輪廓，心中有了一個大概的底。但在實際開辦經營過程中，營業額和投資費用是不可能完全按照計劃實施的，這便需要投資者根據經營發展的具體情況，對計劃本身進行查核和修正，制定對策將「計劃」和「變化」結合起來。如果投資費用突破預算，就意味著營業額必須增加，否則便會出現收支不平衡；相反，營業額未達既定目標，而

投資費用又未減低，也意味著生意不理想，若不採取措施便會蝕本。無論出現什麼變化，都不能說明投資計劃沒有用，只能說明投資者在開辦經營過程中存在一定的缺陷，你必須借此充分認識自己；在激烈的商業競爭中保持清醒的認識，將店舖打理得越來越好。

在擬定創業計劃時，必須根據調查客觀地制定，防止不切實際，所以要求創業者做到以下幾點：

(1)制定合適的目標

店舖投資是一項利潤適中的投資，作為投資者應充分認識到這一點。所以，投資者在制定計劃時應該不要要求太高或是不顧實際的抬高收益。制定計劃的第一點就是要切實際。目標不合理，會使投資者產生許多不良情緒，也影響計劃的實施。

(2)要看到失敗的可能

作為店舖投資者，一般說來都是很有勇氣、很有闖勁的。但是，單憑這股闖勁是不能成功的，特別是作創業計劃時，更多的是應該注重實際，看到失敗和不利條件。對失敗心存畏懼，就是一種健康的傾向，並且應多在創業計劃裏提及。你要認識到慘澹經營的年頭，畏懼失敗乃是最大的刺激與動力。

(3)正確評價你的競爭者

對於你的競爭者，什麼時候都不應該輕視。不管怎麼說，他們總是起步在你之前，他們能夠存活下去，說明他們有足夠的優勢。而你，才是剛起步，你不得不開始摸索，然後前進，如果你不能正確評價你的競爭者，那麼你就很可能會被他打敗。

3. 開店的幾個建議

(1)第一項建議：錢要有計劃地用在刀口上

你必須學會花錢，將每分錢都用到最該用的地方。

俗話說：「牽牛要牽牛鼻子」。作為投資者，第一重要的就是要

運用好。身為小額投資者，應該特別注意到固定資產（傢俱、貨架及設備等）與流動資金之間應有一個恰當比例的投資額。一般說來，在開始時，應儘量投入更多的金錢在流動資金上，而在固定資產上的投資金額則要愈少愈好。這是為什麼呢？

這是因為流動資金是「活」的，它通常是我們事業生機的根源，它可生產出銷貨收入與現金流程；固定資產相對來說比較「死」，並不能直接產生收入，而且固定資產會佔用較多資金，加重創業者負擔。

但是有一些人卻剛好相反。例如有些雜貨店或平價商店中，他們往往煞費心機地選用最好看的櫥窗與貨架，但是真正的貨品卻少得可憐。他們為什麼不想一下，客人要買的是貨品，不是櫥窗，也不是貨架。這樣做生意怎麼會好呢？

在這裏，並不是說裝潢及其他固定資產的投資不重要，而是應把有限的資金用到最需要的地方，一項一項地來完成。要想將錢花得恰當，事先就必須制定一個充分而又詳細的計劃，按輕重分好，逐步完成。

⑵第二項建議：最大限度利用融資和貨款

人們常說，生意場上最厲害的人是用別人的錢來賺錢。的確是這樣，即使你開一個小小的店舖，你也可以充分運用這一點，這就涉及融資和貨款。

融資的獲取可以通過多種方式取得，譬如說借貸、租賃等等。

對於現代的投資者來說，最缺的就是資金，所以我們應充分運用融資這種方式。一般來說，企業的融資比率應控制在本企業營業額的 20%左右。對於你投資店舖來說，則是越高越好。

融資對於小額投資者特別重要。因為一般小額投資者資金都不太充裕，融資是資金的主要來源，所以，小額投資者在剛開始時應

該詳細列出所需資產，並須自問：「有什麼方法能用最少的錢來取得這項資產的融資。」並且能儘量與供應商討論出貸款的金額與方式。譬如，為了儘量節省成本，除了在價格方面需要協商及議定外，付款條件與現資貸款的額度與方式更是須要妥善的商議。一言以蔽之，即以最少的現金到處辦儘量多的事，換取儘量多的融資。

　　一個能獲取多種融資的老闆一定會是個成功的老闆，一個能不花一分錢獲得全部額度的融資的老闆，一定會是個了不起的老闆。

(3)第三項建議：形成最佳融資結構

　　一項事業要取得成功，可以不靠自我資本，而完全靠融資來完成。融資雖好，但運用融資時也要十分謹慎，不是只要是融資就好就運用，要儘量選擇最佳的融資建立健全的財務結構。

　　一個完全理想的融資方式必須能提供最長期的償還期限，能讓你享受最低的利息，並且不需要太多的擔保，最好完全沒有，同時不需負個人方面的責任。

　　不過，各種融資方式都不可能同時具備上述所有優點。銀行貸款或許能提供合適又理想的償還期限，但是缺點就是應負個人方面的責任以及必須提出資產作為擔保品；供應商的融資貸款雖然不需負有個人方面的責任，但是它的償還期限十分的短；創業基金雖具有上述的優點，但是仍然要你必須放棄某些權利。所以選擇融資方式時必須仔細考慮儘量選擇最適合自己，對自己最有利的融資方式。

要有開店的啟動資金

資金是開店籌劃中最重要的一個環節。如果沒有資金，一切都是枉然。那麼，創業開店具體需要多少啟動資金呢？這就要根據具體情況確定了。一般來說，開店啟動資金越充足越好，這是因為經營啟動可能會遇到意想不到的情況，引起資金週轉困難。如果準備資金不足，就可能使剛剛起步的事業面臨危機。因此，充分考慮資金的籌措對於每一個開店者而言都是至關重要的。

不管做什麼生意，都要有一筆資金，而且還要對資金的需要量進行比較精確的估算。店面的地理位置以及當地的繁榮程度都會在很大程度上影響你需要投入的資金量。毫無疑問，在繁華地段的店面租金費用和建設成本肯定會高出其他一般地段很多，在旅遊勝地的週邊地帶，或者興旺發達的商業街更是如此。

⑴對場地租用或購買的資金估算

場地的資金，是開店資金中比例較大的一部份。店面的大小，地理位置的好壞，會直接影響到這筆投資費用的大小。

如果你是自己購買房地產，一下子會投入很大一筆資金，雖然這樣可以不用擔心有些業主看見生意做好就坐地起價，也不用時常擔心房租的事情。但這樣的風險是：你一定對這個地方的前景看得很準，否則買下來後使流動資金再脫手就沒那麼容易了。而且買房產做生意，也會佔用大量流動資金，不利於資金流動。

如果你是租用場地，當然會相對於買房投資省很多錢，這對於

一般剛開始創業的人來說是最好的方法，因為這樣可以有更多的資金週轉。店面租金可以根據地段的不同，以及規模的大小來確定。

(2)**對店面裝修資金的估算**

對於店面的裝修，不僅要從美學角度去設計，而且還要根據實際需要去設計，更要考慮自己的資金實力。

在裝修之前，必須對自己購買的設備瞭若指掌，同時在裝修期間就要預先留下一些必要的管道位置。裝修設計一定要將設備安置設計在一起，才會令這個店面實用且完美。投資者最好要請一個該種店面的運作很熟悉的內行來參與設計，這樣對你以後店面的順利運作有很大的幫助。

裝修的風格可以因投資者的喜好而定，也要考慮所從事行業的特點。當然這也會影響到資金使用的多少。裝修的資金，要看裝修的要求如何，一般新店裝修資金需要比較多。當然這些設備的購置，最好由行內人士提供意見。

(3)**對日常運作成本的投資估算**

這部份的投資，亦根據店面的大小而決定，當然亦可先購買足夠基本運作的部份，然後再根據生意的好壞增加或減少，或再以利潤擴大經營，增加經營項目。同時，設備的增加會令運作順利，損耗減少，是更省錢的方法。

(4)**對牌照領用資金的估算**

對於這部份資金，應考慮到某些行業的店面設計是否符合消防要求、環保要求以及衛生要求，否則這幾個要求達不到，就無法領取營業執照。當然這部份的資金相對不大，而且基本是固定的，可以預先準確估算出來。

(5)**最低營業額預算**

以 5 年歸本算，其中的折舊費包括裝修、環保設施、營業設備、

樓面設備、其他設備和不可預算的資金。

毛利率＝毛利÷銷售收入，毛利率可以幫助區分固定成本和可變成本。

將這些費用加總，就可以大致計算出你所需要的各類資金。通常來說，需要準備比上述資金預算更為寬裕的資金，這樣才能在發生意外成本的時候從容不迫地應付。

不同地方、不同地段、不同規模、不同檔次以及不同程度的地方，店面投資數額的估算值也不一樣，投資者可以根據自己的具件情況編制自己的資金預算表。

從資金的籌備來說，如果你的資金有限，那麼你就必須在資金的限度之內對店面的規模、檔次以及從籌建到正常運作的時間進行嚴格的控制，儘量避免浪費資金和時間。但是如果你的資金比較雄厚，還可以考慮豐富經營模式和各類附屬功能，從一開始就可以著手制定比較長遠的經營戰略，開展店面的有關促銷活動，充分利用資金。

一般來講，開辦一家咖啡廳為例，會經歷以下過程：

A.首先是籌備開店資金，這部份豐儉由己，一般來講開一家使用面積在 200 平米的咖啡廳需要的資金大約在 400 萬元左右。

B.根據自身核心產品的特點選定客戶群，大多數情況下的核心產品往往不是咖啡本身，而是例如：瓷器、地毯、工藝品；特色餐品；特色活動等極具吸引力、競爭力的產品；（這好比釣魚的原理，先要選要釣的魚的種類，再要準備好釣魚的魚餌）。

C.根據客戶群選定租金合理的經營地點，即選對地方，選對點，這相當於摸清楚魚群的所在，找好釣魚的地點。評價租金是否合理，重點要考慮有效的客流量是否充足和客戶捕捉率是否夠高。首先，算出一天的平均租金及人員工資、水電費及雜費等。按利潤率 70%

計算，每天約為若干元可以持平，以每人消費 90 元計算，需要接待
○○人次方可達到盈虧平衡，按照一般咖啡廳 10%的客戶捕捉率計
算，該地區每日有效人流量必須在○○人以上，方能持平。如果有效
人流不足，證明租金過高。

　　D.簽定長期可轉讓的餐飲業租房合同，一般是 5 到 10 年，最少
不得少於 3 年；

　　E.招募值得信任的咖啡廳經理。

5 降低籌資成本

　　企業在取得資金後，需要以利息、股息及其他形式付出一定的
代價，稱之為籌資成本。利用不同資金來源的成本率在時間、空間、
行業間的差，先取較低成本資金來源，降低籌資成本。

　　例如，某企業主需購進一台食品機器設備，主要是通過銀行貸
款解決資金來源問題。據分析，利率將下調，因此，他選在 6 月份
貸款，月利率是 0.91%，而當年初貸款月利率是 1.08%。這就是成功
利用利息在時間上的差異降價籌資成本的辦法。又例如，某廠建廠
房需要一筆 100 萬元資金，有這樣幾個地方可以提借：一個是當地
銀行以月利率 1.08%給予貸款；一個是向職工集資，月利率 2%；一
個是向外地某信用社借款，月利率 1.0%。經過比較分析，選擇了第
三種。他們降低成本的作法就是利用不同地方利息率的不同。

　　生產模具企業主急需融通一筆 30 萬元的週轉金，他可以向銀行
貸款，利率是 1.08%,可是銀行對與他相關聯的某合資企業提供貸款

的利率是 0.9%，而該企業與他關係密切，他就求助合資企業貸款 30
萬元再轉貸給他，轉貸利率為 0.95%，這仍遠低於該行業 1.08%的利
率。這就是利用行業間利率差異降低籌資成本的辦法。

　　資金的盤活是商家的血液。週轉就是預估收益以及如何抵消開
支（指營業開銷及償付債務），但週轉資金最基本的作用，是測試財
務結構是否健全。只有運用資金週轉報表，才會發現是不是因為短
期債務而弄得業績不穩，如果是，就必須設法取得較長期的投資。
你的事業能否生存下去，必須取決於數字。

　　店舖創業時的致勝性關鍵在於面臨最糟糕的狀況時還能夠運用
自己的週轉資金。人人都想多賺錢，所以必須想辦法讓收益超過開
支。若能達到這一目標，你就能生存。

　　在企業求生存的階段中，這種以週轉資金來定位的方法，甚至
可以代替以對結盈方式來定位。到了事業已穩定成長，就可以決定
增加利潤而不再是增加資金週轉。有些企業家便在這裏載了跟頭。
他們開創了新事業，每個法定都離不開利潤，可是就結盈方式的觀
點看來卻只有反效果，這兩者未必總是相符。到生意快要停擺了，
企業家才不得才不集中注意到資金週轉的問題上，但為時已晚。

6　開店的資金來源

　　知道了投資所需要的資金，有了投資計劃，下一步就是籌集資金了。

　　開店，最怕的就是資金不足，最難的就是資金的籌集，其實，籌資真的沒有什麼好怕的。籌資的方式有很多種，一種不行就去試另一種，總之，天無絕人之路。

　　很多人在緊急關頭卻借不到錢，（畢竟開口借錢是難為情的事，說是生意太好欠資金，恐怕無人會信）於是週轉不靈，給銀行或廠商留下惡劣的印象，這都是週轉金太少的後果。

　　創業時資金收的太保守，也沒關係，至少要有後備計劃，那就是誰負責找錢？錢怎麼來？而且要有幾個備案，就算幾個萬一也沒關係了。

　　有許多機會是要即時掌握的，例如突然發現一個好店面，房東給你的期限是短，如果要召開股東會，還要收資金，恐怕來不及；如果經營者自行籌資，萬一發生狀況，那得自己負責賠償，誰願承擔此風險？

　　通常業務膨脹太快的公司，進貨資金的一定短缺，便會經常發生資金週轉不靈現象，可能一個收入與支出上的管制疏忽就會搞垮公司，生意太好也是一個警訊喔！

　　資本額寧願高估，可分期繳納股金。最正確的做法，是先預估高一點的資本額，然後分期繳納股金，如此一旦需要資金時，也是

原先決議的計劃資金範圍，很快速的可以收到資金來運轉，或是擴大營運，避免臨時看人家臉色，經營者也會安心的經營，讓企業無後顧之憂，不斷發展成長。

資金的籌措是一項很艱難的工作，所以在運用籌措資金要特別小心，將資金運用恰當。

店舖投資者一般都明白資金籌集的困難。所以，店舖投資者在投資時一定要本著節省的宗旨辦事。首要的一點就是做好管理，控制好管理費用。管理費用包括庫存管理費用和人事管理費用兩個方面。

相對店舖其他費用來說，庫存管理費用是最需要控制的。因為其他費用真正能節省的金額較小，而庫存管理費用則較大。許多店是表面上看起來每個月都有盈餘，但庫存管理不做好，很可能就是賺了一堆賣不出去的庫存貨。特別是流行性強、跌價很快的產品，如電腦、各種小禮品、手機、流行服飾等；季節性的行業也要注意庫存管理。一般來說，在扣除了初期投資成本後，手邊能運用的資金能平均分配在存貨、採購以及週轉金三個方面是最好的。

在人事管理費用上，減少人事支出的方法是最好多利用一些兼職的臨時人員，如餐飲業在用餐時間人潮量非常集中，如果都聘僱專職人員，很容易出現用餐時間人手不足，但非用餐時間卻人手又太多的局面造成資金浪費。如果聘用一部份兼職人員在用餐高峰期幫忙，則會扭轉這個局面。但臨時人員的缺點是流動率高，以及服務品質不能控制，這樣就需要經營者採取一些措施來調節。

至於在人事上該用那些人，性別以及用多少人足夠，這就需要依照各行業特點來分析。舉個例子來說，速食店、流行服飾店就宜多用年輕人，而一些較高級的餐廳、宴會廳等則須用一些有經驗的人。

可供選擇的籌資渠道，比較常見的有下列：自己積累、合夥籌資、銀行貸款和租賃籌資等幾種形式：

1. 利用個人積蓄

一個公司或一個小店都需要一筆不小的開辦經費和週轉資金，這筆資金越充分越好，以免在開辦初期因各種不可預測的原因造成週轉不靈，落得前功盡棄。這筆資金可能是你多年的辛苦積蓄或是親朋好友湊集的，資金越充足越好的道理在於使你開店時遊刃有餘，但並不要求你全部投入。如果你是一位上班族，你積累的資金最好不要全部投入，以免小店破產讓你蒙受巨大損失，這跟在股市炒股的道理是一樣的。因此，初開店時不要盲目貪求規模，以免投資過大而生意又不景氣。小店資金收入相對較少，風險性較小，你可以在開小店的過程中逐漸摸索經驗和規律，為日後的發展作準備。小店雖贏利不大，但把生意做活了，日積月累，資金也逐漸積累起來了。

勤儉持家不僅使你豐衣足食，而且可以幫你完成發家致富的原始積累。

在日常生活中，注意節約每一度電、每一滴水固然重要，更重要的在於學會和掌握一些勤儉持家的經驗，養成一個好習慣，例如：無目的地趕時髦、湊熱鬧、盲目搶購目前家庭不需要的商品，是儲蓄的首要敵人。因此，花錢應該深思熟慮，精於籌劃。不是家庭需要的開支，不能輕易花費。有些開支不僅無益反而有害，這對於家庭消費是最不值得的。例如吸煙、嗜酒，一個月的煙酒少則幾百元，多達上千元，幾年下來，成千上萬元開銷就在吞雲吐霧和酒肉桌上付之東流，還損害了自己的身體健康。

2. 合夥籌資

如果你自己籌集的資金很少，而你開設的店舖投資又較大，即

使開張後短期內流動利潤也無法讓你的店舖正常週轉。這時你可以試著尋找一兩個可靠的合夥人來共同經營。但是合夥籌資經營往往容易產生各種各樣的糾紛，所以要慎重選擇合夥人。

首先，考慮合夥人能否同你達成經營共識。如果達不成共識，合夥者投資再多的錢也無用。考慮合夥人與自己經營意識是否相同，首先得認清自己。作為創業的發起人，你自己必須要對你正在或將要從事的事業有足夠清醒的認識。

其次，考慮合夥者能否與你同甘共苦。特別是創業之初，隨時都有挫折和困難，遇到既傷身又傷心的事更是家常便飯。所以合夥者是否具備能吃苦和堅忍不拔的意志，也是你要考慮的。如果不仔細考慮合夥者的這些素質，一旦你碰上個拈輕怕重的傢伙，你們的合作就會很不愉快。

第三，與人合夥，還必須在合夥前簽訂「合夥協議書」，明確劃分責、權，談定利潤分配的比例。這一點很多人都認為無所謂，或是因為是親友、朋友拉不下面子。其實，這點是非常重要的，與其在合夥後發生矛盾和糾紛，還不如將醜話說在前頭，彼此放心，合作也會更愉快。在簽訂「合夥協議書」時應明確規定以下幾方面條款：

⑴管理責任要明確，文件要明確規定每個合夥人的管理許可權和範圍，規定誰為具體管理者，要樹立管理者在店舖職工中的絕對管理權威。

⑵規定合夥的期限和風險處理辦法。在檔中應明確強調不允許某個合夥人提前脫離合夥制，如果發生這種情況，該如何處理，也應明確規定。店舖如果虧損該怎麼處理，也應有規定。

⑶規定每個合夥者的投資額，核計每個投資額所佔店舖股份。

⑷規定利潤分配法。

⑸確定店舖內部用人制度。採用新員工應有考核制度，儘量避免內部出現山頭林立。

⑹共同制定店舖發展計劃，共同合作。在現代社會中，一般人都喜歡選擇親友合作，其合作檔就要更加詳細。因為這樣可以避免在以後的合作中鬧矛盾的局面。

3. 銀行貸款

作為一個創業者，當遇到資金週轉不靈時或是籌集困難時，很自然就會想到銀行。銀行借貸雖然說手續複雜，難借，但一般說來，利息低廉。而且對創業者來說，能籌集到資金的方式也就那麼多，不得不仔細考慮。所以，瞭解和掌握申請銀行貸款的技巧是必要的。

創業者在進行貸款申請時，還必須多與銀行聯絡，儘量將你所擁有的投資優勢，更為詳細地灌輸給貸款者，使他們對你深信不疑，那樣你的貸款計劃也就可大功告成了。剩下的就是儘量爭取多的貸款和較長的還貸期限以及及早簽訂貸款合約等一系列問題了。

7 開店的費用預估

以一家新開速食店為例：

1. 速食店的費用預算

表 3-7-1　速食店的開辦費用預算

花費項目	金額（美元）	備註
店面租金	12000	店租多少主要決定於地段，這個錢省不得，該花就要花，而且店面太小了也不太好
店面押金	36000	一般做餐飲都要簽長租的，至少一年，不然還沒幹出什麼名堂來，房東就要漲價也很頭痛，所以押金為三個月房租
店面轉手費	20000	好的店面一般都會是長租，前一手租客有裝修和原有的食客等資源在，所以店面轉手費是非常普遍的，這一點絕不是可有可無的，除非租的是毛坯新鋪
店面調整修理費	2000	可能要粉刷一下店面、修理水溝、添加桌椅等
印刷宣傳資料等	500	做做廣告花點錢，有些開業氣氛
註冊、辦理證件等	500	有些地段政府要求嚴的話，還要排汙證明之類的，費用不止這個數
合計	71000	

2.速食店的週轉資金預估

表 3-7-2　速食店週轉資金統計表

花費項目	大概金額(美元)	備註
店面租金	12000	一開張不可能馬上就賺錢，要做好三個月不賺錢的準備。當然也可能每個月都只能保本，保不了本就從備用資金中補回來
員工薪資	6500	
備用資金	10000	
購買各類一次性用品	1000	
合計	29500	

3.速食店投入資金總額預算

表 3-7-3　速食店投入資金匯總計算表

項目	金額(美元)	
開辦費用	71000	
週轉資金	29500	
合計	100500	
其中：		
押金		36000
實際投入	64500美元	

8 合夥人要謹慎選擇

「咱們一起開公司吧！」

有多少人，以這句話開始，從彼此信任到反目成仇。合夥開店，如何避免落入這種結局？

幾位老闆的親身經歷和股權設計專家的經驗告訴你，選合夥人的 5 條法則：

1. 要具有共同的價值觀和目標。有人想賺快錢，有人想做品牌，還有人只想每天下班都有免費咖啡喝。出發點不同，遇到問題提出的解決方法也相去甚遠。時間久了，必然面臨分道揚鑣的結局。

有人想賺快錢，有人想做品牌，還有人只想每天下班都有免費咖啡喝。時間久了，必然分道揚鑣。

2. 核心技能要能夠互補。合夥人之間的互補很重要。一幫廚師能夠研究出一道色香味俱全的菜品，但卻不一定能夠經營好一家餐飲企業。想要做好餐飲業，產品研發人才要有，經營人才要有，行銷高手也要有。

3. 要有良好的人品。找合夥人要首先進行「審核」，有詐騙經歷的、愛吹牛又極度好面子的、小肚雞腸的、愛推卸責任的……凡此種種，均不能與之合夥。

4. 段位相匹配。創業初期，找一個曾在麥肯這樣的大型餐企工作過的人一定合適嗎？半調子熱乾麵創始人大俠表示，企業處在不同的階段就需要不同的人才。成熟企業的人才不一定能管好創業公

司，大企業制度未必適合小企業。

做慣了螺絲釘，沒有創業精神，大企業的人才不一定能管好創業公司。

開店創業主要分為獨立經營型、合夥經營型、特許經營型等基本類型。

合夥經營型是由幾個人分別出資或分別以技術、設備、營業場地、資金等聯合開辦、經營的店。合夥經營的最大好處就在於：在經營上遇到各種問題，可以由合夥人一致協商解決。其不足之處在於：合夥人容易產生矛盾和糾紛，如果其中一個合夥人不負責任或者脫離合夥關係，整體經營就容易受到影響，甚至造成損失。因此，要採取合夥經營的方式來開店的話，合夥人之間需要達成共同的經營意識，要具有較高的素質，事先訂立合夥經營協議書，明確責、權、利及利潤分配等。在我們的身邊，常常出現因為合夥開店而導致最後連親戚朋友都沒得做，「先小人，後君子」，這樣大家的利益都有保障。

導致開店失敗的一個重要原因，就是合夥人的選擇失誤。合夥開店有利有弊，如果合夥人選擇失誤，往往會造成意見不統一，矛盾激化，最終散夥。

合夥開店的好處是顯而易見的。俗話說，「三個臭皮匠勝過一個諸葛亮」。經過全面挑選的夥伴，可以使合夥店鋪的日常管理容易得多。合作夥伴相互發展自己的專業和技能，仿佛多名演員在一場好戲中的巧妙配合，不但可以進一步提供店鋪的經營管理水準，還可使店鋪發展的前景更廣闊美好。

另外，合夥經營可以保證更多的資金來源。一個人擁有的資金都是有限的，即仿佛一個碗裝水，裝得再滿也還只是一碗水。如果是兩個人合夥，則好比兩個碗裝水，兩碗合在一起總比一個碗裝的

水多。有了足夠的資金來源，店鋪的經營規模、檔次、等級等方面自然也會有相應的發展潛力，也就能做更多的事情。所以合夥經營的籌資方式可說是店鋪擴大經營、發揮潛力的一種可供選擇的好方式。當然合夥經營的缺點也是非常明顯的。這需要每一個店鋪經營者對於合夥經營的缺點要有足夠的準備。因為對一個有長遠打算的經營者來說，任何影響都是要防備的。選擇合作夥伴要謹慎，要堅持一定的原則：

1.合作目的和目標要明確

合作可以使項目很好地發展實施，合作可以使我們合作雙方資源分享，合作可以使自己變得更強大。因為志同道合，因為共同的目的，因為互相的信任，才走在一起合作經營一個項目。

2.要明確合作夥伴的職責

在合作初期，創業合作者要明確合作夥伴的各自職責，不能模糊，要能拿出書面的職責分析，因為是長期的合作，明晰責任最重要，這樣可以避免在後期的經營中互相扯皮，反目成仇。好多的創業合作中會有問題，就是因為責任不夠明確。

3.合作者之間要建立商業信任

在合作初期，由於彼此關係比較親密，往往會把一些合作細節分得不清。這種做法是不正確的，等有問題出現的時候，沒有一個根本的辦法解決，互相攻擊，留下一堆亂攤子，只能靠各自道德和情誼解決。朋友和親人之間的合作要建立在商業的基礎上，用商業的解決方法去解決合作糾紛，一切的合作細節都要提前考慮，提前明晰，一切合約化，創造一個良好的合作平台。

4.合作資金的投入比例和利潤分配要協商好

合作投入比例是合作開始雙方根據各自的合作資源作價而產生的。因為投入比例和分配利益成正比，所以書面明細要清楚。當然

根據經營情況的變化，投入也要變化，在開始的時候，就要分析後期的資金或者資源的再進入情況。如果一方沒有融資的實力，那另一方的投入會轉換成相應的投資佔有股，來分配投入產出的利益，根據合作雙方約定的書面分配合約，分配雙方的利潤。

5. 合作方的退出機制要合理

合理的退出機制是合作的很重要的組成部份。在合作的過程中，當一方退出，什麼時候退出，退出時的投入比與退出比的比例以及怎樣補償，是誰承擔？這些要提前書面明晰，簽到合約裏。

6. 要預防合作過程中的摩擦

合作雙方之間的摩擦主要是後期經營權和利潤分配的矛盾，合理地安排合作職責，明晰合作雙方的利益，保持一個良好的經營合作氣氛，預防摩擦，重視摩擦，解決摩擦。良好的合作心態是解決摩擦的方法。

選擇到理想的合作夥伴，處理好了合作過程的中各種問題，這樣會使合作開店的風險減少很多。

9 餐廳開業前的資金準備

以一家新開餐廳為例，前期籌備工作千頭萬緒，涉及面廣，對餐廳開業所需的資金及開業後的工作具有非常重要的意義。

一、餐廳規模

1. 投資能力

確定餐廳的面積首先取決於投資能力。在你的投資預算中，有一大部份資金用於房租。即使你的餐廳有一個理想的面積標準，但是如果房租超過你的預算範圍，你也只能放棄。如果房租預算能合乎你所投資範圍之內的標準，那麼，餐廳的面積當然越大越好。

2. 店面客容量

計算店面的客容量，就是確定所選的店面可以安排多少座位和有效經營時間。因為店面內要有廚房等操作面積以及庫房和衛生間等輔助面積、通道。除去這些面積後才是可以用於經營的餐廳面積。一般營業面積通常為總面積的 50%～70%。每一個座位所佔面積因餐台形式不同而不同。

3. 店面客容量計算

例如 4 人長方形餐桌每一個座位約佔 0.5 平方米；8 人和 10 人圓餐桌每一個座位約佔 0.7 平方米；12 人圓餐桌的每一個座位約佔 0.8 平方米；包間每一個座位約佔 1～2 平方米。

　　投資者可以利用上面的數據計算一下大概的座位數。例如，假定餐廳不設包間，餐廳營業面積佔整個餐廳面積的 60%，每一個座位平均佔位 0.6 平方米，餐廳的總面積為 120 平方米。那麼可以安排的座位數為：

　　座位數總面積×營業面積所佔的比例÷每一個座位平均所佔的面積＝120×60%÷0.6＝120（個）

　　如果在這個餐廳裏面增加兩個外包間，每一個包間的面積為 10 平方米，各設 10 個座位，那麼可以安排的座位數額為：

　　座位數＝10×2+(120×60%−10×2)÷0.6＝107（個）

　　設置包間雖然減少了座位總數，但是包間的人均消費要高於大堂，所以總的收入應該上升而不是下降。

二、估算總銷售額及毛利潤

　　按照人均消費額來估算餐廳每天預期的總銷售額和全年的毛利潤。人均消費額是指顧客每餐可能承受的消費金額，這是由顧客的收入水準決定的。人均消費額要透過市場調查來確定。不同的地區、同一城市不同的區域、同一區域不同的消費群體，由於收入水準的差異，其人均消費額都有所不同。

　　假如，透過市場調查，確定自己所經營餐廳的顧客均消費額為 30 元，選取每餐每一個座位只上一次顧客為預期的一般經營狀況，即一般應當實現的經營狀況，則 120 個座位每天可接待 240 位顧客，每位顧客平均消費為 30 元，全天的預期銷售額為 7200 元；全月的預期銷售為 216000 元（7200×30＝216000）；全年預期的銷售為 2592000 元左右（216000×12＝2592000）左右。毛利潤是指菜品價格扣除原、輔料等直接成本後利潤所佔比率。一般來講，餐飲企業的

毛利潤率大概為 40%左右。

因此，毛利潤為：

全年毛利潤＝2592000×40%＝1036800（元）

只有透過綜合考慮餐廳的投資能力、房租價格、座位容量、消費水準和利潤標準，並進行定量的計算後，才能確定合理的餐廳面積，以獲取更多的利潤。

三、投資費用預估

在確定餐廳的規模之後，接下來就得估算是否有開餐廳足夠的費用或啟動資金，投資新開一家餐廳，則投資費用較大，具體費用還得根據地段、房租及裝修的程度來定。那麼，作為餐廳投資者應該怎樣判斷投資資金是否足夠呢？

1. 準備必需費用

通常，餐廳開張所需的費用有，轉讓費、房屋租金、裝修費、材料設備費、人員薪資、管理雜費、水電燃料費用、辦理相關證件費用等。所以，要預測出餐廳開張所需資金是否能夠滿足營業開辦和發展所用。

2. 留足開支

投資者在預估費用時，除了投資餐廳的必須資金外，還應考慮所剩下的資金是否能夠維持自己的個人或家庭所需的生活費用。

由於投資餐廳具有一定的風險，因此：

⑴如投資在 10 萬元以下，可考慮取個人或家庭全部資金的 1/3 或 50%。

⑵如投資開餐廳過 10 萬元的，可考慮取全部資金的 60%～70%。

⑶投資開餐廳過百萬元的，可考慮取全部資金的 80%～90%。

⑷投資開餐廳過千萬元的，可考慮取全部資金的 95%以上。

投資餐廳畢竟是利益與風險同在，投資者在投資的同時就必須安排好自己及家庭的生活，只有解除了後顧之憂，創業才能有保證。

10 借用合夥之力當老闆

有些生意可能並非自己能夠獨立運作、獨自經營，此時，合夥是一種比較好的選擇。儘管如此，在合夥之前有些問題還是應該慎重考慮，權衡一下利弊，比較一下優劣，以便決定是否合夥以及如何合夥。

1. 你的店舖是否有必要合夥

選擇合夥經營方式不能憑感覺，也不能抱著試試看的心理去做，必須有端正的態度，必須從多方面考慮自己、審視自己，同時必須敢對你週圍的環境和你自己的切身利益做週密的思考。

首先，你必須仔細地考慮是否能獨自承擔開店的風險。如果你個人能夠承受得住開店的風險，那麼最好獨自開店。因為合夥人雖然可以幫你承擔風險，但也可能給你帶來矛盾與問題。其利正是其弊所在，魚與熊掌不能兼得。特別是在開店之初存在諸多問題，制度難以規範，店舖的動作需要機智靈活，這些都有可能成為合夥人之間矛盾的導火線。當然，如果創業的風險個人實在無力承擔，就應該考慮合夥創業。

其次，你必須考慮你想從合夥人那裏得到什麼，你所需要的東西是否一定只能從合夥人那裏得到。你應該清楚地知道你需要從合

夥人那裏得到的是資金、技術、關係、銷售網、土地、經營場所或是其他經營中必不可少的要素，而這些又是你自己一時難以解決的問題。如果你已經清楚地知道這些問題，就可以大膽地合夥創業了；如果你還是模糊不清的話，就應該再仔細地斟酌一下有無合夥創業的必要。

最後，你還必須考慮你個人的性格是否適合合夥創業。獨立經營只有一個人當老闆，其餘的人都是僱員，老闆一個人說了算。而在合夥企業中，合夥人都是企業的老闆，合夥人地位平等，不能一個人說了算。合夥企業中合夥人之間的關係不同於企業中老闆與僱員的關係，合夥人之間更強調相互尊重、團結合作、互諒互讓，合夥人之間的關係，比平常人之間的關係更複雜，更難處理。因此，那此剛愎自用、缺乏團隊精神、喜歡發號施令、合作意識差的人都不適合合夥經營。

2.合夥前的準備

首先，你應具備成功合夥人的基本素質。雖然每個人都有自己的特點，每個成功的合夥人也都有自己不同的素質，但有些素質是所有合夥人都必須具備的：突破陳規，勇於創新。成功的合夥人從來不墨守成規、人云亦云、從不安分守己。他們敢於冒險，他們把通過努力取得成功、迎接挑戰作為人生樂趣；他們從實際出發，為使自己的願望獲得成功而勇於去冒險，並且在可預知的情況下，憑藉他們的智慧克服困難。這些優點不僅是成功合夥人應具備的，也是每一個想要成功的商人應具備的。

3.一定要慎選合夥人

選擇合適的合夥人是合夥經營成功的關鍵。好朋友能相親相愛，不一定是生意上的合作良伴。在挑選合夥人時，尤其是選擇在經營管理上共同直接參與的夥伴，以下幾個原則值得謹記遵行。

(1)**要能同甘共苦**

新開店無疑會很辛苦，甚至還會遇到數不清的挫折和困難，遇到既累身又累心的事更是家常便飯。合夥人是否具備能吃苦、堅忍不拔的意志，是需要你慎重考慮的。如果具備這些良好素質，那你們的合作便會成功，經營也會成功。

(2)**要能相互合作**

跟不易相處的人一起工作，是一種「酷刑」，你的精神夜以繼日地受困擾，使心力的透支很大。要改變一個人的個性和思想是很費勁的事。找一個跟自己相處不來的人做夥伴，再花費很大的心力去改變他，使他迎合自己，這是最得不償失的做法。一般年齡在35~45歲之間的商界中人，肯定不會為任何意外而徹底地改變自己的個性。合作愉快，靠的是默契，最理想的是「心有靈犀一點通」，根本不用多表白、多解釋、多尋找，就已經互相信任，彼此瞭解，共同對準目標進發，這樣才省時節力，事半功倍。

(3)**要性情相近**

在為自己的店舖經營選擇合夥人時，必須注意到對方的做事宗旨是否與自己的做事原則有所抵觸。舉最淺顯的一個例子，假如合作夥伴把金錢看得比天還大，只要賺錢，什麼作奸犯科的事都敢幹，這跟自己奉公守法的做事準則背道而馳，很難合作。

4. 掌握與合夥人的相處藝術

在風雨中航行的小舟，如果船員之間缺乏應有的配合，各自為政，那必然逃脫不了船傾人亡的悲劇。剛開業的店舖也是如此，如果合夥人各懷心事，不能坦誠相見、團結合作，那還不如早散夥。怎樣合夥才能成功呢？有這樣的幾個秘訣。

(1)**互相依賴是基礎**

每個合夥人可能都有自己的開店思路和經營理念，但如果大家

都能互相信賴，相互諒解，彼此都為了把生意做好，互相信賴是合夥成功的基礎條件。當然，它是與「疑而不用」緊密聯繫的。如果一個人，你覺得他沒有誠意，居心叵測，缺乏能力，與你心目中的合夥人形象相悖，就不能與他相互信賴，更不能與之合夥，但如果經過仔細調查和觀察，覺得他可以信賴，是你理想的合夥人，就一定要推心置腹，充分信任。

當然，相信他人在生意場上是要冒一定風險的。然而，除非你不打算合夥，否則就必須相信你的合夥人，一定要有「用人不疑」的態度，才能使生意有更大的發展。千萬不可疑神疑鬼，各懷心事卻又合夥經營，這樣決不可能合作得長久。

(2)**坦誠相見是潤滑劑**

有合夥就會有磨擦。要想減少磨擦，你就必須利用坦誠相見這個「潤滑劑」。首先，要對合夥人進行感情投資，使大家在和諧、團結的氣氛中一起工作，發揚榮辱與共、休戚相關的團隊精神。其次，還要與你的合夥人經常進行交流與溝通，誠心誠意地交換看法。

只有合夥人之間坦誠相見，將心比心，以愛換愛，才可能維持相互的友好信賴關係，使事業得以發展。

但是，不能把坦誠相見等同於簡單的直率，把信口胡說當做耿直，坦誠也需要用合適的方法來表現，最好是心平氣和、婉轉含蓄地私下交談，別上第三者參與，以防產生不良影響。

(3)**取長補短是動力**

合夥人都有自己的優勢，也都有自己的劣勢。只有認識到這一點，合夥人之間主動地把優缺點挖掘出來，同時相互尊重，取長補短，優勢互補，才能充分發揮個人和集體的優勢，在競爭中獲勝。

換個角度考慮，即使你的工作能力極強，思考得比別人深遠得多，在合夥人中無人能及，無形中居於領導地位，你仍然不能恃才

傲物,妄自尊大,獨斷專行。從維護合夥人自尊心乃至合夥關係的角度出發,也應謙虛謹慎,認真向他人學習,真心實意地尋求幫助,徵求意見,這樣既贏得了友情,又增強了合夥經營店舖的凝聚力。

(4)**義利並重是關鍵**

義和利是合夥人相處時最難處理的關係。合夥人的整體利益是個人利益的基礎,一損俱損,一榮俱榮。因此,合夥人在經營中要注重整體利益,注重與其他合夥人的關係。但是作為合夥人之一的「我」又有自身的個人利益,這就導致在決策時,由於自己的觀點和意見與其他合夥人不一致而發生衝突。這種矛盾就是個體與整體、全局與局部之間的矛盾,就是人與我、義與利之間的矛盾。

要解決好這對矛盾,就要在人與我、義與利之間保持適度的平衡,人我兩利,利義並重。此時,合夥人既不能輕易放棄個人的利益,又不能損害其他合夥人的利益,在個體與整體之間求得最佳平衡點。

附:合夥合約樣本(供參考)

1.合夥人_____(姓名)以_____方式出資,計新台幣_____元。

(其他合夥人同上順序列出)

2.各合夥人的出資,於_____年_____月____日以前交齊,逾期不交或未交齊的,應對應交未交金額數計付銀行利息並賠償由此造成的損失。

3.本合夥出資共計_____元。合夥期間各合夥人的出資為共有財產,不得隨意請求分割,合夥終止後,各合夥人的出資仍為個人所有,至時予以返還。

4.盈餘分配，以＿＿＿＿為依據，按比例分配。

5.債務承擔：合夥債務先由合夥財產償還，合夥財產不足清償時，以各合夥人的＿＿＿＿為據，按比例承擔。

6.入夥：①需承認本合約；②需經全體合夥人同意；③執行合約規定的權利和義務。

7.①需有正當理由方可退夥；②不得在合夥不利時退夥；③退夥提前＿＿＿＿月告知其他合夥人並經全體合夥人同意；④退夥後以退夥時的財產狀況進行結算，不論何種方式出資，均以金錢結算；⑤未經合約人同意而自行退夥給合夥造成損失的，應進行賠償。

8.出資的轉讓：允許合夥人轉讓自己的出資。轉讓時合夥人有優先受讓權，如轉讓合夥人以外的第三人，第三人按入夥對待，否則以退夥對待轉讓人。

9.＿＿＿＿為合夥負責人。其許可權是：

①對外開展業務，訂立合約；

②對合夥事業進行日常管理；

③出售合夥的產品(貨物)，購進常用貨物；

④支付合夥債務；

10.其他合夥人的權利：

①參予合夥事業的管理；

②聽取合夥負責人開展業務情況的報告；

③檢查合夥帳冊及經營情況；

④共同決定合夥重大事項

11.未經全體合夥人同意，禁止任何合夥人私自以合夥名義進行業務活動；如其業務獲得利益歸合夥所有，造成損失按實際損失賠償。

12.禁止合夥人經營與合夥競爭的業務。

13.禁止合夥人再加入其他合夥。

14.禁止合夥人與本合夥簽訂合約。

15.如合夥人違反上述各條，應按合夥實際損失賠償，勸阻不聽者可由全體合夥人決定除名。

16.合夥因以下理由之一得終止：

①合夥期屆滿；

②全體合夥人同意終止合夥關係；

③合夥事業完成或不能完成

④合夥事業完成違反法律被撤銷；

⑤法院根據有關當事人請求判決解散。

17.合夥終止後的事項：

①即行推舉清算人，並邀請_____中間人(或公證員)參與清算；

②清算後如有盈餘，則按收到債權、清償債務、返還出資、按比例分配剩餘財產的順序進行。固定資產和不可分物，可作價賣給合夥人或第三人，其價款參與分配；

③清算後如有虧損，不論合夥人出資多少，先以合夥共同財產償還，合夥財產不足清償的部份，由合夥人按出資比例承擔。

18.合夥人之間如發生糾紛，應共同協商，本著有利於合夥事業發展的原則予以解決。如協商不成，可以訴諸法院。

第 四 章

利用連鎖加盟的優勢

1 搭乘連鎖快車

連鎖加盟是一種最簡單、成功率最高的經營手段。它提供了一種雙贏的模式。許多初次創業者缺乏資金和市場經驗，連鎖加盟可以讓不熟悉開店之道的人以相對較小的風險開創自己的事業。與單一的獨自經營、獨自創業相比，連鎖加盟店業態的經營具有很多無可比擬的優勢。

一、連鎖加盟店降低了創業初期的困難

一般來說，開店創業初期最艱難。而加盟了連鎖企業後，由於加盟總部擁有的連鎖系統、商標、經營技術都可以直接利用，比起投資者獨創事業，在時間、資金和精神上都減輕了不少負擔。同時，授權者通過輸出自己成功的行業經營經驗和管理模式，可以幫助加

盟者改進管理。加盟者可以在很短的時間內，花較少的精力學習到
成功的經營管理經驗與知識，少走很多彎路。

1.加盟店能獲得系統專業的培訓

加盟總部通常都會為加盟者提供系統專業的培訓，以指導加盟
店的經營。加盟者可通過接收來自專業連鎖總部有針對性的培訓和
指導，不斷提高自己的經營和管理能力。加盟者即使沒有同類業務
的經驗，也能通過這套程序，經過短期培訓，直接擁有和經營該類
業務。經驗對於投資者來說是極其寶貴的，沒有經驗往往就意味著
無法投資，而加盟總部正是扮演了一個師傅的角色，通過其系統的
培訓，將投資者逐步帶進門。

2.加盟店可以及時享受總部產品設計和研發的成果

優秀的加盟連鎖企業，為了提高自己的商譽，會不斷開發獨創
性、具有高附加值的商品，以產品差別化來領先競爭對手。加盟店
則是最大的受惠者，而這對於獨自創業的人來說，很難做到。

3.連鎖加盟店的風險比較低

據一項調查顯示，在投資者首次創業時，加盟的成功率達 80%
左右，而投資者自行開店的成功率僅為 20%左右。客戶在加入連鎖體
系後都獲得了不同程度的成功。例如餐飲業，如果能加入肯德基、
麥當勞、星巴克等著名連鎖店，成功的概率都高達百分之九十八以
上，也就是這些連鎖的加盟店基本上都是勝券在握的。

4.加盟店比自行創業擁有更為低廉的經營成本

一方面，連鎖經營企業通過統一採購可以享受大批量購買的優
惠，增強與供應商合作的力度，降低採購成本，大大節約採購費用。
如果自己創業，則商品、原材料進貨等都可能遇到種種困難。而加
盟店則由總部大規模生產及訂制，甚至連設施、貨櫃、雜項裝備等，
都可以更便宜地買進。

另一方面，連鎖經營企業可以集中資源用於廣告促銷，降低廣告促銷的平均成本，加盟店不用再自己掏腰包，費力地到處張貼廣告。

當然，任何事情都不可能是完美無缺的，連鎖加盟也有其自身的缺點。例如：由於連鎖企業對於全體的一致性要求嚴格，加盟店想完全獨立自主是不太可能的。通常而言，合約書上會有詳細的規定，因此加盟店不太可能有自己太多的創意。

但不管怎麼說，連鎖加盟的優點大於缺點，對於想創業，又苦於資金或經驗缺乏的人來說，可以嘗試選擇這種經營模式。

你自己或許開了一片店舖，不管你的店是夫妻店還是僱傭了不少人的諸如餐館、美容美髮店之類的店舖，你是否總是有力不從心的感覺？資金困難，商品銷售方式單一，面臨著強大的競爭壓力，這是否使你感覺到苦悶？

你或許沒有從商經驗、技術和必要的人手，自己也缺乏獨立精神，但對擁有物質慾的衝動又常常使你甘冒風險跳入「商海」。在這時你是否想到了加盟連鎖呢？

你開辦了一家小店舖，創業幾多艱難，店舖雖小，百貨俱全，又要採購又要忙銷售，時常一忙到深夜，生意不多，應酬不少，整日操心。這時你不妨轉變一下思路，加入一個信譽良好、資金雄厚的廠商或零售商的連鎖體系，所有開業經營以外的一切事情無須再發愁，你仍然是自己的老闆，你只需做好自己的銷售，進貨庫存等諸多麻煩由總店來做，招工由總部統一進行，你只要努力經營，借加盟連鎖店的聲勢，你的利潤便節節上升，致富可謂易如反掌。

你想發財，又苦於無獨立創業精神或者有錢無處投資，那麼開一家特許經營店會遂你所願。你只需交納一定費用，盤一處店面，借助於特許權所有者所給予的特許權，利用他的商標、商品和店名，

你既大大降低投資風險，又降低個人在商海中獨立摸索、獨自打江山的風險。

二、連鎖的形式與特點

現實中，連鎖店通常按正規連鎖、特許連鎖和自由連鎖 3 種形式進行。

⑴正規連鎖

根據國際連鎖店協會的定義，正規連鎖指以單一資本直接經營 11 個以上的店舖。

這種連鎖形式有很多好處。由於這種形式使得所有權和經營權高度集中，因此，可以統一調動資金，統一經營戰略，統一管理人事、採購、計劃、廣告等業務，能憑藉大規模的資本力同金融界生產部門打交道，取得貸款和進貨方面的優勢，同時只有一個決策單位負責決定各自連鎖店的產品種類、商品價格及一致的促銷手段，使消費者更易增強對連鎖店的印象。

⑵特許連鎖

特許連鎖又稱「合約連鎖」、「契約連鎖」，其核心是特許權的轉讓，加盟店通過與總公司簽訂合約，可以使用加盟總公司的商標、商品名稱與商店名稱，但同時或按銷售額或按店舖面積向總部交納加盟金，特許權使用費和廣告促銷費。

通俗地說特許這種方式就是賣牌子，牌子本身必須有一定價值，同時還得保證別讓人砸你自己的牌子，反過來，你若加盟特許經營，那就得選擇信譽高、名聲好的牌子。

世界上最負盛名的麥當勞、肯德雞速食連鎖可謂特許連鎖的典範，許多麥當勞店都是特許加盟店。

⑶自由連鎖

自由連鎖又叫自願連鎖，在連鎖店的三種形式中其組織緊密程度最為鬆散。各加入連鎖的店舖保持各自的獨立性，並統一由連鎖店的總部指導和統制，實現共同經營、集中採購、統一經銷。

由於總部與各店的資本分屬不同，因此各加盟店的所有權和經營權相對獨立，各分店不僅獨立核算、自負盈虧、人事安排自主，而且在經營品種、經營方式上也有很大自主權。這種連鎖組織的緊密程度雖低，但是其仍具有連鎖組織的集團優勢，在提高規模與經濟效益，開展資訊系統應用和提高經營管理水準方面具有單個商業者所沒有的優勢。

三、連鎖形式的選擇

連鎖經營作為一種先進的營銷形式，無論是對企業還是對於個體來講，都是有益的。但是，在洗衣店、照相店、書餐店等眾多連鎖店中，並非每一種連鎖經營方式都適合加盟。「知己知彼，百戰不殆」，每一個加盟者在加盟前都需要做好全面的加盟體系評估及調查，弄清楚需要注意的重要事項，以此為依據確定自己是否適合加盟這個體系。這是成功的第一步，絕不能小視。

⑴加盟者的自我評估

自我評估的內容是比較複雜的，即包括個人的條件，也包括整體的素質。

①個人條件評估

· 對欲加盟的連鎖體系是否有比較全面的瞭解？

· 自己個性是否適合當老闆？

· 自己的年齡和健康狀況能不能適合各項營銷業務的開展，能

否確保賺回成本並獲得利潤？

· 有沒有足夠的資金和收入，使自己在創業初期能夠打牢基礎，不斷發展下去？

· 有沒有足夠的意志力和決心，去承受創業期間的虧損和挫折？

· 是否具有承擔加盟失敗風險的心理承受能力和經濟支撐力？

· 個人的能力和條件，是否適合在此加盟體系中得到發揮？

· 能否妥善地領導和管理員工？

· 願意接受總部的要求、管理和監督嗎？

· 能全身心地投入此加盟體系的經營嗎？

· 其家庭是否能夠做到全力支持此加盟事業？

· 能否籌措到足夠的資金？

· 自己所追求的如工作的滿足感、固定的工作、賺錢都能夠實現嗎？

· 會不會是因一時的衝動而加盟？一個時期後，是否仍能保持同樣的熱情，會不會虎頭蛇尾、三分鐘熱度？

· 會對總部產生不滿嗎？

· 是不是因為別無選擇而加入此連鎖體系？

· 是否已經準備好全身心地投入加盟事業？

· 是否選擇了合適的店面（地點）？

· 所選擇的商圈是否經過審慎的評估？

· 此種連鎖業的競爭優勢和未來發展如何？

· 所選擇的連鎖體系是否專業，過去的經驗是否經受過長期的考驗？

· 是否親自拜訪並請教過已加盟的加盟店，從他們那裏學到了什麼經驗？

以上諸條，請加盟者進行認真思考並作出回答。如果超過 10 條是負面的，說明你不適合此加盟事業，應該放棄原來的意向；如果只有 5～10 條是負面的，你需要再仔細考慮並調整自己以後再加盟；如果 5 條以下是負面的，你就是最適合的加盟者。

任何事情都不可能是十全十美的，只要稍加注意這些負面因素，找出替代或解決辦法，加盟成功必然是屬於你的。

②整體評估

以下 10 個內容可作為加盟前評估事項，供有意加盟連鎖經營的加盟者，做出明確的評估和審核：

· 你將加盟的企業是否屬於代表未來市場營銷趨勢的行業？

· 個人投入該行業的興趣度如何？也就是說，是否與自己的喜好有關係？

· 是否願意全身心地投入？

· 商圈立地是否合適？店舖所在地是否與該店的經營品種相關或相近，連鎖總部可否提供商圈評估的協助，並協助尋找地點。

· 加盟者能否負擔加入時所需的總投入和週轉資金？連鎖總部可否協助資金的取得？

· 如果加盟開辦費用較低，則欲加盟的連鎖系統的開辦費、裝潢費用、設備採購的供應與其他行業相比較，可否屬於同級水準？其成本或費用是否較為節省？

· 考慮投入經營所需要的每月費用。因連鎖系統整體統一規劃與執行，可為加盟店節省每月的促銷廣告宣傳費用與行政管理費用。

· 未來每月、每日的業績預測。如果該連鎖系統的知　名度高，得到消費者的廣泛認同，則加盟後即可獲得比同類店更

高的業績，如來客數量等。

· 評估投入經營的可能獲利率。該連鎖體系所提供的經營管理技術能否帶來更高的利潤，其商品進價因集中大量採購是否能夠比同業的成本低，毛利因而提高？

· 預估投資回收期。與同行業相比達到 1～2 倍以上，或銀行現行利率的 2～3 倍以上為較佳。到已加盟的連鎖店做實地考察、瞭解。也就是說，在加盟之前要訪問一兩家已經加盟並在經營管理中取得了一定經驗的加盟者，從中學習他們的經驗，瞭解營業和獲利情況，進行參考。

總部所提供的資料，以事實為依據。

不同形式的連鎖都有各自的利弊，由於所處的位置不同，對利弊的分析也各有差異。例如特許連鎖對於特許權擁有者來說是發展繁衍的良好方式，對於特許權購買者來說是創業起步的登樓之梯，到底那種形式的連鎖店最適合你，每個店舖、每個商人都必須綜合考慮。

⑵加盟體系的評估

許多加盟者選擇加盟體系時，往往主要考慮它的知名度，是否可以使自己獲利，而忽略其他一些問題。加盟者必須對加盟體系進行比較全面的評估，具體地講，主要包括以下一些內容：

①品牌知名度。在即將加入的區域，目標客戶對企業的知名度達到五成以上為可以；達到八成以上為佳；在三成以下為不佳。

②直營店成功的概率。總部至少已經經營 10 家直營店，而且有九成的店有較大的贏利，這是處於最佳狀態。

③獨特性與競爭性。該連鎖體系的產品和服務有獨特性，也就是有自己的特色其技術含量高，具有較強的競爭力。

④盈利性。產品服務的毛利如果沒有達到 25%者的為不佳；25%

～40%者為佳；40%者以上為最佳。

⑤普及性。如果一種產品及服務為消費者普通需要，經常消費者(如間隔一二天)為最佳；每週一次者為佳；每月一次者為差。

⑥損益平衡點。損益平衡點高，則預示未來的風險性也高。損益平衡點每日營業額為 5000 元以內者為最佳；5000～10000 元者為佳；10000～20000 元以上者為差。這項工作要根據行業的性質加以調整。

⑦投資額。初期的投資額 50 萬元以下者為最佳；50～100 萬元者為佳；100 萬元以上者為差。

⑧進入的難易度。欲加入連鎖體系的加盟者通常要有經驗，而且需要接受訓練。一般的標準是，行業以外的人需要培訓一個星期，實習一個星期。而開店輔導一個月就可以比較熟練地掌握標準，否則就難以進入。

⑨總部的實力。依據加盟後總部可提供的經營軟體、培訓人員的素質、總部人員任職的時間長短、企劃活動能力等，對總部的實力進行評估。

⑩總部內部的管理控制。無論是否為上市公司，公司內部都應有一套完整的連鎖加盟制度，其中重點是：

a. 經營管理系統及執行辦法。

b. 加盟店的支援系統，包括人力、物力和財力的支援。

c. 收費方面的管理辦法 。

d. 顧客組織與管理辦法。

e. 訂單流程管理系統。

f. 持續且分階段的教育訓練辦法。

⑪合作條件。必須注意加盟系統所提供的契約條款是否合理，並符合欲加盟者自身目前的實際條件。總部是否有律師擔任長期顧

問，可以作為總部及加盟者各項法律問題的諮詢者。

⑫未來的發展。此連鎖行業未來是否屬於成長性的行業，愈來愈被消費者需要和依賴。

以上 12 個方面，加盟者可依其重要程度加以綜合評價，按下列五個等級評比打分：

優級：10 分　　佳級：8 分　　普通：6 分

略差：4 分　　極差：2 分

如果 12 項的總得分在 80 分以上，加盟者可以放心加盟；在 60～80 分之間，則必須慎重考慮；如果得分在 60 分以下，加盟者就應該放棄。

這裏還有一點應當引起加盟者的注意：不能只看表面的加盟條件，例如加盟金、投資額、可獲利潤等，重要的是加盟之後長遠考慮，而不是短期獲利。所有的加盟投資，都需要長時間投放，所以能否長期經營及長期獲利才是重點。

加盟連鎖店最好能按部就班、循序漸進。或者說，要按照一定的步驟進行不可憑想當然辦事。其步驟一般是：擬定經營計劃→認識加盟→彙集資料→瞭解加盟以深入地分析比較→篩選出確有發展前途、能夠獲得成功的加盟體系。

在決定加入某個加盟體系後，接著就是要進行磋商，取得一致意見後簽訂加盟合約。雖然許多加盟總部強調其共同發展的理念，但基本上仍會從總部的立場出發來考慮問題，而加盟者也會有自己的思想，為此，雙方要進行協商，以在保證金、設定抵押的條件上有許可的彈性，尤其是地理位置較好的店舖，加盟總部都會有條件讓步，尤其是在發展的初期，為求其快速發展，協商的空間較大，隨著連鎖加盟規模的擴大，彈性可能會越來越小。

表 4-1-1　各種加盟店參考介紹（細節數字有變動）

品牌名稱	經營主體	加盟條件概要
吉得堡早餐	漢堡三明治、奶茶	21 萬包你開店
休閒小站	冷熱飲、簡餐	自備店面 70 萬投資額，加盟金 5 萬
小歇泡沫紅茶	冷熱飲、簡餐	加盟金 35 萬，100 萬投資金額（因店面較大型）
真鍋咖啡	冷熱飲、高級簡餐	600 萬投資金額（因店面較大型）
鬍鬚張鹵肉飯	中式簡餐	250 萬投資金額（店面 30 坪），加盟金 35 萬，權利金 30 萬
金園排骨	中式簡餐	100～150 萬投資金額（店面 30 坪），加盟金 25
全家超商	便利超商	90 萬投資金額（店面 30 坪），加盟金 30 萬
全虹通信廣場	通信商品	200 萬投資金額
神腦通信	通信商品	150 萬投資金額
震旦通信	通信商品	250 金額萬投資金額
喬登美語	英語、安親教補業	400 萬投資金額
長頸鹿美語	英語、安親教補業	100 萬投資金額，加盟金 40 萬
泰利洗衣連鎖	洗衣	加盟金 58 萬，保證金 20 萬
隴西洗衣連鎖	洗衣	70 萬投資金額，加盟金 40 萬，保證金 10 萬
豪俐沙威瑪	鐵板燒店面	15 萬投資金額
雞將香雞排	香酥雞店面	60 萬投資金額
麥味登早餐	漢堡三明治、奶茶	20 萬元開店

2 多數人比較看好的行業

隨著行業的增多，行業的漸趨複雜，使得店舖行業的選擇也越來越難。

通常來說，作為投資店舖的中外投資者，你沒有必要去從事創造新行業的工作。只要跟隨著前輩，用心把生意做好了，就行。但是，如果你想一炮走紅，賺大錢，你也可以走一些創新道路。

相信所有的人都知道，市場最賺錢的行業就是新行業。當然，這種「新」有時也只是相對的「新」。

例如綜合娛樂城，集「吃喝玩樂」於一體，讓顧客在一個地方就可以完成全部休閒娛樂活動，自然就能使顧客在自己的店舖裏大量消費，而以前這些行業是分開經營的。你說這個娛樂城的創辦者創辦的東西有多新吧，還真說不上來，但你又不能不說，這是「新」的東西。就如一位中醫發明的一種熬中藥的藥罐，它本質上和以前的藥罐沒什麼區別，但人家的就是更「高明」更「新」。

有一些開書店的，他們把自己的書店開成了集書店、圖書館、茶館為一體的新型的店舖、書吧。讀者不但可以在這裏購書，也可以在這裏喝茶、聊天、看書，還可以像圖書館那樣把圖書借回家去看。其生意十分興隆。說來沒什麼「新」的，但將售書店、租書店、茶館三者組合到了一起。再舊也「新」了，所以，生意也就不同了。據有心人測算，這個綜合店比單純開售書店、租書店、茶館的營業額至少增加了一倍。

　　走創新道路，在當今社會特別有經營價值。因為隨著社會分工的越來越細，帶給人類的並不全是方便，還有一些遺憾。成功的店主人，就應善於看到這其中的遺憾，為人們提供全方位的服務。這就是創新的商機。

　　選擇行業的原則是多種多樣的，創業者可以根據個人條件具體選擇。在選擇時，下列是中外流行經營方向 100 例行業具體選擇：

1. 餐飲行業

- 中西速食店：符合現代快節奏的生活；多設在交通要道附近，特別是快捷便當。
- 茶館：休閒場所；店面要求古樸、清新、雅致；茶葉和茶道是主流產品。
- 鮮果汁店：人群主要是學生和家庭婦女；適合人們要求健康食品的要求。
- 大眾食堂：設施簡便，店面簡樸清雅；多設在單位或單身人口聚居地；人群多為青年男性。
- 麵食店：以其獨特風味吸引顧客；店面簡單；價位適宜。
- 飲料店咖啡店：對環境和氣氛要求較高；多為朋友約會、聊天、休息的場所。
- 烤魷魚店：以兒童和家庭主婦為服務對象；品種可多樣化。
- 酒吧：西式休閒與交際場所；對服務要求高。
- 漢堡包店：重視味道、分量、價格；店面要求清潔；便捷。
- 燒烤店：店面要求簡單；對口味要求較高。
- 風味小吃店：強調獨家風味，特色是關鍵；品種多而精緻。
- 甜不辣店：大眾口味，適合冬季，品種豐富。
- 自助炒菜店：顧客人群以青年為中心；設施要求舒適、簡單；品種要求多。

- 冰淇淋店：裝潢要求較高；以女性、兒童為主要對象；其產品的色、味是關鍵。
- 三明治店：店面要明亮，有柔和感；為點心店。
- 甜食店：風味多；色香俱有；適合老人和小孩。
- 鹵肉店：較大眾化；重在味道。
- 火鍋店：店面要求清潔衛生；材料要新鮮多樣；重視氣氛。
- 豆腐飯莊：營養價值高；味養；人群多為老人和遊客。
- 咖哩飯店：人群多為學生；價格便宜；量多；味好；品種多樣。

2. 服裝行業

- 文化商店：以年輕人為主要對象；產品要有個性；量少多品種。
- 兒童服裝店：要求流行性與實用性結合；開店地點自由。
- 婦女時裝店：重視潮流和審美感。
- 女性內衣店：瞭解內衣知識；色彩款式多樣化。
- 運動服裝店：人群以年輕人為主；適合現代人們要求休閒的潮流。
- 男士時裝店：品質要高；以實物展示吸引顧客。
- 嬰兒服裝用品店：產品要量少品種多；懂得嬰兒知識。
- 時裝精品店：店面要求高雅，氣氛好；服務週到；很重視潮流。
- 裁縫店：要手藝好，款式新；人群以中老年為主。
- 領帶專賣店：要有流行的品味；要有豐富的領帶知識。
- 鞋店：店面宜安裝玻璃櫥窗；鞋的款式、質量為重。
- 棉織品店：購買人群為女性；適應現代人要求舒適的潮流。
- 家居服店：店舖多設在住宅區附近；人群為婦女；品種多樣

化。

- 牛仔服裝店：要有個性；式樣品種多。
- 針織品店：注重品味。

3. 家庭消費品行業

- 家用電器店：對售後服務要求高；宜多作宣傳。
- 廚房用品店：商品的質和美要完善結合；宜多作展示。
- 傢俱店；服務水準要高；經營要具特色；宜多作推銷。
- 寢室用品店：多設在校園附近；品種應多、全。
- 窗簾店：款式、花樣宜多而新；善於展示。
- 自行車專賣店：售修結合；品種多。
- 小五金店：多設在居民區；品種多而全。
- 塑膠用品店：商品宜新穎別致。
- 陶瓷玻璃器皿店：店面要求清新典雅；以飯店、公司為首要目標。
- 小雜貨店：商品要多而全：擺放要有條理。
- 手提包專賣店：重視顏色、款式和質地；多用促銷手段。
- 鐘錶眼鏡店：重視品牌和大眾化的結合；注意售後服務。

4. 食品行業

- 糖果專賣店：善與孩子溝通；多設在兒童較多之處。
- 蛋糕店：重視商品的色、香、味和包裝設計；商品要新鮮；店面清潔整齊。
- 包裝店糧油：多設在生活區；品種豐富多樣。
- 巧克力專賣店：店面設計宜清新氣氛好；品種多；注意高溫下商品的保質。
- 西式點心店：以獨特風味取勝。
- 水果店：注意商品的陳列；品種宜多；選好銷售地點。

- 冷凍與速凍食品店：便於人們方便簡單食用。
- 火腿香腸店：注重色、香、味結合；多與速食結合。
- 蛋捲餅店：易做易食，很受年輕人喜愛；服務要好。
- 肉店：注意肉的質檢；應多投合顧客口味。
- 蔬菜店：應注意保鮮和季節變化。
- 家禽店：注意肉質的保鮮。
- 鮮魚店：注意魚的保鮮。
- 麵包店：商品口味要好，品種要多；要注意新鮮。
- 茶莊：具有濃厚的民族色彩；注意茶葉品質；店舖要求素、淨、高雅、古樸。
- 餅乾店：注意特色和口味。

5. 文化娛樂行業

- 報紙雜誌店：慎重選擇文具盒地點；種類要全。
- 體育用品店：需求量較大；注重潮流和品質。
- 書店：擺放宜乾淨、整潔、有序；各種類要全；店面要靜。
- 電腦店：多設在學生、知識份子聚集處；注重展示和推銷。
- 玩具店：店面設計要開朗、快樂、親切；注意抓住時節。
- 電腦遊戲店：多設在兒童、學生和青年人聚集地；附帶推銷電腦遊戲軟體。
- 音像製品店：注重流行；品種宜全；服務要好。
- 文具用品店：多設在學校、機關、公司旁；品種多質好。
- 錄影帶出租店：店面明亮、整潔、醒目；方便選擇；品種宜多。
- 琴室：環境要好；配套設施齊全；多作宣傳。
- 兒童興趣班：師資是首要條件；多與兒童父母接觸。
- 樂器唱片店：顧客多為二十多歲的年輕人；裝潢要有品味；

經營多樣化。

· 小禮品店：營造明朗、快樂、夢境般的氣氛；以中小學生為主要對象。

· 鳥店：要選擇易養的鳥；店主須精通鳥類知識；附近經營品要較多。

· 寵物店：店主要有愛心，要能識別、飼養、訓練小 動物；要有相關配套業務。

6. 生活美飾行業

· 小美容院：裝潢清新典雅；服務好；懂美容資訊和知識。

· 小型健美健身中心：健身器材宜豐富；有專業體育教師指導。

· 髮廊：店面要求乾淨整潔；設施舒適先進；擁有好的髮型師是關鍵。

· 化妝品店：注重店內裝潢；注重品牌。

· 畫廊：注重作品質量；店舖宜靜。

· 文房四寶店：店名宜古香典雅；裝潢要有文化氣息；多與書畫家交往。

· 藝品店：店面設計古典；店舖多設在繁華區和旅遊區。

· 婚紗攝影店：有高水準的攝影師與化妝師；服務週全。

· 鮮花店：注重保鮮；包裝要美觀、新穎。

· 盆栽店：有專業知識；配套服務好；品種多。

· 裝飾品店：顧客多為年青女性；重視品味和審美感；注重質地。

7. 生活服務行業

· 清潔服務站：店舖不必大；必須有專人接聽電話、接待顧客。

· 中藥店：以中藥師和中醫師管理；藥品全，療效好。

· 鐘點工服務站：重信譽；定價要合理；服務類別多。

- 地毯清潔保養站：講求服務質量；善於拉攏人群。
- 相片沖洗店：講求服務質量；懂攝影技術。
- 皮鞋修理配鎖店：服務熱情；手藝精。
- 洗衣店：擁有洗衣技術；設備齊全；經營範圍廣。
- 地產裝修店：擁有優秀的裝修工；懂工程報價。
- 小旅店：環境要好；設施整潔；服務週全。
- 電腦婚姻介紹所：利用現代科技為人們服務；注意樹立口碑；擴大服務範圍。
- 藥店：具備藥品知識；健康經營文化。

3 如何選擇連鎖加盟行業

對於選擇連鎖加盟的創業者來說，必須選對行業，選擇行業是加盟的第一準則。創業者需要瞭解行業的發展前景和準備開店地點的市場情況，如果行業沒有前景或者這個行業在當地已經競爭激烈處於市場飽和狀態，也就沒有做的必要了。具體來說，加盟行業的選擇可從以下五個方面進行：

1. 要有良好的發展前景

如果這個行業，正處於成長期，表示目前的競爭對手還不算太多，整個市場在今後的成長空間很大，越早投入，獲利的可能性就越大，積累的經驗就越豐富，賺錢的幾率就越高。創業者如果想要加入已經進入競爭期、項目過於密集的行業，必須仔細斟酌，衡量風險。

2.要選擇一個成熟的行業

作為個人投資者來說低風險是很重要的，一個不成熟的行業往往意味著危機四伏。

3.選擇自己熟悉的行業

不同的行業有不同的市場特點、經營方式等，如果創業者對打算加盟領域的市場空間、經營方式等有一定的瞭解，再加上成熟加盟品牌的市場號召力，就會如魚得水。因此，創業者在選擇加盟項目時，要有門當戶對的觀念，盡可能選擇自己熟悉的行當和領域。在具備一定條件的情況下，可以選擇進入壁壘高的行業，這樣可以大大減少行業內的競爭。

4.選擇利潤比較高的行業

選擇的行業利潤要高，這樣才符合投資的初衷。譬如說美容業，譽為 21 世紀最朝陽、最有發展前景的產業。

5.要與本地市場具有相容性

選擇了連鎖加盟行業，還要在當地進行大量的市場調查，分析此行業在當地的發展情況，是否具有相容性，已有的加盟商的相關情況以及選址等實際問題，不要盲目上馬。

要看清加盟品牌

選擇什麼樣的加盟品牌對創業者來說是非常重要的。因為連鎖加盟是一把雙刃劍：選好了品牌，往往就順風順水，財源廣進，選錯了品牌，則只能自認倒楣，損兵折將。所以，連鎖加盟的第一步，也是很重要的一步，就是要從選擇加盟品牌開始。

1. 要看所加盟品牌公司的基本情況

瞭解清楚品牌公司的發展情況，包括發展歷史、現狀和未來走勢，對你的選擇決定十分重要。如果條件有限的話，至少應該弄清楚公司的以下基本情況：

- 這家公司的信用情況好嗎？
- 發展第一家加盟店到現在有多少年歷史？
- 目前有多少家自營店，多少家加盟店？
- 計劃擴張到多少家店？
- 公司是否有擁有自己的生產基地？
- 公司同時經營的品牌一共有幾個？
- 除了總部之外，公司有沒有全國其他地區的分公司或辦事處？
- 你接觸到的公司銷售人員是否夠專業？

2. 要看其產品是否被市場所認可

每一個立志加盟的創業者，對投身的項目是否值得加盟，一定要考察清楚兩件事——產品本身是否具有過硬的品質、項目的實施是

否具有廣泛的適用性。無論你是加盟大品牌還是小品牌公司，最終出售的還是一種產品或服務，這就需要加盟者在加盟項目的產品或服務等實質內容上多加考察，它是否具有市場生命力。

在評選項目的時候，加盟者切忌只看宣傳圖紙上的介紹，或者只聽對方天花亂墜地吹噓贏利前景是多麼的美好。這時候，需要有心的加盟者細細地測算該產品或服務大致的市場定位、市場前景及佔有率、有效消費量等。

3.要看所加盟的商標品牌的知名度

要選擇加盟品牌，就要對你所要加盟的品牌在當地的口碑是否良好，產品受歡迎的程度如何等情況進行詳細考察。

這可以分幾方面來考察。首先，該品牌在全國各地區的受歡迎程度如何？在消費者心目當中的地位如何？你可以直接向品牌公司索取其以往的銷售數據，也可以從側面瞭解，由商場、經營過該品牌的代理商處瞭解到它的銷售情況。其次，根據該品牌的定位以及產品風格，在當地大概有多少比例的人會對此產品有興趣購買？由此來判斷你的目標顧客群人數是不是足夠。最後，要看它的產品定價在類似品牌中是不是具有價格競爭力？設計風格跟當地消費者的消費習慣和偏好是不是吻合，儘量避免矛盾和衝突的可能性。需要指出的是，產品的受歡迎程度一方面是一個品牌多年來慢慢沉澱的結果，另一方面也是跟公司的廣告支持密切相關的。如果一個品牌持續性地在全國性的媒體上投放廣告，保持一定的媒體曝光率，跟它的受歡迎程度一定是成正比的。

4.要看品牌公司對加盟者所提供的支援

對加盟者的支援包括人力資源培訓、廣告、營運、後勤資源、配送系統等，這是最重要的一點。加盟商大多缺乏生意經驗，要保證生意的高成功率，非常需要公司的培訓支援。大到店鋪形象、陳

列指導，小到貨品管理、促銷手段的運用，如果品牌公司能夠有一整套的方法培訓你，那你生意的成功就有了一大半的保證，反之則前途渺茫。所以，在簽約加盟之前，投資者要問清楚公司能夠給你多少的培訓和服務支援。

成熟的品牌公司在各地的加盟店應該像是一個模子裏刻出來的，在形象、道具、貨品陳列、店員的服務等各方面都是統一的。要想瞭解一個公司管理培訓加盟店的水準如何，很簡單，多看幾家不同地區的店，情況就一目了然了。

5. 要看所要加盟品牌的規模

一般說來，越大的品牌越能得到社會的認同，作為一個整體，它在商業談判中往往能得到比其他小品牌更為優惠的待遇，這從根本上也降低了經營成本，加盟者更能實際分享到實惠。所以，在選擇加盟品牌時要儘量選擇規模比較大的公司。

總的來說，對加盟品牌的選擇要細緻謹慎，要有主見，不能聽別人的慫恿，就盲目選擇自己不瞭解的公司。對這些需要注意的地方，我們總結了「十要」和「十戒」。

5 注意加盟風險

1. 資金回收風險

連鎖開店有其巨大的優勢，但也存在著一定的風險。據美國的資料統計，大約有 5%的連鎖加盟者會遭到失敗，黯然退出市場。所以，不能只看事物好的一面，看不到事物存在的兩面性，不能不加分析、盲目地參與連鎖經營。在現實中，因為對各種估計不足而導致經營失敗的為數並不少。所以，在看好連鎖經營的同時，對連鎖經營存在的風險也應該有一個清醒的認識。加盟者在加入加盟體系、雙方簽約之前，必須考慮所要承擔的兩大風險。

許多加盟者在預測資金回收情況時總是持樂觀態度，這不能不說是錯誤的，他們僅簡單地計算總投入預算金額，再以預估或平均毛利率來推算出預期或獲利的情況。這些資料都是粗略的統計，並不是最準確的計算，所推算出來的結果具有表面化傾向，所以準備加盟者可能因此會被這些表面現象所迷惑，失去正確的評估標準。在這種情況下，可以使用以上幾個方法進行評估，對投資風險有一個比較準確的認識。

(1)實地觀察

找一家條件相同或相近的正在經營的連鎖店，以其實際投入的資金和目前營運的回收狀況作為參考，並當面請教該加盟者一些運作中所遇到問題，記錄下來，仔細思考後找出解決問題的辦法，看自己是否有能力面對它。

(2)建立一套精確的計算標準

切記不要採用「大數法則」作為衡量的標準。例如折舊年限，因為不同資本或資產的投入，有不同的標準。又如，機器設備類可列五年折舊，而房屋分為自有及租用，通常因不同行業而有不同的折舊方式。如果是流行性強的行業，像服飾業，裝潢折舊的年限則應考慮改裝的時限，有些是一年兩次或以三年來計算(許多行業，可用三年來設定年限)。另外，房屋分為磚造、木質等，其各有不同的年限折舊標準。財務管理必須嚴格執行這些規定，否則就是一筆糊塗帳。

在帳目管理中，也要認真地按會計科目來分類，區別開辦費及各項費用是十分重要的。它使加盟店在做損益分析時，可清楚地看出結果。

(3)正視自己的缺點

當發現資金回收太慢或出現困難時，就要認真檢查自己的心態，是否對回收的預測過於樂觀。其實，一家連鎖店在正常的經營情況下，如果第一年結算時能持平，第二年略有增長，第三年真正開始回收，且營業成績呈上揚曲線，這樣的結果就可以投資。所以三年回收是正常的營運結果。

不同的行業有不同的回收標準年限，有的長一些，有短一點，無論怎樣，事先都應該進行詳細的測算其投資和回收期，同時也不能忽視週轉金、管理費用的預估和控制。

2. 經營管理風險

有些加盟者在加盟該行業之前已經積累了比較豐富的經營管理經驗，但多數可能還是外行，這時，就需要參考加盟總部經營的成功經驗，這一點是非常重要的。最好是先參加總部舉辦的訓練，深入地瞭解連鎖體系的經營方針、指導思想以及各項運作方式。加盟

者要特別注意的是，不能自以為是，憑自己的主觀意志辦事，或者總希望按自己的思維方式進行管理，這是一種不正確的做法。因為長期這樣總部就無法正常提供支援，反而會影響到連鎖企業的正常發展。同時，商品採購、銷售服務的方式等，都應配合總部來實施。

　　總部可能也會有一些問題，如營運支援系統不健全，沒有人員支援加盟店或支援人員的經驗不足、指導不力，這些都可能造成加盟者經營損失。所以加盟者在規避風險時，就要認真思考以下幾個方面的問題：

　　⑴加盟者應該摒棄主觀想像或臆斷，多看多聽成功者的經驗。

　　⑵總部營銷支援系統是否健全，是否有專門人員配合加盟店處理各項事務及活動。

　　⑶直營店與加盟店的運作系統是否差異太大，如有不同，總部如何進行協調或協助加盟店。

　　⑷針對顧客服務的各項活動規定，總部是否有完善的規劃，加盟者是否可自行加入區域性活動或聯合區域商圈活動。

　　⑸當加盟者營運發生困難時，總部可提供什麼產的協助與支援。

　　想要創立的事業，必須有將來性，而且是自己的能力範圍所及者，如此才有成功的希望。

6 加盟十要、十戒

1. 加盟「十要」

(1)要自我評估是否適合做加盟，以及願不願意配合加盟總部的各種規定。

(2)要洞悉未來趨勢，並結合興趣與對產業的認同，選擇合適的項目。

(3)要評估資金狀況，與財務顧問或會計一起討論可投資的額度。

(4)要在加盟前考察市場，看是否有長期發展的潛力，以及顧客的承受程度如何。

(5)要過濾浮誇不實的連鎖公司，三思而後行，別被包贏包賺的承諾欺騙。

(6)要找發展多年，經驗豐富，且連鎖店數達一定規模的品牌。

(7)要與總部面對面洽談，瞭解總部的經營實力與企業性格。

(8)要在加盟簽約前，深入瞭解合約內容以確保自身權益。

(9)要了解開店前的總部支持體制，以及開店後總部的經營指導內容。

(10)要做好萬全的準備，抱定比別人更努力的心態。

2. 加盟「十戒」

(1)戒認為加盟保證賺錢，當大老闆的美夢馬上成真。

(2)戒缺乏加盟基本知識，不知需要如此多資金，會有如此多的束縛。

⑶戒加盟趕流行，別人正在賺錢的項目，馬上跟進希望能海撈一票。

⑷戒聽信連鎖公司員工的吹噓，不用心打聽，糊裏糊塗就加盟。

⑸戒簽約後才發現合約的內容與當初想像不同，因而與總部爭論。

⑹戒所有事情都交給總部管理，自己什麼都不用傷腦筋。

⑺戒每天為了籌錢償還加盟時借的債，無心完全投入於事業的經營。

⑻戒根本不具備實際操作的能力，想依靠加盟來彌補自己的不足。

⑼戒投入技術難度高的加盟系統，卻又沒有耐心及毅力堅持下去。

⑽戒不願接受總部指導，不願執行總部命令，不願配合總部計劃。

第 五 章

開店的前期市場調查

1 要選對行業

我們常說「三百六十行」，其實現實生活中根本不止三百六十行，如此多的行業我們到底如何從中選擇出一個合適的行業呢？

1. 選擇自己熟悉的行業

投資哲學中，有一條規則，即「投資你瞭解的行業和公司」。就是說只有選擇了自己熟悉的行業和公司，做起來才會遊刃有餘。這個理論在股市中運用的極廣，聰明的投資者總會利用自己的擅長去買股，投資在自己熟悉的領域。例如醫生應用他的專門知識來選擇一些醫療股，而不應去追逐別種行業的公司——除非對它們有徹底的認識。

店舖投資同樣如此，如果投資店舖經營自己不熟悉，甚至一無所知的行業，要想成功是極為困難。而對自己更熟悉的行業，你投資的店舖才更可能經營成功。

2.選擇自己感興趣的行業

做生意免不了要與形形色色的人接觸，就必定需要你善於與各種打交道，善於溝通。溝通的方式有多種，最簡單也是最難的一種就是好客、笑臉迎人。俗話說：「沒有笑臉，莫開店」就是這個道理。雖說好客之人可以賣東西、開館子，但還需要對工作內容有興趣，才不至於厭煩，才會盡其所能，產生好的構想，促使生意興隆。

有過開店創業經驗的人都知道，無論從事那行，經過長期間的運營不可能事事都順利，亦不可能時時都賺錢。付款會有拮据的時候，處理事情會有焦頭爛額的時候，站了一整天也會疲憊不堪。但是儘管如此地困難。只要看到顧客滿意的笑容，你就會覺得非常欣慰。開店做生意並不是一件簡單的事，為了避免在經營一段時間之後感到厭煩，而對自己當初的決定有所懷疑，在創業之前必須具備正確的心態，那就是「想從事的行業，必須比以前的工作更能令人產生興趣。」所以，選擇行業時，一定要選擇自己的興趣之所在，那樣才能時時以飽滿的激情去從事工作，你的事業也才會蒸蒸日上。

3.選擇適合自己性格的行業

每個人都有每個人獨特的性格，一個人的性格就決定了他的興趣、愛好走向，例如女子和男子，整體來說就有性格差異。有研究表明，男子傾向於抽象思維類事物，而女子則傾向於形象思維類事物。這樣就決定了女子在下例幾個領域創業特別適合：

⑴創意服務類

以創意、執行為主要工作內容的職業，適合需要自由不受拘束的創意工作者，由於在工作地點上非常具有彈性，因此也適合想兼顧家庭的 SOHO 族，包括企劃、公關、多媒體設計製作、翻譯編輯、服務造型設計、文字工作、廣告、音樂創作、攝影、口譯等。

(2)**專業諮詢類**

以提供專業意見，並以口才、溝通能力取勝的行業，由於工作內容與場所都富有高度彈性，因此遊走各家企業或成立工作室的可行性也極高，包括企業經營管理顧問、旅遊資訊服務、心理諮詢、專業講師、美容諮詢顧問等。

(3)**科技服務類**

在網路及電腦科技如此發達的情況下，擁有的相關專長創業機會相當多，包括軟體設計、網頁設計、網站規劃、網路營銷、科技檔翻譯、科技公關等。

(4)**教育照顧類**

提供兒童教養與老人看護的服務，包括才藝班、幼稚園、居家護理、家事服務等。

(5)**生活服務類**

主要以店面經營方式，可分為獨立開店與加盟兩種。較適合之業種包括西點之麵包店、咖啡店、中西餐飲速食店、服飾店、金飾珠寶店、鞋店、居家用品店、體育用品店、書籍文具租售店、視聽娛樂產品租售店、美容護膚店、花店、寵物店、便利商店等。

4. 選擇適合自己能力的行業

選擇行業時，還不得不考慮你在這行的能力。例如說有些行業需要一些技術能力，另外有些行業需要創業者能晝伏夜出等等。所以選擇行業時，創業者要詳細瞭解投入業種的工作時段、工作時間長度、工作方式以及對人的業務開拓能力，表達能力等各方面的要求，客觀評價自己在這行的能力。如若選擇不當，很可能會造成無法經營的局面。

5. 根據自己所擁有的資金選定行業

在選定行業之前，一定要先衡量自己的創業資金有多少。因為，

各行業的總投資有高有低，每一種行業都不一樣，一般說來，一般的行業 50 萬元就能啟動，但也有些行業規模要求大些，投入也就多一些。所以，要先衡量自己所擁有的資金能夠做那些行業，然後再來做進一步的規劃。這樣就可以避免行業選定後資金不足的問題。所以，開店做生意，一定要有多少實力做多少事，千萬不要以卵擊石。如果你有幾百萬，你可以投資大型的專賣店、傢俱店，如果你只有幾十萬，那麼你就安心開個燒烤店等。

6.根據目標市場選擇行業

在選擇行業時，還要對商圈進行分析。商圈分析的內容包括：商圈內的人口、男女老少各佔的百分比、收入水準、消費水準、消費需求等。這項分析也即對目標市場的分析，也即瞭解市場根據這份分析報告，你可以用「投其所好」的觀點來選擇行業。「投其所好」即滿足消費者的要求。瞭解了消費者所喜好的商品，然後對症開店，一定是穩賺無疑，當然在分析目標市場時會遇上一些困難，如分析不準確、消費者不合作等，那就需要創業者有一雙辨別真偽，去偽求真的「火眼金睛」了。

7.根據店面形態選行業

門面不同，適合經營的行業也會不同，這也是選擇店舖經營行業的一個法則。

例如門面寬，深度淺的店舖門面，因其內部空間小，而外部空間相對較大，所以多適合一些面對面販賣的行業，而不適合需要較大內部顧客空間的行業，合適的行業有：餐飲服務業中的漢堡店、冰淇淋專賣店、義大利脆餅店、咖啡屋等；也可比較適合做：快速沖印店、外賣燒肉店等。

再如門面窄、深度長的店舖門面，內部容客量大，而外部門面窄，於是適合經營有座位的行業。如餐飲業中的餐廳、酒吧、茶坊、

水果店、理髮店、美容院、婦女用品店等。

8.隨時捕捉創業靈感

　　選擇行業時要隨時捕捉創業靈感，因為也許很多突破性的同業創意其實就在眼前，只是你沒在意而已。但當你開始全神貫注的注意它，開始用創意的眼光去看它時，你一定會發覺它。舉個例子來說，如果你想開家像老紐約釀酒公司或溫哥華的格蘭維也納爾釀酒廠這種小釀酒公司，你一定在創業前幾年就開始注意啤酒，研究啤酒的味道、商標、進口商和市場，你會問朋友最喜歡那一種啤酒。這也算是市場調查，但比較精略和主觀。慢慢你會發現這個創意早已與你的生活融為一體。然後，你就會發現許多創意就在你身邊。

　　老紐約釀酒公司創始人，同時也是新阿姆斯丹啤酒的製造者瑞克就是這樣。不過他在成為啤酒專家以前，已對葡萄酒頗有研究。他本來想做葡萄酒生意，但又希望住在紐約，而在美國東岸，特級啤酒的發展要比葡萄酒容易。於是，他決定開發特級啤酒。

　　他時時注意，時時發現，啤酒幾乎成了他的生活，不久後，新姆斯丹啤酒終於誕生了。

　　其實，選擇行業時也是如此。三百六十行，你到底該選擇那一行呢？這就需要你時時地去觀察，時時地去發現：人們需要什麼，你有什麼方式滿足他們的需求？那些店舖越開越紅火了，為什麼？……仔細思考後，也許很多好的創意方向就會一個接一個地冒出來，選擇行業也就輕而易舉了。

2 開店項目的前景分析

開店就要做好前景分析，不打無準備之仗，成功總是青睞那些有準備的人。而這種準備，就是來自於你對市場的瞭解。

1. 開店之前的市場調查

(1)經營環境調查

①政策、法律環境調查

調查你所經營的業務、開展的服務項目有關政策法律信息，瞭解國家是鼓勵還是限制你所開展的業務，有什麼管理措施和手段。當地政府是怎樣執行有關國家法律法規和政策，對你的業務有何有利和不利的影響。

②經濟狀況調查

經濟狀況是否景氣，直接影響老百姓的購買力。如果企業效益普遍不好，經濟不景氣，你的生意就難做，反之你的生意就好做，這就叫做大氣候影響小氣候。因此，掌握大氣候的信息，是做好小生意的重要參數。經濟景氣宜採取積極進取型經營方針，經濟不景氣也有掙錢的行業，也孕育著潛在的市場機遇，關鍵在你如何把握和判斷。

③行業環境調查

調查你所經營的業務、開展的服務項目所屬行業的發展狀況、發展趨勢、行業規則及行業管理措施。例如，從事美容美髮行業，應該瞭解該行業國內及本地區的發展狀況，國際國內流行趨勢和先

進的美容技術，該行業的行業規範和管理制度有那些。從事服裝業的，應該瞭解服裝行業的發展趨勢，流行色和流行款式，服裝技術發展潮流等。「家有家法，行有行規」進入一個新行當，應充分瞭解和掌握該行業信息，這樣，才能有助於你儘快實現從外行到內行的轉變。

(2)**客流狀況調查**

「客流」就是「錢流」，考察客流狀況，不僅能使你對今後的經營狀況胸有成竹，而且還能為你決定今後的行銷重點提供依據。客流狀況主要考察這些內容：

①附近的單位和住家情況

包括有多少住宅樓群、機關單位、公司、學校甚至其他店家。

②過往人群的結構特性

包括他們的年齡、性別、職業等的結構特性和消費習慣。

③客流的淡旺季狀況

例如學校附近的店面要考慮寒暑假，機關和公司集中地段的店面就必須掌握他們的上下班時間，車站附近的店面應摸清旅客淡旺季的規律，這些都是你設定營業時間的重要依據。

(3)**市場需求調查**

如果你經銷某一種或某一系列產品，應對這一產品的市場需求量進行調查。也就是說，通過市場調查，對產品進行市場定位。例如你經銷某種家用電器，就應調查一下市場對這種家用電器的需求量，有無相同或相類似的產品，市場佔有率是多少。例如你提供一項專業的家庭服務項目，你應調查一下居民對這種項目的瞭解和需求程度，需求量有多大，有無其他人或公司提供相同的服務項目，市場佔有率是多少。

市場需求調查的另一個重要內容是市場需求趨勢調查。瞭解市

場對某種產品或服務項目的長期需求態勢，瞭解該產品和服務項目是逐漸被人們認同和接受，需求前景廣闊，還是逐漸被人們淘汰，需求萎縮。瞭解該種產品和服務項目從技術和經營兩方面的發展趨勢如何等等。

⑷競爭對手調查

在開放的市場經濟條件下，做獨家買賣太難了，在你開業前，也許已有人做相同或類似的生意，這些就是你現實的競爭對手。做到人無我有，人有我優，人優我更優。競爭對手調查主要是調查對方的經營業績情況、商品價格水準。調查同一地段同類商店的經營業績，可以初步測算出租此店面可能產生的利潤狀況，而考察他們的商品價格水準，是為了據此確定自己今後的商品價位。

⑸市場銷售策略調查

這是指要重點調查瞭解目前市場上經營某種產品或開展某種服務項目的促銷手段、行銷策略和銷售方式主要有那些。如銷售環節、銷售管道，最短進貨距離和最小批發量，廣告宣傳方式和重點，價格策略，有那些促銷手段，有獎銷售還是折扣銷售，銷售方式有那些，批發還是零售，代銷還是傳銷，專賣還是特許經營等，調查一下這些經營策略是否有效，有那些缺點和不足，從而為你決策採取什麼經營策略、經營手段、提供依據。

知道了開店前需要調查的市場因素，還要掌握具體的調查方法，這樣才能真正付諸實踐，獲得真實具體的信息。

2.常見的市場調查方法

⑴按調查方式不同區分

按調查方式不同，市場調查可分為觀察法、訪問法和試銷法。

①觀察法

即調查人員親臨顧客購物現場，如商店和交易市場，親臨服務

項目現場，如飯店內和客車上，直接觀察和記錄顧客的類別，購買動機和特點，消費方式和習慣，商家的價格與服務水準，經營策略和手段等，這樣取得的一手資料更真實可靠。要注意的是你的調查行為不要被經營者發現。

②訪問法

即事先擬定調查項目，通過面談、信訪、電話等方式向被調查者提出詢問，以獲取所需要的調查資料。這種調查簡單易行，有時也不見得很正規，在與人聊天閒談時，就可以把你的調查內容穿插進去，在不知不覺中進行著市場調查。

③試銷法

即對拿不準的業務，可以通過營業或產品試銷，來瞭解顧客的反映和市場需求情況。

(2)按調查範圍不同區分

按調查範圍不同，市場調查可分為市場普查、抽樣調查和典型調查三種。

①市場普查

即對市場進行一次性全面調查，這種調查量大、面廣、費用高、週期長、難度大，但調查結果全面、可靠。

②抽樣調查

據此推斷總體市場的狀況。例如你經銷小學生食品和用品，完全可以選擇一兩個學校的一兩個班級小學生進行調查，從而推斷小學生群體對該種產品的市場需求情況。

③典型調查

即從調查對象的總體中挑選一些典型個體進行調查分析，據此推算出總體的一般情況。如對競爭對手的調查，你可以從眾多的競爭對手中選出一兩個典型代表，深入研究瞭解，剖析它的內在運行

機制和經營管理優缺點，而不必對所有的競爭對手都進行調查，這樣難度大，時間長。總之，通過對這些市場因素的瞭解，來把握自己的投資方向，制定店鋪的經營策略。

3 確定你的目標客戶源

1.市場定位必須要正確

店鋪的市場定位就是根據競爭者及其現有商品或服務在市場上所處的位置，針對顧客對該類店鋪及商品或服務某種特徵的重視程度，塑造出本店鋪及商品或服務與眾不同的鮮明個性形象，並把這種形象有效地傳遞給消費者，從而確立本店鋪及商品或服務在市場或在消費者心目中的位置。

創業開店就要對店鋪有非常明確清晰的市場定位。這樣才能向消費者傳達店鋪有關產品、價格、服務、經營理念、經營方式、整體形象等行銷信息，為店鋪獵取目標顧客掃清知覺障礙。例如低價店、折扣店以其低價吸引目標顧客，品牌專賣店以其高檔次吸引追求高品質的消費者，休閒服裝店則以流行來吸引時尚追求者。

(1)店鋪市場定位的作用

①明確店鋪的形象，確定目標顧客。市場定位實際上是給顧客一個目標，對顧客的購買行為起到一個導航的作用。如果店鋪定位缺乏個性，對顧客就缺乏吸引力。

②明確經營方向與宗旨。市場定位實際上是市場細分策略的應用，通過市場定位，明確了目標消費群體，有利於店鋪經營者瞭解

消費者的需求特性，指導店鋪制定正確的產品組合、價格組合、服務組合、促銷組合等。

③通過市場定位，有利於店鋪瞭解競爭對手，避實就虛，揚長避短。

④市場定位是一種階段性的零售策略。隨著店鋪經營實力的增強、消費者需求的變化，店鋪可以通過重新定位，提高其適應能力及發現新市場的機會。

⑵**店鋪市場定位的原則**

①可進入原則。是指店鋪所選擇的目標市場是可以進入的。

②現實性原則。是指店鋪定位的細分市場必須是現實的、可操作的。

③價值性原則。是指作為定位的目標市場必須有可供開發的價值。

⑶**店鋪市場定位的程序**

①進行市場細分。店鋪的市場細分通常以顧客的年齡、性別、社會階層等特徵作為標準。通過市場細分，可以瞭解各個細分市場的購買特點，評估市場機會。

②選擇目標顧客。通過對細分市場的規模、發展潛力、市場競爭等進行評估，確定細分市場的可進入性及店鋪的服務對象。有效的細分市場一般要有足夠的市場空間，市場競爭程度不高，且店鋪有足夠的實力進入。

③選擇定位因素，確定經營特色。根據店鋪的經營優勢，結合顧客需要的特點，選擇定位因素，確定店鋪的經營特色，明確店鋪在消費者心目中的位置。

④市場定位的宣傳。店鋪確定定位策略之後，其宣傳工作或市場賣點設計應圍繞定位而展開，加強店鋪在消費者心目中的預期形

象。

(4)**如何做好店鋪的市場定位**

①需要市場調查。只有在取得調查資料、數據，並加以分析和研究得出正確結論的基礎上才能定位。

②需要瞭解競爭者的情況。是在與競爭者比較後而做出的。

③需要瞭解目標消費者的需求特性。只有瞭解了消費者的需求特性才能取得消費者的心理認同。

④重新定位。定位並不是一成不變的，外部環境、自身實力、消費者心理需求的變化都可導致店鋪重新定位。

(5)**店鋪市場定位策略的四個方案**

①高品質、高價格的市場定位。質價相符，要有相當的競爭力，高利潤，是地位的象徵。

②高品質、低價格的市場定位。店鋪代價較高但消費者歡迎，但需要保證提供消費者滿意的高品質的商品，有實力以低價銷售，使消費者相信商品品質。

③低價格、低品質的市場定位。店鋪以這樣的形象出現，有一定的針對性和局限性，需謹慎使用。

④高價格、低品質的市場定位。這是個錯誤的定位。

2. 誰是你的客戶群

開店和拍電影、電視劇、辦報紙一樣，要先想好你的目標客戶。所謂目標客戶，簡單一句話就是：你的顧客是誰？你的服務對象是誰？你想把你的商品賣給誰？也就是說，開店前，必須對你選定商圈的顧客的年齡、收入、性別、職業等進行詳細的市場調查，然後依據這些調查結果開設店鋪和設計經營原則。

例如，你想開家女性服裝店，目標顧客或許是家庭婦女、或許是職業女性，也可能是前衛女孩，則店鋪格調、服裝款式等肯定有

所不同。要確定客戶源，就要對客戶進行細分。不同的標準，有不同的分法。按職業特點可分為，學生、公司白領、政府公務員、自由職業者。按年齡可分為，老、中、青。還可以有組合，例如年輕的公司白領等。對顧客進行了細分以後，就要根據自己店鋪經營的商品來確定主要的目標顧客。我們以玩具店為例進行說明。根據玩具店的特性，可以將顧客分為四大類：

(1) **兒童**

玩具最初就是為了孩子們而設計的，他們是最傳統的顧客。但是這也是最特殊的一類顧客，因為孩子們並不能真正購買，他們的父母才擁有購買的決定權，因此，店主在面對這類顧客的時候，既要投孩子們所好，也要贏得其父母的心。

(2) **家庭群體**

這類群體晚飯後或週末空閒散步時，一家大小熱熱鬧鬧地來到玩具店，在這裏痛痛快快地消磨兩三個小時。孩子鬧，大人笑，他們在增加你的營業額的同時，還為你的玩具店做了免費的廣告。

(3) **白領階層**

這些人在工間或下班以後，並不著急往家趕，而是找一個地方喝點東西、聊一聊、玩一玩，如果你的玩具店經營得足夠好，並且有專門玩玩具的場地，他們會在這裏逗留，甚至還會選擇這裏作為和戀人首次見面的約會場所。第一次相見的青年男女往往不知道該幹些什麼，如果能有玩具打開談話的缺口，他們會很容易發現彼此的共同點。

(4) **學生**

這一類消費人群和白領人群相似，唯一不同的就是，他們所能支配的金錢一般沒有白領那麼多，但是這並不妨礙以這類人群為目標顧客的玩具店的經營。如果你的消費群體是白領，你可以購置一

些較為昂貴的大型的玩具；而面對學生消費，你可以購置較為小型的玩具，一般玩具的租賃價格比較便宜，無論是白領還是學生都能承受得起。

當然，對於創業開店者來說，不管是選定那一類人群作為自己的主要顧客，都必須有固定的顧客群。這也是在開店之初遇到的最難而且又要花費大量精力去做的事情。但是，只要能確定自己最主要的顧客群，也就確定了經營的產品及方向。

4 調查競爭對手的情況

知己知彼是創業開店的前提，所以，調查競爭對手是市場調查的重要內容。開店前要對競爭對手進行全面的摸底調查，需從多方面開展調查，以確保自己少犯錯誤，立於不敗之地。對競爭對手的調查具體可以分以下幾個步驟。

1. 明確調查問題

在開始調查之前，調查人員必須明確調查的問題是什麼、目的要求如何。應根據要調查的對象，擬定出需要瞭解的內容，然後定出調查的目標，以便調查能合理進行。

2. 初步情況分析

確定調查目標後，往往還會有很多繁雜的問題，這時就需要對這些問題進行縮減。通過能馬上瞭解的一些資料進行刪減，以縮小調查的範圍。

3. 進行正式調查

當有了初步資料後，就要通過不同的方法展開對競爭對手的具體調查。

⑴**競爭對手的分佈情況**

在決定開店且找好了幾個符合要求的店鋪地點後，要調查競爭對手的店鋪位置，從而決定選擇那裏的店鋪位置較好。

首先應調查競爭店與本店的距離。如果競爭者的實力雄厚，自己想另立門戶，則應選擇離競爭店較遠的地點；如果認為自己有足夠的實力與競爭店競爭，則可把店開在競爭店旁，讓顧客能很快通過對比來瞭解你的產品優點。有時，競爭店在旁邊還可以有效地吸引顧客，讓顧客在光顧競爭店的同時也來到你的店。

其次調查競爭店的店鋪地點。瞭解競爭店的地理位置，分析為何他能有較多的顧客光顧。自己的店應開在什麼地方，可以通過競爭店的地點調查來決定。有時，通過對其調查可以得知此地區人的一些生活習慣，從而決定自己開店的政策。

⑵**競爭對手的經銷商品情況**

競爭對手的經銷商品直接關係到本店的商品。在開店前，一定要瞭解競爭店的經銷商品結構、商品類型、商品價格等情況，從而決定自己店鋪應購進的商品類型。對商品的調查，要從很多方面入手，如商品類別、主力商品、輔助性商品和關鍵性商品等。

競爭對手和商品類別及市場佔有率，可以決定自己的店應賣那種商品為宜。如果競爭店的市場佔有率高，就應避免與競爭店的商品太類似，這樣不容易打開銷路。你可以選擇與其不同檔次、不同類型或者與其賣的商品有連帶作用的商品。假如你開的是服裝店，競爭對手主要賣女裝且市場佔有率相當高，你可先調查其主要出售的女裝類型。如果他主要經營休閒裝，你可考慮開一個男裝或童裝

店。特別是在女裝店旁開個童裝店，定會有好的效果。

　　⑶**大商場的情況調查**

　　大商場集合了非常豐富的商品，創造了一次購足的購物環境，滿足了消費者多層次的需要。在平時，大商場會成為人們逛街、約會、辦事的集合點。可是，大商場除能滿足人們購物需求外，也成為大家公認的地理標誌。在開店前，要對最近的大商場進行調查，才能在開店後與大商場競爭，在市場中爭取一席之地。

　　在對大商場進行調查時，最重要的是其地理位置。大商場的地理位置有時能影響開店的位置。是想在大樹下好乘涼還是想避開重要的競爭對手，則要通過對大商場的調查而定。通常而言，大商場所在地就是人流最密集的地方。開店就要在繁華地帶，所以最好在附近，或在人流去往大商場的路上。在這種地方，人的流動量很大，容易獲得顧客。但有時這樣容易被大商場排擠，不易打入市場，這也就決定了開店後的一些經營策略。可見，調查附近的大商場是開店前的必備前提。

　　4.調查資料的整理與分析

　　當競爭對手的資料收集完後，要對其進行編輯整理，檢查調查資料是否有誤差。誤差可能是統計錯誤、詢問衝突、設計不當、訪問人員偏見、被詢問人回答有問題等。在整理資料時，要把錯誤的信息剔除掉，然後把剩餘的資料分類統計，最後得出結論。通過分析資料，決定是否開店，在那裏開店，什麼時候開店等。

5 觀察他人是如何賺錢的

李先生根據自身的綜合狀況，最終決定開個小本經營的速食店。速食店雖小，但也是李先生人生的第一次自主創業，自然非常慎重。夫妻倆商量了一下，覺得應該穩妥操作，先利用工作之餘瞭解一下市場行情，偷學一點別人的生意經，等一切都安頓好再辭職。

1. 觀察所用材料

此時剛好是週日中午的就餐時段，不大的店內差不多已經坐滿，店門口有一個小小的吧台，用於收銀，邊上擺著一座玻璃門的冰箱，放滿各種時下的冷飲。吧台前就餐的人們排起了隊，一看明白了這家店消費規則是先買單後吃飯，這種方式可以防止跑單的情況發生，非常適合小本經營。

這家店的生意還真好，速食店的店老闆正在吧台後面忙碌地招呼著前來就餐的客戶。

這家速食店經營的是典型的速食，打飯的地方是一個個方盤，裏面有各種現成的炒菜與主食，根據買的餐票，可以隨意搭配，打菜的師傅給的菜量很足。飯票的面額有兩種，50 元和 60 元，分別可以吃兩葷一素和兩葷兩素的盒飯。李先生買的飯票是 50 元的。

2. 計算速食的日銷售總量

統計客流量簡單易行：統計出一天人流最高峰時的單位客流，再計算一天人流最低的單位客流，然後加權平均就可以算出平均每小時的客流量。

加權平均，是將兩數相加後，再除以 2。這個平均數是一般平均數，算出的結果還需要根據具體的客流情況進行相應的調整，以減小誤差。

有開發票的商店，就看他上午第一張發票號碼，和晚上要關店打烊的最後發票號碼，兩相比較，就知道幾個交易。

這個時間，人真不少，從進店門到現在吃了不到半小時，店裏的客人已經換了三批，還有幾個送外賣小弟一直沒停在往外跑，每次拎出去的速食都至少有七、八份。這樣看來這裏的人流真是很大啊！

對於速食店來說，賣出多少份，是衡量利潤的唯一標準，所以客流量的計算就以每小時賣出多少盒飯來計算。根據估算，剛才這半小時裏，在店內賣出的盒飯數大概有 60 份，送出的外賣也有 20 份上下，那麼半小時就是 80 份，一小時就是 160 份。都按每份 50 元計，一共銷售額為：

$$160 \times 50 = 8000 \text{ 元}$$

不過速食業的特點就是分時段，趕上用餐時間忙死，平時卻沒有什麼事做。

下午 3 點，坐在小店對面的冷飲店裏，細細觀察上門食客的情況。李先生足足看滿一個小時，進去的客人也不過 20 人，且沒有外賣送出，看來這樣的時段，一小時也就只能賣 20 份左右了。

這樣如果直接加權平均的話，每小時的銷售量就是 90 份，如果小店從早上 10 點開到晚上 8 點，每天就可以賣到 900 份左右。由於速食店的時間性非常強，所以這樣的演算法還不夠精細，還需要將時間段細化後分別進行估算。

小店能夠一小時賣 160 份的時段，只有午餐和晚餐最忙的時候，估計總共也只有兩小時的樣子，這兩小時的前後半小時估計能賣 80

份一小時，除了這四小時外，其他時間小店實際上基本是沒生意的，可能連 20 份也賣不到。在這樣的情況下，對速食店的客流量進行了重新計算。

根據自己的實地考察，估算出了這家速食店每天的盒飯銷售量為 600 份。

表 5-5-1　速食店一日客流統計表

時段	銷售量（份/小時）	時長（小時）	銷售總量（份）
最忙時段	160	2	320
較忙時段	80	2	160
空閒時段	20	6	120
總計		10小時	600份

這樣的銷售量實際上是個比較優化的水準，有些小店可能開 24 小時的銷售量也達到這個數字。這裏只是為了之後計算方便而定，讀者在自行考察時還是要根據具體情況進行相應的估算，這裏主要是為了展示方法。

6 競爭對手店調查

在顧客調查完成後，餐廳投資者還必須做好自己店鋪所處商圈現在的競爭對手與潛在的競爭對手的調查.

表 5-6-1　競爭對手店的調查方法

類別 調查事項	調查目的	調查對象	調查方法
競爭店構成	競爭對手店構成的調查，以此作為新店構成的參考	設店預訂地商圈內競爭對手主要菜肴及特色的調查	針對餐飲店使用面積、場所、銷售體制的調查，以便共同研討
菜品構成	針對前項調查再進行菜品構成調查，對商品組成項目的調查，以作為新店鋪菜品類別構成的參考	著重對主要菜品進行更深入的調查	主要菜品方面，著重於菜品質的調查
價格水準	對於常備菜品的價格水準進行調查，以作為新店鋪的參考	針對常備店鋪的菜品，對達到預訂營業額或毛利額標準的菜品進行調查	投資者應著重於菜品的價格、數量進行調查，尤其是旺季或節假日繁忙期間的這種調查更為必要
客流量	對於競爭店鋪出入客數的調查，以作為新店鋪營業體制的參考	出入競爭店的15歲以上的消費者	與顧客流動量調查並行，以瞭解競爭店一個時間段、日期段的客流量，尤其注意特殊日期或餐飲店餐桌使用率的調查

7 測試題：你的創業溝通潛力

你院子裏種了一些蔬菜，鄰居家的雞經常鑽過來偷吃，請問你會怎麼做？

〈答案〉

本題表面看起來是雞和菜的問題，實際上講的是人和人的關係。人與人之間的溝通需要具備一定的親和力，如何處理人與人之間的關係是非常重要的。但在這裏要避免兩個極端：一個是過分地退讓；另一個極端，在跟別人交往的時候，採取針鋒相對的方法。

處理這個問題一般會出現以下幾種情況：第一種做法，把雞趕走。但不能從根本上解決問題；第二種做法，幫鄰居搭一個雞架。通過幫助的方式，解決雙方的矛盾；第三種做法，看住雞，不讓雞跑過來偷吃菜，說起來這似乎是最有效的方法，因為你看住雞了，雞就沒法偷吃了。

但是從解決這件事情的方法來看，因為你只是被動地防止事情發生，而沒有主動解決事情發生背後的原因，所以說這種方法是事倍功半的笨辦法。

第四種做法：把雞吃掉。雞吃我們家的菜，我吃你們家的雞，這樣似乎扯平了。此種做法其實是最壞的辦法，因為這會使鄰裏發生激烈矛盾；第五種做法，在對方的雞進你們的菜園的時候，你假裝很高興地從您的菜園裏撿起兩個雞蛋送過去。

最後一種方法比較好，鄰居不僅會好好感謝你，而且讓對方知

道自己辛辛苦苦養的雞「紅杏出牆」，把雞蛋下到人家的園子裏，長此下去損失太大，鄰居自然會主動採取措施不讓自家的雞跑到鄰居家的院子裏去。

心得

‧‧‧

‧‧‧

‧‧‧

‧‧‧

‧‧‧

第六章

開店選址有講究

1 好店址才有好生意

1.「place」決定一切

店址為經營之本,確定營業場地是店舖產生和發展的基礎。店址選擇是根據店舖發展戰略,對可能建店的位址進行調查、分析、比較、選擇後,最終確定對該土地或房產使用權的決定。只有選好了店址,店舖的成功經營才是可以預期的。

現代人做事講究「天時、地利、人和」,開店創業尤以佔有地利最為重要。如果找對開店的地點,即可掌握良好的商機。因此,想創業開店的人千萬不能隨便找個店面,以免輸在起跑點上。所以,開店成功的首要因素便是——地點!

(1)「place-place-place」

店舖經營成功的關鍵是「place-place-place」(選址,選址,還是選址),店址選擇,對經營者來說是非常重要的。因為店址直接

影響店舖的投資效益、店舖未來的發展、經營商品的價格以及各項
商品的銷售戰略。

　　影響店舖發展前途的因素除了人、財、物、資訊等因素外，還
包括店舖這個客觀因素在內，店址選擇關係著店舖經營發展的前
途。而店址又不同於人、財、物及資訊因素，它具有長期性、固定
性的特點。當外部環境發生變化時，其他經營因素都可以隨之進行
相應調整，以適應外部環境的變化，而「店址」一經確定就很難再
變動。店舖位址選好了，店舖就可以長期受益。而店址選擇失誤，
則是很難彌補或改變的。因此在進行店址選擇時，店舖投資者必須
進行週密考慮和妥善規劃。

　　「地利」是事情成敗的重要因素之一。「地利」具體到店舖投資
中，就是指店舖要選擇一個有利的地點。店址選擇適當，就可以佔
有「地利」的優勢，廣泛吸引顧客。現實中有很多這樣的例子，兩
個行業相同，規模同等的店舖，在商品構成、經營服務水準基本相
同的情況下，儘管處在同一街區，但是由於所處地點優劣不同，其
經營成本、商品銷售額、最終利潤等方面就會有明顯的差異。

　　(2)好店址，好生意
　　店址是如此的重要，但是很多人在準備投資開店時都並未仔細
想過這個問題，只是一味地想：「我要開店賣花」、「我要開飯店」。這
類人看見電視、報紙上的廣告如「店面廉價出租」、「店舖虧本轉讓」、
「店舖轉手，盡速聯絡，不要錯失良機」時，多半會怦然心動而躍
躍欲試。

　　其實，沒有任何一個地段是適宜任何一種商店的，所以，在選
擇店址時，一定不要妄下決斷，否則你將損失慘重。

　　生意成功的人，在總結成功的經驗時，多半會說到店址選擇這
一條。例如，有位洪小姐開了一家民俗藝品店，店子開業後，生意

很不錯，可以算是一個成功的例子，她成功的最大原因在於選對了店址。

誰都知道，開店做生意，選擇店址是最為關鍵的一環。

決定在現址開店以前，首先是在一個寧靜的社區進行經營，在經營中，她發現那裏的過往人群太少，只有很少一部份人會光顧，於是便決定將店址選擇在鬧市區。

第二次，在鬧市區找到了一個店址，這裏人來人往，客流很大，租店的費用也還合理，但這裏多的是酒吧、咖啡店夜總會，是適宜夜生活的商業區，和她所經營民俗紀念品的風格、氣氛都不相符，所以，經過調查後，放棄了在那兒經營的想法。

第三次，找到了一處距車站不到一公里左右的店舖，這家店舖位於舊住宅區的商業街一角，各種條件看起來也不錯，挺誘惑人的。但她還是不敢妄下決心，又經過調查，她發現這一帶多的是日用百貨的專賣店，與民俗藝品感覺不符，就放棄了。

最後，選擇了一個高級住宅區的一角的舖面，這裏鄰街，從高架橋上，可以看見店內的陳設，過往行人也時時順便折進來看看。如此，生意就日漸興隆起來。

由此可見，店址的選擇對於店舖的經營成敗是至關重要的。店址選擇正確可以讓你的生意蒸蒸日上，相反則會讓人的生意日益頹敗，直到關門。

2. 好店址在那裏

(1)細說好店址

店址好當然比不好更有利，但古往今來，在好店址上經營的店舖有失敗的時候，而在不那麼好的店址上經營成功了的店舖也不勝枚舉。

由此可見，店址在經營過程中的作用雖然是非常重要的，但絕

對還不是惟一的決定性因素。如果店址的好壞就決定了生意的成敗，那麼，不惜一切代價搶佔好店址就將成為開店經商的惟一法門；同時也將說明那些成功的商界鉅子只不過佔據了一個好店址而已，即使一個白癡處於他的位置，也可以取得同樣的成就。

一般而言，好的店址就符合以下標準：

①人流量大且穩定

店址就處於人群較為集中的地方，具有穩定而又較多的人流量，如鬧市區、車站附近。

②外在環境優越

店址應具有獨特的外部環境，如停車站、學校、醫院、大學、大型居住區附近。

③交通便利，停車方便

④店址特色

商業街，尤其是形成行業規模效應或互補效應的商業街。

這是好店址的一般特徵，但在尋找店址時不能光憑以上特徵來尋找，例如有的地方，看上去車水馬龍，人流如織，具有很標準的好店址特色，但卻因為不是人群停留的地方，所以也不宜選在此開店。

又如我們還經常看見一些開在小街小巷的店舖生意卻很紅火，這些店舖門外看來沒有多少人流，但入店率卻很高，所以生意也紅火。

在根本上，只有所經營的行業與所選擇的店址能相互適應，這個店址就是好店址。反之，如果所經營的行業與所選擇的店址不合拍，這個店址那怕再符合好店址的標準，也不能算是個好店址。

所以，好店址的真正標準是：

只要有助於店舖的經營成功，不管店舖的位置是在商業中心還

是在偏僻小巷，都是好店舖。沃爾瑪的選址策略就是一個典型。

所以，在你確定要開一家店時，首先需要考慮的應該不是去尋找一個能夠賺錢的好店舖，而應該是你所經營的行業是否適應相關地區人們的需要。

另外，在選擇店址時可以參照以下因素去選擇真正的好店址，不能抱有先入為主的思想去尋找所謂「好店址」，而應採取下述思路去創造或發現真正的好店址。

⑤地區類型，居民狀況

不同的人需要不同的服務。這項服務當地沒有，或已有的無法滿足消費者的需要，如果你在這裏能找到價格和位置都適合的店舖，那麼這個店址就是好店址。

⑥方便顧客

這個舖面適合做什麼行業，在這裏提供什麼樣的服務才會給予週圍的人們以生活或娛樂上的方便。

(2)選址的經驗之談

採用逆向思維也能出奇制勝，日本神戶的久保田一平的成功就是一個突出的例子。

久保田一平本來已是個退休賦閒在家的人。一天，有個人前來對他說：「有棟可作店舖的房屋，價錢非常便宜，大約是時下價錢的1/3，你有意買嗎？」

聽完那人的描述，久保田一平知道他所說的那棟房屋就是日本神戶市很多人都知道的一棟房屋。這棟房屋發生過命案，聽說常有鬼魂出現，十分陰森恐怖，所以一直沒人敢買。

然而，久保田一平卻有些心動了，他認為：「我還有充沛的熱情和活力，在人浮於事的今天，把它廉價買下後，動些腦筋、開個店，利用鬼魂出現的謠言好好宣傳一番，那是一定有利可圖

的。」

有了這個想法之後，久保田一平不久就毫不猶豫的拿出退休金，廉價買下了這棟房屋。

當久保田一平這樣做後，一般人包括他的親戚、朋友，都嘲笑他是一個無藥可救的大傻瓜。然而，他卻認為：「世上那裏有鬼？他們雖然嘲笑我，但是相信世上有鬼的人才可笑！等著瞧吧，我要開一家飲食店，沒有多久，就會成為一個有錢人！到了那個時候，笑我的人到底會有怎樣的表情！」

雖然人們都嘲笑他，他卻以這樣美麗的遠景來自我激勵，並開始準備開食品店。一切準備停當後，他又把開張日期選在 11 月 13 日。11 月 13 日這天正是日本航空發生大空難的週年紀念，也是被全國人民視為一年當中最不吉利的日子。全日本人民都很忌諱這一天，平常人這天是儘量不出門的。久保田一平又做了一件常人不敢做的事。

開張那一天，久保田一平又利用眾人信神鬼的心理大肆宣傳。他邀請了數百名親友來觀禮，另外特意邀請了 5 名道士前來念經，大做捉妖、驅鬼的道法。

他的這一儀式具有迷信、復古的味道，很多人都沒有見過，因此立刻吸引了成千上萬的行人駐足觀看。被邀請前來觀禮的更是印象深刻，感到新鮮而有趣。

久保田一平的這一招引起了社會人士的好奇，擴大了店舖的名聲。大家都紛紛前來參觀這個曾經鬧過鬼的飲食店。就這樣，他熱熱鬧鬧地開始做起生意，每天有無數人光顧，又不知賺進多少錢。

僅僅四年之後，久保田一平就發了大財，在神戶市開設了 16 家分店。

在同一條街上，把店開在那一段，那一邊？早在 1915 年，華僑資本家郭泉、郭環兄弟就開始探索店舖選址中的奧秘。

在很早以前，郭氏兄弟就想在繁華富裕的上海灘上打下一塊自己的地盤。他們倆商量好了，就籌集了 200 萬港元，準備打入上海灘。他們決定，開辦一家永安公司，經營百貨。

郭氏兩兄弟於是來到上海尋找開店地址，經過打聽，發現在南京路上只剩下現在的南京東路靠近西邊一小段的路南、路北兩邊的地還空著。

看了這情況，郭環沒了主意，郭泉決定先去看看再說。

到了那地方一看，果然和先前打聽到的情況一樣，只剩下路南、路北兩塊空地。但店址應該選在南邊還是北邊呢？兄弟倆經過謀劃後決定，派幾個人，分別站在馬路的南、北兩邊，統計每邊的行人數！

幾天之後，統計結果出來了，郭氏兄弟一分析發現，兩邊的行人數果然有多有少，而且每天都是南邊行人比北邊多！這樣，郭氏兄弟便決定：永安建在路南。

1918 年的大年初一，永安公司建成開業，生意果然興隆。在開張不到 20 天的時間裏，永安公司價值三四十萬元的商品就幾乎被搶購一空。由於選址的成功，永安公司後來發展成為舊上海最大的一家私人百貨公司。所以，郭氏選址也一直為後人效仿。

由此可見，郭氏兄弟的選址經驗是以調查為基礎的，其選址是一個帶有預見性的工作，其成敗對以後的經營影響是巨大的。

(3) **多跑、多看、多問，少吃虧**

店址的選擇有很多的技巧，但是，在選擇店址時，單純靠技巧又是不行的。看再多的書本、在頭腦裏或紙上設計再多的「可行性方案」也無助於實際問題的解決。要解決問題，只有親自出馬，多

跑、多看、多問。

　這種方法雖然勞神費力不說，浪費時間、增加成本，但它卻是最保險的方法。畢竟只有親自從實地考察中瞭解到的資訊，比從其他途徑得來的資訊，一定要準確、全面得多，對你的幫助也一定要大。

　多跑多看肯定比較辛苦，但在起步階段，如果不能吃苦，就不用指望你以後的店舖能經營成功了。

　多跑多看的好處是很多的。多跑路可以瞭解各個具體位置，還能調查諸如週圍環境、客流量多寡、同類商店是否趨於飽和、是否還具有發展潛力等問題，然後比較選擇一個真正好的店址。

　很多時候，依靠第二手資訊則極有可能瞭解不到真相。這樣就很易造成決策失誤，從而使你的店舖還沒開張就虧了一截。

　有一個人，他看中了一個店面，但又無法確定這個店面的價值。於是，他在這間店面附近整整觀察了三天，詳細地記下三天內經過舖面的人數。這三天的辛苦是可想而知的，不知情者還以為他是個瘋子。但他卻依據著這三天辛苦得來的資訊，在那個地方開了一家成功的店舖。

　他的辦法似乎很笨，但是他現在的發跡也正是從這笨方法中得來的。

　當然，多跑多看是選址最好的方法，但光跑光看還不行，還必須多問、會問。例如順便問問附近店舖的經營或其他與經營無關的情況，有時會得到意想不到的收穫；也可以問問附近的人有些什麼樣的需要。這樣，可以在選址時，為你以後經營行業的選擇準備一定的資料。

2 「客流」就是「錢流」

「客流」即是「錢流」，在車水馬龍、人流熙攘的熱鬧地段開店，成功的幾率肯定要比普通地段高出許多，因為川流不息的人潮就是潛在的客源，只要你所銷售的商品或者提供的服務能夠滿足消費者的需求，就一定會有良好的業績，將「客流」轉化為「錢流」。一般說來，客流量較大的地段有以下幾個：

⑴城鎮的商業中心（即我們通常所說的「鬧市區」）；

⑵車站附近（包括火車站、長途汽車站、客運輪渡碼頭、公共汽車的起點和終點站）；

⑶醫院門口（以帶有住院部的大型醫院為佳）；

⑷學校門口；

⑸人氣旺盛的旅遊景點；

⑹大型批發市場附近。

店主可以根據自己的情況選擇適合自己的「客流」人群，把握「客流」這個竅門。

選擇一處好的開店地址，必須付出相當的時間和精力。為選擇一處好店址，你必須對所有可能選擇的店址進行實地觀察和調查，早、中、晚都要在預定的店址觀察行人及他們經過此地的目的（是路過的，是辦公，還是消費，或是閒逛……）。同一地點，白天可能人流如潮，晚間則會空無一人，因此要日夜觀察。除了這些，還要瞭解該地競爭對手店情況、商圈情況、市場情況等等。

具體來說，店舖選址需要注意以下幾點：

1. 繁華地段並不是惟一選擇

一般說來，繁華地段人流量大，是人們購物、娛樂、休閒場所，是開店的黃金地段。但並不是說繁華地段是惟一選擇。例如，有些地段表面看來車水馬龍，人流如潮，但卻不是聚客的地方。這就是不少人在鬧市開店很快就失敗，而在小巷開店卻生意紅火的重要原因。另外，有些行業經營的商品，多是人們日常生活的必需品，也不適合開在繁華地段，例如賣油鹽醬醋的小店，開在繁華區就一定不如開在居民區小巷內。

所以說，繁華地段並不是惟一選擇。只要符合開店構想的店址就是好店址。

2. 好店址不怕租金高

店舖是地點的生意，若是做大眾生意，就一定要捨得在店址上投資。有的人經過一番分析調查後，選定某繁華區地段作為店址，後來卻被昂貴的租金給嚇跑了。其實，不要簡單地被租金嚇倒。例如在市區，或在繁華地帶選店址，租金雖然高，但是只要你仔細分析一下這筆投入帶來的效益，還是可行的。很多時候，只要開店構想對頭，往往是高投入高回報。例如火車站、客運碼頭這些地方，門面租金高，但這些地方商品價格也普遍高，生意火爆，這就是高投入得來的高回報。

好店址高租金的形成不是一天兩天形成的，也不是任意可以抬高的，它是房東和房客在長期利潤分成較量中形成的契約，租金高到租主無錢可賺，那麼再好的門面也租不出去。可見，好店址雖然寸土寸金，但正常情況下賺的錢總會大大超過租金，並且，經營稍好的話還有巨大的利潤空間。

所以，花大錢開個店舖，不如花大錢找個好店址。當然，高租

金會增加經營成本，也會增加經營壓力和風險，所以必須得好好盤算，究竟做得起做不起黃金旺舖的生意。如果你沒有足夠的資金和足夠的把握，也千萬不要盲目跟風。

　　經過分析後，選擇了一個大概的營業地段，那麼到底該將店舖開在那兒呢？該是那條路上，又該是路中還是路端？是該設在街道右邊還是左邊？……這是選址的細節方面。店舖場地的具體地理條件，對於店舖營業有許多影響，大家經常可以看到這樣的情況，一條路上的店舖，兩邊的生意卻很不相同，這就說明了具體地理條件對店舖生意的影響。以往人們常對此問題注意不大，而在今日資訊化、都市化的現代商業發展形勢下，不能不考慮地理條件對店舖經營所造成的影響。仔細分析店舖該處的位置。美日等國的商界在對店舖場所做地理條件的調查項目中，包括的方面非常廣泛，常常有氣候、地勢、與道路的關聯性、地形、高低傾斜等等。

3. 地形特徵

　　環境與地形，在店舖投資中是極為重要的要素。由於都市佈局的限制，產生了多種環境和用地形式，也對商業活動造成了不同的影響。一般說來，店舖用地形式主要有以下幾種：

⑴轉角地形

　　「轉角」是指十字路和叉路的交接地。在這種地理位置上，店舖的外觀會顯得十分突出，歷來被認為是一個非常有利的店舖經營地點。但由於店舖位置面臨兩條道路，所以要仔細考慮選擇那一面作為自己的店面正門。這就需要做交通流量的調查，然後選擇交通流量大的街道一面作為店舖的正門；而交通流量小的街道一面作為側面，或者設置小型出入口，或者乾脆不設置出入口，只用一些透明玻璃、陳列櫥窗來吸引顧客。

圖 6-2-1 轉角地形

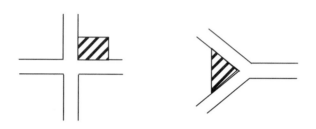

⑵三岔路地形

三岔路正面的店舖，面對著幾條路上的人流，店面十分地顯眼，所以被認為是非常理想的建店之處。但是，處在這一有利位置的店舖應善於發揮自己的長處，在店舖入口處的裝潢、廣告招牌、陳列櫥窗等方面要用心設計，以便能很好地抓住符合心理，從而將行人吸引到店中來。

圖 6-2-2 三岔路地形

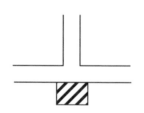

⑶方位地形

方位是指店舖正門的朝向，店舖正門的朝向與當地氣候相關而且還受到風向、日照程度、日照時間等因素的影響。在南方城市，面向西的店舖會有日曬，這樣在夏季店內如果沒有冷氣機會很熱，從而不利顧客進店購物，而安裝冷氣機無疑又增加了開支，如果店外設立拱廊建築、店內改善通風條件，影響則會減少。在北方城市，冬季寒冷，面向西北的店舖較容易受寒風的侵襲。這些都會給店舖

經營造成不利影響，所以在選擇店舖位置時要特別注意。

(4) **街道兩邊的地形**

街道有兩邊，各有所不同，那麼該選擇那一邊來開店呢？一般說來，可以遵循以下原則：

① 分析調查兩邊行人流量。行人流量是顧客的潛在來源，所以，在調查分析兩邊行人流量後，儘量選擇行人較多的一邊作為開店位置。

② 儘量選擇靠近大公司、大企業的一邊，這是因為：一可以吸引行人經過；二大公司、大企業有大量客源；三便於顧客記住店舖地點，來向別的顧客宣傳介紹，會比較容易指引人光顧。

③ 選擇靠近人口會增加的一邊。店舖選址時應有預見性。一般說來企業、居民區和市政的發展，會給店舖帶來更多的顧客，從而使店舖在經營上更具發展潛力。

④ 要選擇人行橫道或障礙物較少的一邊。許多時候，行人在橫穿馬路時，因集中精神去躲避車輛或其他來往行人，一般就會忽略了一旁的店舖。

⑤ 要選擇有未來發展潛力的街道。選擇現在被商家看好的店舖經營位置雖然好，但是可能成本會太高。這時，反而不如選擇在不久的未來會由冷變熱的未被人看好的街道。

4. 與道路的關聯性

店前道路與店面是具有關聯性的，道路本身的狀況與店舖的構造、陳列、設計等都有聯繫。一般情況下，店舖場所與道路基本同處一個水準面上，這種情況有利顧客入店購物。但也有例外的情況。

(1) **坡路的情形**

不是迫不得已，一般的人不會將店舖設在坡路上，如果碰巧遇上了這樣的情況的話，就必須考慮到要在店舖與地面間設置適當的

入口。並且妥善安排陳列櫥窗的位置、通道、商品的排列等方面（見圖 6-2-3）。

圖 6-2-3　坡路與地面和入口的關係

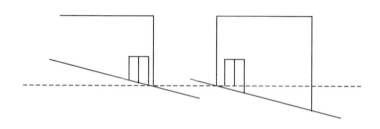

⑵**店面與道路高度不同的情形**

有很多店面處於地下或是有幾級台階，這樣的店面不是很理想的店面，但在寸土如金的都市中，這又是常會遇見的。遇到這種情形，便需要特別注意店舖門面、入口、天花板和招牌等的設計。另外還要注意引領顧客入店。

5. 道路特性

道路的特性可分為：連接道路、運輸道路、商流道路、郊區道路、老舊道路等，連接道路是主要商業區與住宅區之間，供居民上下班、來往、日常生活必經的路線；

⑴運輸道路是兩地之間商品物資運輸的主幹道，此類道路大貨車較多；

⑵商流道路是批發商零售商等各種商業活動來往頻繁的動脈；

⑶郊區道路是區域通往郊區住宅區及域外的道路；

⑷老舊道路是老商業區所發生的主要商業道路，此類道路往往人潮彙集，車輛小型居多，有的是步行街。

具有不同特性的道路，會有不同類型的人經過，所以也各適合不同類型的店舖，在選擇地段時應考慮不同地段道路的特性。

6.與顧客的接近度

顧客的接近度是指顧客是否容易接近商店。接近度是測量待選地顧客是否容易接近商店的準則，店舖顧客接近度愈高愈好。一般說來，測量顧客的接近度應考慮以下幾點因素：

⑴是否處於公交車站台（站牌）旁；

⑵店前路的寬度、人流量及停留性；

⑶人流的結構及行為特點；

⑷往來到對面馬路是否方便；

⑸近期有無基建干擾；

⑹道路特性；

⑺鄰店類型；

⑻競爭店情況；

⑼集市效應；

⑽有無噪音或其他污染。

7.開店地段禁忌

⑴快車道旁

由於快速通車的要求，高速公路和快車道一般有隔離設施，兩邊無法穿越。公路旁也較少有停車設施。所以，快速車道上儘管有較大的人流量，但都不成為客流，從而不宜將其作為新開店選址的地段。

⑵居民、往來人群少，增長慢但商業網點已基本配套的區域

這類區域經過漫長的發展，各類設施已基本配齊，在人口增長緩慢和缺乏人口流動的情況下：有限的固定消費總量不會因新開店而增加，故營業額不會很好。

⑶高樓層

高樓層的房子不宜開設店舖，因為高層開店，一方面不便顧客

購買；另一方面，高層開店一般廣告效果較差，商品補給與提貨都多有不便。例如開在二樓甚至更高層的店舖。

不過，店舖位置的好壞只是相對的。而且都市的變化迅速，其中一些微小的改變就可能形成大的影響。如果一家原本生意興隆的餐廳的門前建起高架公路，行人行走不便，這家餐廳的生意也就迅速冷落了下來。因而，一個好的店址就變成了一個不利的店址。所以，選址必須要有預見性，要時時注意身邊的變化，這樣，才有可能儘量去規避風險。

3 開店選址的基本原則

正確選擇店址，是開店賺錢的首要條件，一個經營項目很好的店舖，若選錯了店址，小則影響生意，大則還可能導致「關門大吉」。所以，開店選址一定要遵循基本原則。

1. 方便顧客性原則

滿足顧客需求是商店經營的宗旨，因此店舖位置的確定，必須首先考慮方便顧客購物，為此店舖要符合以下條件：

⑴靠近人群聚集的場所

靠近人群聚集的場所，可方便顧客隨機購物，如影劇院、商業街、公園、娛樂、旅遊地區等，這些地方可以使顧客享受到購物、休閒、娛樂、旅遊等多種服務的便利，是店舖開業的最佳地點選擇。但此種地段屬經商的黃金之地，寸土寸金，地價高費用大，競爭性也強。因而雖然商業效益好，但並非適合所有商店經營，一般只適

合大型綜合商店或有鮮明個性的專業店鋪的發展。

⑵人口居住稠密區或機關單位集中的地區

這類地段人口密度大，且距離較近，顧客購物省時省力比較方便。店鋪地址如選在這類地段，會對顧客有較大吸引力，很容易培養忠實的消費者群。

⑶交通便利

車站附近，是過往乘客的集中地段，人群流動性強，流動量大。如果是幾個車站交匯點，則該地段的商業價值更高。店鋪位址如選擇在這類地區就能給顧客提供便利購物的條件。

⑷符合客流規律和流向的人群集散地段

這類地段適應顧客的生活習慣，自然形成市場，所以能夠進入商店購物的顧客人數多，客流量大。

2. 有利於經營性原則

店鋪選址的最終目的是要取得經營的成功，因此要著重從以下幾個方面來考慮怎樣便利經營：

⑴提高市場佔有率和覆蓋率，以利於店鋪長期發展

店鋪選址時不僅要分析當前的市場形勢，而且還要從長遠的角度去考慮是否有利於擴充規模，如有利於提高市場佔有率和覆蓋率，就可在不斷增強自身實力的基礎上開拓市場。

⑵有利於形成綜合服務功能，發揮特色

不同行業的商業網點設置，對地域的要求也有所不同。店鋪在選址時，必須綜合考慮行業特點、消費心理及消費者行為等因素，謹慎地確定網點所在地點。尤其是大型百貨類綜合商店更應綜合、全面地考慮該區域和各種商業服務的功能，創立本店鋪的特色和優勢，樹立一個良好的形象。

⑶有利於合理組織商品運送

店鋪選址不僅要注意規模，而且要追求規模效益。發展現代商業，要求集中進貨、集中供貨、統一運送，這有利於降低採購成本和運輸成本，合理規劃運輸路線。因此在店鋪位置的選擇上應盡可能地靠近運輸線，這樣既能節約成本，又能及時組織貨物的採購與供應，確保經營活動的正常進行。

3.最大效益性原則

衡量店鋪位置選擇優劣的最重要的標準是經營能否取得好的經濟效益。開店就是為了賺錢，經濟利益對於創業者無論何時何地都是重要的。開店初期的固定費用，投入營業後的變動費用等，都與選址有關。因此，地理位置的選擇一定要有利於經營，才能保證最佳效益的取得。

4 一定要親自做地點調查

小本開店，勤儉節約是最重要的，尤其在開店前期，以地點調查為例，就完全可以自己來做，只要能把握關鍵的因素即可。

有位朋友想在某一地段開一家專賣宵夜的小吃店，請有開店經驗的朋友去幫他看一看。預定地點是在一條繁華的街道上，條件還算不錯，他感到滿意，而且很想試一試。但是凡事不能太莽撞，為了慎重起見，他便去做了個簡單的調查。

首先，他調查了店口過往行人的數目，結果如下：

午後一時起30分鐘內的行人數──394人（其中年輕人佔36%）。

午後四時起 30 分鐘內的行人數——352 人（其中年輕人佔 34%）。

晚上八時起 30 分鐘內的行人數——62 人（其中年輕人佔 55%）。

由此可見，雖然該地點白天很熱鬧，但是到了晚上行人就稀少了，再作進一步的調查，發現當地年輕人的夜間生活多半是在保齡球館或 KTV 去消費；至於那條道路，大約九點以後幾乎所有的店都關門了。

總之，那條道路並不適合開宵夜小吃店，於是這位朋友便放棄了這個地點。後來，他反省了當時的想法，說：「那個時候心裏只想開店，匆匆忙忙就選擇了那個繁華的街道。如果真的開店，還不把我的老本賠光了！」這給了我們一個啟示：過於樂觀的想法要特別當心！

關於地點的選擇，多聽別人的意見或者跟專家商量當然是很好，但是無論如何一定要親自前往預定地調查。如果地點離住家太遠，那麼最好去住上兩三天，以便仔細觀察，若是等到簽訂租約後才發覺犯下大錯，那就後悔莫及了。

你要如何調查地點呢，如果把理想的地點當作 100 分，那麼：

「位置」應該佔 50 分。其中，1 公里以內的人口數及人口素質佔 8 分，5 公里內的人口數及人口素質佔 13 分，徒步走近預定地的人數佔 5 分，交通情形（尤其是車輛通行及停靠輛數）佔 11 分，人口增加程度佔 7 分，其他佔 6 分。

建地、店舖的範圍佔 15 分。

地勢好壞佔 25 分。其中，交通便利性佔 12 分，地形（上坡、下坡等）佔 4 分，視野佔 3 分，週圍的狀況佔 2 分，其他佔 4 分。

進貨方法（是否可以便宜進貨，是否容易進貨，支付方法是否可以寬限）佔 10 分。

這樣每一方面都按比例計分，然後加以合計。如果總分在 90 分

以上，那麼生意一定興隆；75 分至 89 分自然合格；若是總分在 65
分以下則最好放棄，以免後悔。

對小規模店舖而言，第一點的「位置」特別重要，有時候把第
二點的 15 分併入第一點也沒有關係。此外，行人行走的速度是快或
慢也要注意。還有服飾店、傢俱店、布店、雜貨店等還要特別注意
有沒有走廊，會不會西曬現象。

這個地點評價法不過是一個形式而已，在實際應用上還有許多
因素要多加考慮。三百六十行，各有各的情況，不能一概而論，尤
其是該地的未來發展要特別考慮。例如有沒有高速公路或城市列車
的興建計劃，鐵路是否要廢止，道路是否要拓寬，附近是否有什麼
公共設施的計劃……這些都必須向當地政府機關詢問清楚或由其他
方面調查清楚，還有公害嚴重的市鎮地區人口可能逐漸減少，這些
都必須考慮清楚，如此才能在不景氣時開創出一片屬於自己的天空。

5 開店前要瞭解顧客流動量

根據行業特性，創業者可以選擇一個大概的開店位址。選擇了一個大概的開店位址後，創業者還應對該地進行詳細的調查，以確定該地對本行業的適應性和將開店舖的前途，這是至關重要的。

你的店舖能否成立，離不開顧客，沒有顧客的地方你的店舖再好也會關門大吉，所以在候選地開店之前必須先瞭解該地顧客情況，顧客調查主要包括以下三個方面：

1. 購物傾向調查

目的：瞭解居住地居民年齡、職業、收入、支出、需求、購買傾向等方面情況，進而瞭解商圈範圍。

對象：以學校或是各種團體的家庭為對象，或是依據居住地點進行家庭抽樣調查。

調查方法：郵寄或直接訪問均可。

調查項目：居住地址、年齡、家庭構成、成員年齡、職業、工作地點、商品購物傾向等。

2. 購物動向調查

目的：在預定設店地點對實際逛街者的消費購買動向進行調查，以把握零售業的商業潛力。

對象：以預定設店地點步行人數的抽樣調查，或是百貨店主要顧客的調查。

調查方法：在調查地點通過的行人，依一定時間段採取面談方

式，時間以 10 分鐘以內為佳。

調查項目：居住位址、年齡、職業、逛街目的、使用交通工具、逛街頻率、商品購買動向等。

3.顧客流動量調查

目的：在預定設店地點對日期、時間流動量的把握，作為確立營業體制的參考。

對象：調查地點流動的 16 歲以上的男女。

調查方法：可與逛街者購物動向調查併行，而依時間、性別區分。

調查項目：居住地址、年齡範圍、職業、經過此地原因與頻率、交通工具等。

調查優勢與不足：調查方法比較容易，並可藉以提供促銷運用的參考。

店舖所在街道顧客的流動量被看做是商業潛力的重要標誌，因為只有有了行人，才有可能有顧客。看一個店舖所在地點是否適合開業，顧客流量情況向來被視為首先考慮的條件。在具體調查時，可以採用表格形式統計調查，如表 6-5-1 所示。

其次，顧客流動量還應包括其他一些內容，如：顧客一般會在那兒多停留，行進的速度是快還是慢，一般喜歡買些什麼商品；不同方向的顧客情況有什麼區別等等。通過這些情況的調查，可以加深對店舖預設地顧客流量的認識。

表 6-5-1　顧客流動量調查表

調查時間＿＿年＿＿月＿＿日　　調查地點＿＿＿＿＿＿＿＿＿

當時氣候＿＿＿＿＿＿＿＿＿　　調查人姓名＿＿＿＿＿＿＿

時間		通行人數	注意事項
上午	10 時～11 時	＿＿人	
	11 時～12 時	＿＿人	
下午	2 時～3 時	＿＿人	1. 計數器每小時歸零
	3 時～4 時	＿＿人	2. 調查對象為 15 歲以上的男女
	4 時～5 時	＿＿人	
	5 時～6 時	＿＿人	
註：根據需要可增加調查時間			

在調查時，還要注意以下幾點：

一是如果遇到店舖面臨兩條街的情況，如路口一側，則應當作兩條街的交通流量調查，以便確定行人多的一面為店舖正面；

二是遇到交叉路口的情況時，調查地點應當離交叉路口適當遠一些，這樣以便於分清行人的前進方向；

三是由於道路不同，顧客流動量可分為 2 方向、4 方向、6 方向、12 方向四種情況，調查時應當區別對待。

圖 6-5-1　顧客流動方向不同情況

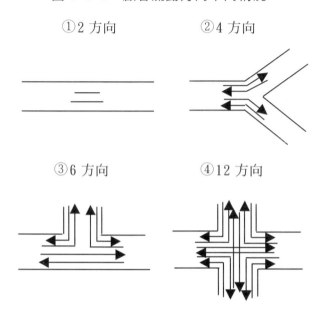

①2 方向　　　　②4 方向

③6 方向　　　　④12 方向

⑴**顧客購物頻率**

依主要零售店調查顧客每週平均購物的頻次；再進一步調查顧客到其他主要競爭街市去購物的頻次。

⑵**顧客基本情況**

依主要零售店調查各主要店舖來店顧客的商圈分佈狀況及來店顧客對象的年齡、性別、特性等。

⑶**顧客消費水準**

分析商圈全體和主要零售店每人購買金額，一個月及一次的購買金額以及調查對象的購買地點。

⑷**商品銷售情況**

分析主要零售店各類商品每月或每日的銷售量。

(5)**顧客商品購買情況**

分析顧客喜歡在那家商舖購買，購買些什麼商品，買了多少？例如，生鮮食品方面，在什麼店舖，各有多少顧客購買？到底買了那些商品？然後另外調查各種商品在各家店舖銷售了多少？同一商圈內消費量佔百分之幾？

(6)**調查主要大型商品情況**

主要調查各類主要的大型商品在商圈內的普及情況以及今後一年內的購買預計情況。

(7)**各類顧客消費支出情況**

分析商圈內各類顧問經濟收入情況，各類消費品支出情況以及商品具體購買狀況等。

以上就是市場調查的主要方面和報告內容。在完成上面抽樣調查後，仔細分析，並認真瞭解競爭店舖的廣告宣傳及各種促銷方式之後，你對你的店舖在此設立是否能夠成立就有了一個大概的瞭解了。

6 選擇最有潛力的商圈

　　商圈就是以店鋪所在地為中心，沿一定的方向和距離擴展吸引顧客的輻射範圍，換句話說，就是來店顧客所居住的地理範圍。店鋪選址必然牽扯到商圈考察和分析。

　　商圈考察和分析是經營者對商圈的構成情況、特點、範圍以及影響商圈規模變化的因素進行實地調查和分析，為選擇店址，制定和調整經營方針和策略提供依據。

　　商圈考察和分析的重要意義體現在下面幾點：

1.商圈考察分析，是新設店鋪進行合理選址的前提

　　新設店鋪在選擇店址時，要力求較大的目標市場，以吸引更多顧客，這首先就要經營者明確商圈範圍，瞭解商圈內人口的分佈狀況及市場、非市場因素的有關資料，在此基礎上，進行經營效益的評估，衡量店址的使用價值，按照設計的基本原則，選定適宜的地點，使商圈、店址、經營條件協調融合，創造經營優勢。

2.商圈考察分析，有助於店鋪制定競爭經營策略

　　店鋪為取得競爭優勢，廣泛採取了非價格競爭手段，如改善形象，完善服務，加強與顧客的溝通等，這些都需要經營者通過商圈分析，掌握客流性質、瞭解顧客需求、采取針對性的經營策略，贏得顧客信任。

3.商圈考察分析，有助於店鋪制定市場開拓戰略

　　商業企業經營方針、經營策略的制定或調整，總要立足於商圈

內各種環境因素的現狀及其發展規律、趨勢。通過商圈考察分析，可以幫助經營者明確那些是本店的基本顧客群，那些是潛在顧客群，力求保持基本顧客群的同時，著力吸引潛在顧客群。制定積極有效的經營戰略。

4.商圈考察分析，有助於店鋪加快資金週轉

店鋪經營的一大特點是資金佔用多，要求資金週轉速度快。店鋪的經營規模受到商圈規模的制約，商圈規模又會隨著經營環境的變化而變化。商圈規模收縮時，店鋪規模不變，會導致流動資金積壓，影響資金週轉。因此，經營者通過商圈考察分析，瞭解經營環境及由此引起的商圈變化，就可以適時調整，積極應對。

可以說，那些生意非常好的店鋪一般都是做了週密細緻的商圈考察分析，選擇了比較好的商圈，肯德基公司就是很好的例子。

肯德基經營者在計劃進入某城市前，先收集這個地區的資料。商圈規劃採取的是計分法。例如，這個地區有 1 個大型商場，營業額達 1000 萬元便加 1 分，達 5000 萬元就加 5 分，有 1 條公交路線又加若干分。這些分值是肯德基根據多年經驗總結出的一個標準。通過計分，肯德基經營者可將地區分為市級商業型、區級商業型、定點消費型、社區型、社區服務兩用型等。在標準上，一方面要考慮餐館自身的定位，另一方面要考慮商圈的穩定度和成熟度。選擇開店的位置。俗話說「一步差三市」，肯德基的開店原則是，努力爭取在客流量大的地方開店。在這個區域裏，人流路線是怎樣的，人們下車往那個方向走，在某個地點、某個單位時間會有多少人經過等，都是考慮因素。另外，肯德基還要考慮競爭對手的位置，人流是否會被對手截住，當地建築物和道路變化等。

7 那些是開店的最佳區域

有人說：「選好店址就是創業成功的一半」，這話一點也不假。一般來說，如果商店的地理位置，具有以下全部條件的是第一流的店址，一般都要具備其中的兩條以上。

1. 商業活動頻度高的地區

在鬧市區，商業活動極為頻繁，把商店設在這樣的地區，商店營業額必然高。這樣的店址就是所謂「寸金之地」。相反，如果在非鬧市區，在一些冷僻的街道開店，人跡罕至，營業額就很難提高。

2. 面向客流量最多的街道

因為商店處在客流量最多的街道上，受客流量和通行速度影響最大，可使多數人就近買到所需的商品。

3. 人口密度高的地區

居民聚居、人口集中的地方是適宜設置商店的地方。在人口集中地方，人們有著各種各樣的對於商品的大量需要。如果商店能設在這樣的地方，致力於滿足人們的需要，那就會有做不完的生意。而且，由於在這樣的地方，顧客的需求比較穩定，銷售額不會驟起驟落，可以保證商店的穩定收入。

4. 接近人們聚集的場所

如劇院、電影院、公園等娛樂場所附近或者大工廠、機關附近。

5. 交通便利的地區

旅客上下車最多的車站，或者在幾個主要車站的附近。可以在

顧客步行不超過 20 分鐘的路程內的街道設店。

6.同類商店聚集的街區

大量事實證明，對於那些經營耐用品的商店來說，若能集中在某一個地段或街區，則更能招攬顧客。因為經營的種類繁多，顧客在這裏可以有更多的機會進行比較和選擇。

黃金地段並不是唯一的選擇，因為營業地點的選擇與營業內容及潛在客戶群息息相關，各行各業均有不同的特性和消費對象，所以一定要根據不同的經營行業和項目來確定最佳的開店地點。

8 避免不宜開店的地段

有的地方非常適合開店，但有的地方則是不適合開店的。如果把店開在這些不適合開店的地段，則很難賺錢，甚至會給創業者帶來很大的損失。一般來說，不宜開店的地段有以下幾種：

1.商圈內人口極少的地方

店鋪不適宜開在商圈內人口不足的地方，如果商圈內人口在 1500 人以下，此店鋪應摒棄（這意味著商店的固定顧客過少，從而會影響到銷售額）。以便利店為例，一般來說，商圈半徑為 500 米，在方圓 500 米的範圍內至少有 3000 商圈人口。而這 3000 商圈人口應該由四部份人組成：一是家庭主婦，她們在便利店購買在別處忘買的商品；二是三口之家，年輕夫婦會為家庭進行便利性購買；三是獨身的青年人，他們是便利商店的主力顧客；四是中小學生，他們是便利商店零食的最大購買者。

2. 無法停車的道路旁邊

這種無法停車的地方一是快車道旁邊。隨著城市建設的發展，高速公路越來越多。由於快速通車的要求，高速公路一般有隔離設施，兩邊無法穿越，公路旁也較少有停車設施。因此儘管公路旁有單邊固定與流動的顧客群，也不宜作為新開店選址的區域。通常不會為一項消費而在高速公路旁違章停車。二是由於太繁華停車困難的地方。繁華的大街上雖路人如織，如果不能停車，你將失去很多過路客。

3. 居民不增長而商業網點已基本配齊的區域

這種地區不宜作為開店位址，這是因為在缺少流動人口的情況下，有限的固定消費總量不會因新開商店而增加。

4. 走下爬上的店鋪

設在地下室的店鋪由於不能充分發揮便利顧客的功能，因此客流會受到影響。主要缺點是：顧客進出不方便；店鋪位置不醒目而難以招徠流動顧客。要上下樓梯進入商店，會給顧客帶來不便，從而違背了開店方便性原則，而且商品補給與提貨都不方便。

5. 形狀不規則的店鋪

長方形或是正方形的商場比較適合店鋪的經營，如果店鋪的形狀不規則，那麼在一個本來營業面積就很小的空間內很難合理地去安排商品的陳列，這就會增加顧客選購商品的時間。

6. 加盟店太集中的地方

加盟店太集中的地方，租金較貴，即使現在業主不提價，租約完後一定會大幅度提高。業主不會在意你做什麼生意，他們在意誰能為他們交更多的租金，而且加盟店集中也加劇競爭。

對於創業開店者來說，一定要多注意，不能草率行事，選擇不當的開店位址，從而導致開店失敗。

第 七 章

店鋪租賃有技巧

1 尋找穩賺不賠的金舖面

投資開店最怕的就是選錯店址了。但是，找一家合適的舖面真是太難太難了。但再難也得去找，那麼怎麼去找呢？

1. 選擇有廣告空間的店面

好的舖面必須要有獨立的門面，有了獨立的門面，你就等於有了一個獨立的廣告空間。而有的店面沒有獨立門面，店門前自然就失去獨立的廣告空間，也就使你失去了在店前「發揮」營銷智慧的空間。

2. 選擇店前無遮攔的店面

店舖前方開闊，接納八方生氣，這說來像是迷信，其實是有道理的。屋前開闊，視野要大，空氣要新鮮，週圍也有足夠的空間，當然會更有生機和發展前途。

按照這一原則，選擇店舖的位址時，也應考慮店舖正前方是否

有任何遮擋物，例如圍牆，電線杆，廣告牌和過大遮眼的阻礙物等。店前沒有遮攔物，店門前就會很開闊，從而可以使店舖面向四方，既有利顧客和行人注意它，又有利於店內資訊的傳播，從而促使顧客進店購物。

而狹窄的店面，因店前有種種障礙物的遮攔，所以會很不利店舖的經營。原因有二，一它不利於顧客發現它，二它不利於店內商品資訊的傳播。有限的經營空間，是很難有很大發展前途的。如果你想改變這一狀態，你就要善於「熬」，即憑藉你靈活的經營手段熬出了名聲，才可能會有一定發展前途。但這對於小本經營者是承受不起的。

3.選擇正門朝南的店面

氣候性，是舖面選擇必須考慮的一個問題。舖面最好應是坐北朝南，其目的是為了避免夏季的曝曬和冬季的寒風。

店面朝向如果選擇不好，會極大的影響店舖的經營活動。因為作為經商性質使用的店舖，在進行經營活動時需要把門全部打開，店門是朝東西開，那麼，在夏季，陽光會從早晨到傍晚，一直照射進店內，夏季的陽光火辣辣的，對於經營活動是極為不利的。首先受干擾的是店員。店員在太陽的曝曬下，口乾舌燥，心情自然不好，所以很容易產生「粗暴」情緒，給顧客很差的印象。

受其影響的，第二就是商品。商品在烈日的曝曬之下，很容易褪色變質，從而影響商品的銷售。

受其影響的，第三就是顧客。店舖內熱氣逼人，顧客不是迫不得已是不會輕易登門，即使上門了的，也是匆匆挑選了就走了。

如果店舖朝北，冬季就會對店舖產生影響。

由此可見，店舖朝向對店舖經營有著強烈的影響。所以，店舖選擇一定要坐北朝南，即取南向，這樣就可以避免一切季節性的麻

煩和不利，其生意也就肯定要好。

4. 選擇店門大的店面

店鋪的門是店鋪的咽喉，是顧客與商品出入與流通的通道。店鋪店門每日進出顧客的數量，決定著店鋪的興衰，因而，為了使店鋪能增加接待量，門一定不可做得太小。

對於經商活動來說，作為出入通道的門做得過小，就容易使顧客感覺不方便。狹窄的店門，很容易造成人流擁擠情況，擁擠的人流會使其他顧客見狀止步，也會因人流的擁擠發出顧客間的訟爭或其他事故，從而影響店鋪的正常營業秩序。另外，如果顧客提著商品出門，狹窄的店門還會造成磕磕碰碰，對賣出的商品造成一定影響。

相反，如果店門做得大，就等於拆除了店內商品與店外顧客間的隔牆，第一，方便了顧客進出，第二，也使陳列商品直接展向了街市，極大地擴大了宣傳。

其實，選擇店門大的店面的意義就在於使顧客更大範圍、更方便地接觸商品。能讓顧客更廣泛地接觸商品，能讓顧客按自己的意願取捨商品，就可以很好地提高店鋪的營業額。這也是店鋪的「門宜寬宜大」達到的效應。

5. 選擇建築結構合適的店面

最適合做商舖的是框架式或無柱拱梁式建築結構，它的優點是視野廣，便於分隔和佈置，最不適合商舖用的框剪結構，因為它的牆體無法拆除或移動，妨礙商品佈置和展示。層高、進深和寬度是建築結構的另外一個方面，舖面層高低於 2.8 米，會讓人感到壓抑；而商舖越寬，展示功能越強，價值越高。

6. 考察客流狀況

店鋪生意靠的是「客流」，因為「客流」就是「錢流」，考察客

流狀況，不僅能使你對今後的經營狀況胸有成竹，而且還能為你決定今後的營銷重點提供科學的依據。客流狀況主要考察以下內容：①附近的單位和居民情況，包括有多少住宅樓群、機關單位、公司、學校等；②商圈人群結構特性，包括他們的年齡、性別、職業等的結構特性和消費習慣；③淡旺季情況。例如學校附近的店面要考慮寒暑假；機關和公司集中地段的店面就必須掌握他們的上下班時間；車站附近的店面應摸清旅客淡旺季的規律，這些都是必須考察清楚的。

2 相中的店面，你要快拿下

對於創業開店者來說，一旦找到理想的店面，就要當機立斷，出手迅捷，儘快拿下看中的店面，否則夜長夢多，很有可能會因你的片刻遲疑而被別人捷足先登，導致錯失良機。怎樣儘快拿下店面？談判自然是至關重要的。

1. 談好房租價格

在開店的過程中，房租往往是最大的一塊固定成本，在與房東談房租之前，你自己心裏首先應該有一個譜，先自定一個能夠接受的最高價，這個價位必須是：

⑴你覺得自己是有把握負擔得起的。尤其是在必須一筆付清數年租金的情況下，看看自己有沒有給付的能力。

⑵預算一下，估計是否有錢可賺。

⑶再向附近類似的門面打探一下，價位也是基本一致，說明是

比較合理的。然後再依據自己設定的最高房租價格，比較房東給出的房租價格，權衡後進行砍價談判，就比較容易成功。

2. 談好繳付方式

繳付房租的方式有好多種，一般最常見的有按月結算、定期繳付和一次性付清三種。假如房東除了固定的月租金外，還要根據你的經營狀況分享一定比率的利潤的，可以採用按月結算的方法，這樣能及時結算，以免拖久了增加計算難度，雙方都會比較滿意；有的門面房定下一年或兩年的租金後，其後再要續租的話，常常要按一定的比率逐年遞增，這種情況下最理想的租金繳付方式是每半年或一年集中繳付一次，這樣一旦你有了新的店面或有轉業的意向，就不會損失保證金了；還有的店面是長期定租的，一租就是 5 年或 10 年，如果你有足夠的資金，而且看好你選定的店面，也可以一次性將 5 年或 10 年的房租全部付清，這樣既可免除門面半途被別人高價挖走的風險，也能不受漲租的影響，節約不少租金，因為從長遠看，門面的房租總體是呈上升趨勢的。

3. 談好附加條件

與房東進行談判，除了租金外，還要注意談妥有關的附加條件，這也可以使你節省不少開支。首先，你在租房前應對店面內現有的情況，包括裝修狀況、設備狀況等都瞭解清楚，然後通過談判，要求房東在出租前對門面房進行基本的整修，如拆除原有已報廢無法再利用的設備和裝修，對店面的房頂、地板、牆壁作基本的修繕，添置或維修水電設施等，或者要求房東承擔相應的費用，在租金中予以抵扣。總之，要儘量爭取節省開銷。其次，你可以通過談判要求免付押金。一些黃金地段的門面房押金也往往是比較高的，雖然這錢最終是要還給你的，但如果你租的時間比較長，這筆錢也就等於擱死在了那兒，對於資金緊張的創業者來說，這也是一個不小的

「包袱」，如果談得好，完全是有可能卸掉的。最後，還可以通過談判要求延期繳付房租。儘量壓低初期的租金，待一段時間生意走上正軌後，再按標準支付，並補足前期的差款。只要你言辭懇切、人情人理地分析給房東聽，並能主動限定延期期限，有些通情達理的房東是會答應的，這也可以為創業初期減輕不少經濟負擔。

　　總之，只要看中所選的店面，而且也沒有什麼其他的問題，談妥後就要快速和房東簽合約，不能拖泥帶水，讓自己錯過機會。

3 店舖租賃的談判

　　房屋租賃，是指房屋所有權人將自己的房屋使用價值分期出售，提供房屋給他人使用，並按規定收取一定數額租金的行為。房屋租賃包括出租方和承租方兩方。出租方是指提供房屋供他人使用並收取一定租金的一方；承租方是指得到房屋使用權並為此支付一定數額租金的一方。

1.瞭解租房情況

　　租到一個合適的店舖，並不是那麼簡單的事，而且還有一個如何保障自己合法權益的問題。因此，在辦理房屋租賃手續前，必須先對以下幾個方面有一個詳細的瞭解。

(1)出租人是否有權出租房屋

　　根據有關法律規定，要判斷出租人是否有權出租房屋，首先，要看他是否具有《房地產權證》（或《房屋所有權證》），與非房屋所有權人簽訂的合約是無效的，不受法律的保護，但是經房屋所有

權人授權和委託經租、轉租的合約除外。

其次，要看出租人的身份證，並與《房地產權證》上的記錄加以核對。如果出租人是受房屋所有權的委託代其出租房屋的，最好還應與房屋所有權人見面，弄清其中細節，不能見到房屋所有權人的，還可以向當地居民委員會等機構核實委託書的合法性和受託人的真實性。

⑵**房屋實際情況**

房屋使用條件的好壞將直接影響店鋪以後的經營活動，所以一定要仔細查看。查看的內容應該是房屋內的所有情況，包括：門面大小、牆壁、天花板、地板、水、電、通信、安全等，並估量其中那些缺陷可以忽視，而那些缺陷必須仔細考慮。如果發現房屋某些情況將直接影響經營，則應考慮放棄。如果不打算放棄，則應要求出租人對房屋進行徹底維修後，再也其簽訂租賃合約。另外，還可以與出租人協商酌減房租，並應詳細寫入合約中。

⑶**週邊店鋪租金情況**

週邊店鋪租金情況將給你一個大致的租金水準，瞭解了這個水準，就有利於與房主談判。另外，還可以瞭解一下週邊店鋪的經營狀況和你要承租人的房屋以前的經營狀況等。反正，是瞭解得越多越好。

2. 店鋪的租賃談判

不要以為只有外交家才需要談判，生活中其實處處都需要你有談判的本事，特別是生意場上，巧舌如簧一定會帶給你更多的利潤。

⑴**談好房租價格**

對於開店來說，房租往往是最大的一塊固定成本，所以，運用你的口舌儘量降低房租就意味著減少了一大筆成本。談判是一門很精深的學問，所以不能亂侃。首先，在與房東侃價之前，你自己心

裏應該先有一個譜，先自定一個能夠接受的最高價，這個價位必須是：

①你覺得自己是有把握負擔得起的。尤其是在必須一筆付清數年租金的情況下，看看自己有沒有給付的能力；

②保守地估算一下是否有錢可賺；

③與週邊店舖租金基本一致。

然後再依據這一自己設定的最高房租價格，比較房東給出的房租價格，權衡後進行談判，就比較容易成功。

一般說來，在談判租金的問題上，出租方往往都會「漫天要價」，而承租方必然也要砍價。不過，不同人在砍價的程度上有所不同，而且，即使是相同的砍價標準，結果也是有成功與失敗之分。為了能讓自己在租金的砍價上取得最成功、最滿意的結果，就必須掌握一些討價還價的技巧。

第一招：不要表露你對房子的好感。

喜歡的東西人們都願出高價去買，房東們都明白這個道理，所以，千萬不要表露出你對房子的好感，否則，談判將會難上加難。

第二招：全面瞭解房屋，將房屋的缺點作為降價的理由。

當然，這些缺點不能明顯的影響經營，否則，再低也是白租了。

第三招：聲東擊西。

告之房東，你已看中了其他出租的房屋並準備付定金了，引誘房東中計。但現在又看中了這套房子，看能否再便宜點兒以補償已付不能退的定金。

第四招：以配套設備不足為由，要求降價或配齊。

第五招：告之自己很滿意，但家人有其他的想法，希望便宜點可以解決問題。

第六招：帶著現金，說只要價錢合適馬上付定金或簽約。

第七招：實在談不下去，抬腿就走，讓賣方擔心失去你這個准房客。

第八招：用其他房子的價格做比較，要求再減價。

第九招：告之能力有限租不起，要求再便宜一點兒，以自己的經濟能力不夠作為理由。

第十招：多次與房東交談，摸清房東脾氣，爭取與房東成為朋友，從而使他降低價格。當然，這招只對部份好交往重情義的房東適用。

第十一招：多比較、多談判。在租賃時，你可以找多處房子，然後一個個比較，找出一個最好的。

如果你的時間不急，拖延談判的時間，慢慢磨；這樣，房東耐不住，就會狠心把價格降低而租出去。

當然，砍價要有限度，切不可一砍再砍，讓房東覺得你胡攪蠻纏，又無信用，故不再租給你。砍價時心裏還要平和，應避免急躁。

(2)談好繳付方式

房租的繳付方式有多種，最常見的有按月結算、定期繳付和一次性付清三種。選擇那種繳付方式要根據經營者本身情況和出租人條件來決定。例如有的房東除了固定的月租金外，還要根據你的經營狀況分享一定比率的利潤的，這種情況下最好採用按月結算的方法，這樣能及時結算，以免拖久了增加計算難度，雙方都會比較滿意；有的門面房定下一年或兩年的租金後，其後再要續租的話，常常要按一定的比率逐年遞增，這種情況下最理想的租金繳付方式是每半年或一年集中繳付一次，這樣有利於你在轉讓或轉鋪面的時候儘量減少損失。還有的店面是長期定租的，一租就是十年二十年，這時，如果你有足夠的資金，而且看好你選定的店面，也可以一次性將十年二十年的房租全部付清，這樣既可免除門面半途被別人高

價挖走之虞，也能不受漲租的影響，節約不少租金，因為從長遠看，門面的房租總體是呈上升趨勢的。

總的來說，開店成本中租金佔成本的比率很高，所以必須謹慎考慮。對於小資本投資者，可以儘量運用你的智謀將房租改為按月支付，這樣就會節約一大筆成本，當然，按月支付減少成本的同時，也會增加風險，這就需要經營者思考週全。

(3)談好附加條件

與房東談判，除了談租金外，還要注意談妥有關的附加條件，經營者不要小看這些附加條件，實際上它可以為你節省一大筆開支，首先，你在租房前應對店面內現有的情況，包括裝修狀況、設備狀況等都瞭解清楚，然後根據瞭解的情況，通過談判，使房東幫你整修一部份。如拆除原有的已報廢無法再利用的設備和裝修，對店面的房頂、地板、牆壁做基本的修繕，添置或維修水電設施等，或者要求房東承擔相應的費用，在租金中予以抵扣。總之，要儘量爭取節省開銷。其次，你可以通過談判要求免付押金。一些黃金地段的門面房押金也往往是比較可觀的，雖然這錢最終是要還給你的，但如果你一直經營下去，這筆錢也就永遠不可能還給你。對於資金緊張的創業者來說，這是一個極大的浪費。如果經營者能通過談判使房東免收押金，將使經營者減少一筆成本，而可以在其他經營上加大投資。

4 店鋪租賃的交易

　　該瞭解的、該談的都做完了，就等於已確定了租賃對象。這時，房屋租賃就該進入實質性階段了，即交易階段，這個階段包括簽訂房屋租賃合約和租賃登記備案兩步。

1. 房屋租賃合約的特徵

　　房屋租賃合約，是指出租人和承租人就房屋租賃事宜，明確相互間權利和義務的協議。房屋租賃當事人應當簽訂書面租賃合約。只有簽訂了房屋租賃合約的租賃才是受法律保護的租賃。所以，以房屋租賃雙方當事人必須簽訂房屋租賃合約，房屋租賃合約具有以下特徵：

　　第一，房屋租賃合約轉讓的是房屋的佔有權、使用權，而不是房屋的處分權。因此，房屋的所有權不發生轉移。而房屋買賣合約轉讓的則是佔有權，使用權和處分權。

　　第二，房屋租賃合約是雙方有償合約。

　　在房屋租賃合約中，出租人和承租人都承擔一定的義務，也享有一定的權利。出租人享有獲得房租的權利，同時負有將出租房屋交付承租人佔有、使用的義務。而承租人取得了出租房屋的佔有、使用的權利，同時也承擔著交付房租的義務。這是房屋租賃合約與房屋借用合約的區別。

　　第三，房屋租賃合約的標的物是房屋，是不動產，屬特定物租賃。所以，在房屋租賃合約終止後，承租人必須將原有房屋返還出

租人。這是房屋租賃合約與借貸合約的不同之處。

第四，房屋租賃合約要採用書面形式。

為保證租賃雙方合法權益的實現，便於發生糾紛時易於解決，供租賃人採用。

2.房屋租賃合約的內容

房屋租賃合約的必備條款包括：

(1)租賃雙方的姓名和基本情況。如是自然人，應包括姓名、性別、住址、聯繫方式、身份證號碼等；如為法人，應包括名稱、住址、郵編、法定代表人、帳號等。

(2)出租房屋的概況。如坐落地點、面積、結構、附屬設施和設備狀況等。房屋租賃合約，應明確出租房屋的面積。

(3)房屋的用途。房屋的用途必須在合約中說明，合約簽訂後，承租人就必須按租賃合約佔有和使用房屋。

(4)租賃期限。在合約中必須單列條款明確規定房屋的租賃期限自某年、月、日至某年、月、日。租賃期滿後，雙方協商可繼續簽訂合約。

(5)租金數額、支付方式和期限。租賃雙方在平等互利、公平合理的原則下確定租金水準和繳付方式。這些在合約中必須寫明。

(6)房屋的使用要求和維修責任。一般由出租人維修並承擔費用，也可約定由承租人代為維修，相關費用在租金中折扣。

(7)房屋返還時的狀態。除房屋的自然消耗，其他一般要求原樣返還。另外，還可考慮新裝修設施設備的歸屬。

(8)關於轉租的約定。例如能否轉租，轉租的條件、流程等等。

(9)違約的情形以及違約的標準或計算方法。

(10)爭議的解決方式。

(11)根據當事人的需要，可選擇仲裁或訴訟。

⑿約定合約的生效日。可以約定合約生效的條件，例如經公證之日起生效，或經某某主管機關批准簽證之日起生效。

除此之外，租賃合約中租賃雙方還可以約定其他認為有必要的條款，如「定義」條款；出租人的聲明與保證；承租人的聲明與保證；變更、解除合約的條件；送達與通知等等。

3. 房屋租賃合約應包括的附件

簽訂房屋租賃合約時，一般還應有以下附件：

(1)出租方及承租方的營業執照複印件。

(2)出租方授權代表及承租方授權代表的授權委託書。

(3)出租房屋的地籍圖、平面圖。

(4)出租房屋的房地產權證。

(5)出租房屋的交接單及出租房屋的附屬設施、設備清單。

(6)出租方同意改建，承租方可以改建的改建方案或圖紙。

(7)其他雙方確認的書面檔。

這些附件是房屋租賃合約的一個有效補充，所以在簽訂租賃合約時切不可小視它們。當然，這些附件並不是件件都需要，租賃雙方可以酌情選擇。

4. 明確租賃合約內容

在簽訂房屋租賃合約時必須注意把租賃期限中或以後可能遇到的各種情況在合約條款中予以明確，避免引起糾紛。具體來說應該明確的有以下幾項：

⑴明確租賃房屋內容。包括房屋所在位置、面積、裝修和設施狀況等。因為對承租人而言，租房的目的即是利用房屋的使用價值來使用與收益房地產，房屋處於適於使用的狀態是對房屋的最基本要求之一，因此訂立合約時必須訂明房地產交付使用時的基本狀況，這樣在房屋不符合使用要求而發生糾紛時，或是房屋在租期內

遭毀損時，可以依照合約來解決。這一點在合約中必須明確。

(2)明確租賃用途。租賃用途即承租人租賃房屋作何種用途。租賃用途一旦定明，則承租人不得擅自改變用途，同時，明確了房屋的使用用途後，只要承租人依約用房而在正常範圍內的房屋磨損，出租人不得要求賠償。所以，租賃用途不同，房屋的租賃價格也不同，因此，租賃用途對於雙方當事人來說都是須定清寫明的問題，否則極易引起糾紛。

(3)明確租賃期限。明確租賃期限的法律意義在於：

①期限屆滿，承租人有義務將原房屋退還出租人；

②如果出租人提前收回住宅的，應當有「必須收回」的理由，並且征得承租人的同意，賠償承租人的損失，做好承租人安置工作；

③因買賣、贈與或繼承而發生房屋所有權轉移的，如原租賃合約未到期，則原合約對承租人與新房主繼續有效；

④承租人為一人時，如其在租期內死亡，共同居住人可以要求合約繼續履行，辦理更名手續。明確了租賃期限，租賃雙方就都可以合理維權。

(4)明確租金水準。租金是承租人取得房屋租期內的使用、佔有、收益權利而支付給出租人的代價。租金的確定依房屋用途不同而不同，店舖租賃屬於工商用房租賃，其租金沒有統一規定，主要由出租人與承租人協商議定，遵從公平合理的原則。

租金的交付方式有多種，如按月交付、按季交付、按年交付、一次性交付等，在合約中必須註明，還要註明交付的具體日期。

(5)明確修繕責任。修繕房屋是出租人的一項義務，指的是出租人在整個出租期間對房屋有進行必要的修繕的義務。所謂必要即指：房屋必須使承租人能夠依雙方約定使用房屋並收益。修繕的範圍包括：房屋自身及其附屬設施，以及其他屬於出租人修繕範圍的

設備。明確修繕責任，直接關乎承租人的利益，必須在合約中仔細明確，否則承租人很容易遭受損失。

(6)明確變更與解除合約的條件。由於一些原因，租賃當事人會變更或解除合約，這時，對另一方就會造成一定損失，所以，簽訂合約時一定要註明變更與解除合約的條件，以免因不合理的變更或解除合約給自己造成損失。有下情形之一的，房屋租賃當事人可以變更或者解除租賃合約：

①符合法律規定或者合約約定可以變更或解除合約條款的；

②因不可抗力致使合約不能繼續履行的；

③當事人協調一致的。

(7)明確轉租責任。

(8)明確違約責任。

第 八 章

開幕和假期要促銷慶祝

1 一切準備就緒

1. 做好開業宣傳工作

漫長的等待之後，終於，一切都準備就緒了，該開業了。店舖的開業標誌著一個新的經濟實體的誕生，是店舖真正走向營業的第一步，對於店舖以後能否順利生存可以說是生死攸關。開業是件大喜事，開業也是件大難事，一定要仔細籌劃。

(1)尋找行銷途徑

大凡開業者，在開業前都會進行宣傳。大資本的是在電視報紙上進行宣傳，小資本的則是利用海報等手段進行，無論採取何種方式進行，其目的都是為了擴大宣傳產品的知名度，讓大眾瞭解它、接納它，並受其吸引來購買它。

一般的店舖開業，最常用的是採用海報和夾報式廣告進行。這種形式的宣傳，重在資訊性，所以其製作應注意從滿意性、獨特性

和可信性這三個方面來下手。廣告資訊，首先必須要讓顧客對該店感到滿意或感興趣；其次還必須突出本店特色，對顧客形成一定吸引力。另外，也還必須注意真實性，以便顧客信服，擴大知名度。

製作好的廣告要採用各種方式傳遞給大眾，但無論採用何種方式，都要斟酌選擇一種最有效的途徑。

也許一般人會認為，請幾個人將廣告發送給店舖附近的居民就可以了。如果你有這種觀念，那就未免太樂觀了，因為這些耗資不少的宣傳單，很可能被隨手棄置於垃圾桶中。

稍加注意一下就會發現，每天投送的報紙，常夾有各種宣傳單，但是這些宣傳單，多半未經細看，即遭丟棄的命運，所以說一張成本數元或十幾元的昂貴宣傳單，不一定能得顧客青睞，這樣，為使顧客能確實細看這些宣傳單，那麼對於顧客亦即消費大眾的選擇，就必須先仔細過濾。

不過，如果你店舖生意夠大的話，譬如，像松下電器那種大規模的公司，就可以不必對消費大眾進行過濾，而直接把所有的人都當作消費者進行宣傳，但作為一個中小型店舖來說，則不必如此浪費。即使效法其作風，也未必能收到效果，最重要地需先找出店舖的消費群體在那裏。如果店舖不能找出其消費群體，而只是將其開業宣傳單漫無目的的投遞，其效果一定不會好。

(2)尋找消費群體

消費群體的尋找有很多種方式，比較實用的一種方式是根據商圈理論來尋找消費群體，也即以自己的店為中心，將顧客加以分類。

先以自己的店舖為中心，畫出半徑約 500 米的圓，這個範圍內的居民，步行到商店，最多只需七八分鐘，是核心購買群。當然，這個距離應依店舖大小，店舖所售商品種類做彈性調整。如果店舖處在經濟繁華區，交通發達又沒有停車場，也可將消費群體的範圍

擴大。

除了這種以商圈原理尋找消費群體外，還可以再以農業、自營、上班族等職業類型為單位，標記顏色，則將更容易找出自己商店的顧客群。

總之，先要根據自己使用的各種分類方法，切實地統計出商圈內顧客的數目，並簡單地分析一下商圈內顧客是否會被廣告所吸引，然後再決定每個地方廣告的傳遞數量即可。

⑶以創意觀念吸引顧客

現代社會，廣告宣傳已成為一種大眾化的方式。那麼，你應該如何使你的宣傳單在眾多宣傳單中脫穎而出呢？廣告宣傳最重要的在於內容設計，想使顧客在眾多的宣傳、廣告中一眼看到自己的店舖的宣傳廣告，就必須多費一番功夫推出自己與眾不同的廣告單，例如在宣傳單上印上可愛的女孩照片，或設計一些精緻的插圖，或用具有強烈吸引力的語詞，或把宣傳單製成漂亮的手工品形狀等等。

2. 做好開業檢查工作

⑴檢查各種購買物品是否已到貨

一家店能順利開業，其需購買的東西是多而繁雜的。當初購買時，一項一項已做了詳細的記錄。臨近開業了，這時你就得對照單子檢查一下每類貨品是不是都到齊了。從大的設備如冷氣機、電腦、冷藏櫃、收銀機，到音響、保全、刷卡機乃至原子筆、名片、店章等小東西，還有第一次商品進貨等等都要仔細檢查，以免遺漏造成損失。

⑵檢查水、電、冷氣機等設備

檢查完各類物品的到貨情況後，接著還要檢查一些常用設備的功能狀況是否良好。這是很重要的一項工作。首先，應檢查店舖照明設備功能狀況。對大多數店舖來說，照明設備狀況都將直接影響

店舖的正常營業。

其次是檢查供水設備狀況。現在，各大樓都安裝有蓄水塔，住戶用水都先抽放在水塔中，因此要特別留意水質問題，以免發生水質不佳、有異味，影響顧客對本店印象。另外，還要檢查洗手間等處供水通道是否良好爭取萬無一失。

最後是檢查冷氣機、冰箱等設備狀況。第一要檢查冷、暖器是否正常，第二為換氣裝置是否良好，亦即檢查冷氣機系統。第三，檢查冰箱製冷系統。

⑶**檢查營業人員情況**

開業前還必須召集全體營業人員進行一次檢查，這個檢查包括以下幾個方面：

①檢查營業人員的禮儀是否到位，店舖營業人員禮儀服務其基本要求：

a.營業人員容貌端正，舉止大方，用語溫和，熱情週到。

b.營業人員上崗必須統一著裝，並佩戴號牌。號牌附有本人相片，以便用戶監督。

c.接待用戶時主動招呼，禮貌尊稱，「請」字當頭，「您」字領先。

d.在營業時間內，不准會私客，不准擅離崗位辦私事，不准聊天看書報，不准在櫃台上買小商販的東西，不准隔席呼喊。

②檢查營業人員的儀表儀容，營業人員形象是店舖形象的一部份，所以，店舖開業前必須先檢查一下營業人員的儀表和儀容，以達到統一、規範。

③檢查營業人員行為舉止。

④檢查營業人員業務用語能力。營業人員的業務用語即營業人員在營業時必須用的一些用語。例如顧客來櫃台結帳時，營業人員

除向其說「歡迎光臨」外，還須向顧客詢問其付費方式，並能清晰地向用戶覆述核實，並交待一些注意事項等等。營業人員業務用語根據行業的不同各有不同。在檢查時要靈活變動。

　　⑤檢查營業人員禮貌用語情況。營業人員應是公司的形象。店舖營業人員文明禮貌用語的使用情況將會較直接的反映店舖老闆的素質水準。在營業中，營業人員要禮貌接待，做到「來有迎聲，問有答聲，走有送聲」。

　　如顧客進門時，營業人員應主動招呼；如有詢問，應耐心介紹，證據要平和，回答要簡潔清楚；顧客有怨言時，要善於解釋，並儘量改正等等。

　　⑥禁止用語。在店舖營業中，顧客最反感營業人員的一些話是不能說的。例如：「我不知道」、「你愛告你去吧」、「隨你便」等等，這些話在營業人員中必須杜絕。

3.試營業

　　當一切都準備就緒後，是不是該準備擇期開業了呢？這根據每個店舖的不同情況有不同的做法，但最好的方法是：在正式開業之前先進行一段試營業期。

　　試營業期不需要太多的廣告。試營業的目的實際上是讓營業人員、店舖先進行一種檢驗。因為，對於初創者來說，往往只是剛剛學會了店面的操作技術而已，還是生手階段，各項技術都還不夠熟練。如果沒有一段試營業期，磨練一下自己的技術，讓整個店務的運作更熟悉，在開張的第一天，就大肆宣傳促銷，人潮固然是吸引了一大票，但是自己的技術不夠熟練，突然面對龐大人潮的陣仗，必然是手忙腳亂。一旦顧客覺得服務不好引起抱怨，想要顧客下次再來光顧，可就難上加難了。

　　所以，在正式開張之前，一定要先進行一定試營業期。

　　另外，通過試營業期，店舖老闆可以在營業過程中發現許多不足，並能接收到許多顧客的建議和批評；在試營業過程中，店舖可以一步一步調整，等到真正開業時，店舖也就由生手轉變為熟手了，遇到問題也更好處理一點了。

2 新店舖誕生

　　開業慶典是店舖向社會公眾的第一次亮相，其規模與氣氛代表一個企業的風範與實力。開業慶典不只是一個簡單的流程化的活動。通過開業慶典的舉行，告訴世人，一間新商舖從此誕生了。

1. 擇日

　　店舖要開張，首先肯定得選定一個開張的日子。對於日子的選擇，一般的人都比較重視，諸如：祭祀、求嗣、入學、冠帶、結婚、嫁娶、搬移、開市、修宅、安葬等等，不勝枚舉。古人的擇日，多從日子是否吉利方面入手。今天，我們選日子，則應從多方面入手。

　　日子要吉利。不管怎麼說，好日子好心情，事情也就易成就。所以，選擇開業的日子應考慮一下吉利與否。例如選擇 1998 年 5 月 18 日開業，選這個日子顯然是借了「我要發」的諧音，表達了負責人的一種願望，日子也夠吉利。大的店舖都注意這一點，我們為什麼不可以也考慮一下呢？當然，也不宜一味地追求吉利。吉利不吉利畢竟只是一種心情而已。

　　「擇」日開張，「擇」說明了其重要性。「擇」日開張要「擇」個適宜的日子，這就要充分考慮季節、氣候因素，例如說，你開家

火鍋店，最好選擇冬天時開業吧，可千萬別選在夏天，否則，你非吃不了兜著走。還有儘量避開太冷或太熱的日子。

2.開業慶典籌劃

如何走好開幕慶典這一步，尤為重要，在進行之前先必須好好籌劃一下。

(1)確定形式

開業慶典的形式多種多樣，可以採取正規的大會形式，如記者招待會形式、商品展覽會形式、宴會形式，也可以採取比較隨便的聯歡會形式、座談會形式和舞會形式等。這一點在開業慶典之前必須想好，否則難以安排工作。

(2)擬定出席典禮的賓客名單

賓客名單應該包括政府有關部門的負責人、社區各公眾團體的負責人、知名人士、社團代表、同行業代表、公共關係專家、新聞記者、顧客公眾代表及員工代表等。賓客名單將極大的反映該店舖的經濟實力和社會對其的關注度。

(3)寫請柬

請柬要寫清開業典禮的時間、地點、採取的形式等。寫好請柬後，要安排人按一定的要求提前將請柬送到出席人手中。一般要求請柬提前三天送達，最遲也要提前 12 小時送達。這也是應該計劃好的。

(4)擬定典禮流程和其他接待事宜

典禮的一般流程為：宣佈典禮開始，宣讀嘉賓名單，組織負責人致詞，嘉賓致賀詞，組織負責人致答謝詞，剪綵。每個流程都要事先安排，包括典禮總時間長度、每個流程時間長度、每個流程的出席人講話人等。在接待事宜的準備中，主要是安排負責簽到、接待、剪綵、放鞭炮以及負責攝影、錄影等有關的服務人員，並使他

們瞭解典禮流程，掌握自己的工作時機，及時到達崗位，以保證典禮流程有條不紊地進行。

⑸確定剪綵人員

剪綵人員一般是安排嘉賓中地位、名譽較高的人，有時也可安排顧客、觀眾為其剪綵。例如，有一家店舖開業之時，特邀兩位前來觀看的顧客剪綵，稱之為「上帝剪綵」，借此表示店舖對消費者的尊重和為顧客服務的決心和熱情，被傳播媒介廣為報導，在當地公眾中亦傳為美談。很快提高了知名度。

⑹確定致詞人名單

致詞人包括兩類：一類為致賀詞人。一般來說，致賀詞的賓客應有一定的代表性，即代表組織的某一類或某幾類公眾，如政府公眾的代表、社區公眾的代表等；另一類為致答謝詞的一般為本店舖的老闆或負責人或其他人。賀詞與答謝詞都要言簡意賅，起到溝通情感、增強友誼的作用。

⑺籌劃一些必要的助興節目

店舖開業是一件大喜事，應該安排一些適當的助興節目以增強氣氛。傳統的助興節目有鑼鼓、舞獅、禮花鞭炮等。還可以安排一些歌舞表演等節目。助興節目最好由本店舖人員編演，以增強員工的職業自豪感，如果條件允許，也可以向外邀請一些歌星、名演員來演出。

⑻參觀商店

開業典禮的基本流程結束後，可以安排一些後續節目。譬如，可以組織賓客參觀本店舖的工作現場，如店舖內外設施、服務條件、商品陳列等等。這是讓上級、同行及社會公眾瞭解店舖的好機會，也是自我展示、傳遞資訊的有效途徑。

(9)廣泛徵集意見

廣泛徵集意見應是開業典禮中的一部份，這項工作可以通過座談或留言簿的方式進行。通過廣泛地徵求賓客的意見和建議，並儘量改善，可以使店舖逐漸走向完美。

(10)選擇紀念品

典禮過後，店舖一般應給來賓頒發紀念品，所以在籌劃時，紀念品的選擇也是其中的一項內容。紀念品可以保證開業典禮活動產生持久的效果，並成為有用的傳播手段。因此，選擇的紀念品最好應能代表本店舖的經營特色。如通訊錄本——附以必要的店舖情況介紹和圖片；影集——裝上具有店舖特色的彩色照片等。

開業典禮要求氣氛熱烈、隆重，形式豐富多彩，內容莊重大方，富有影響力和感召力。在籌劃過程中要特別注意這一點。

3. 開業慶典中的禮儀

開業典禮是店舖的成立、開業之際向廣大公眾的首次公開亮相，開業慶典的成敗，關係到店舖以後的形象和營業額，至關重要。開業典禮要舉辦成功，必須做好其間的禮儀工作。

(1)開業慶典要舉辦成功，環境很重要

開業慶典應盡力渲染典禮熱烈、隆重的氣氛。開業慶典會場場地要寬敞，室內或露天均可。主席台前要懸掛橫幅，寫明典禮名稱。會場四週插放彩旗，還可配有鼓樂隊助興。整個典禮、慶典活動中，要儘量讓店舖給公眾留下深刻的印象；如可以將代表店舖形象的標識做成大型模型，放置在會場醒目之處；在會場四週的彩旗上標識上店舖形象；在發放的紀念品上打上識別字號等。

(2)是禮儀服務工作方面

要培訓協助剪綵的禮儀小姐，準備彩球、剪刀和托盤。要安排好接待人員，因為前來參加典禮、慶典活動的，大多是公司的重要

人物。接待人員應熱情待客，尊重來賓，主動與來賓溝通，積極宣傳公司。在會場入口處，應設置簽名冊，當客人進場時，請客人簽名，並發放典禮流程表。店舖的重要貴賓到達時，負責人必須親自迎客等等。

(3)瞭解典禮每個流程中應注意的禮節

開業慶典的一般流程為：典禮開始；宣讀重要嘉賓名單；領導或知名人士致賀詞；店舖主要負責人致答詞；剪綵及揭幕，以及即興文藝節目或企業參觀、宴請等。環節不同，其中對禮節的要求也不同，要先仔細瞭解清楚，以免鬧成笑話。

開業慶典通常由店舖老闆主持。宣讀重要嘉賓名單時，順序為：先宣讀前來出席的重要領導人名單，再宣讀知名人士名單，然後宣讀致賀電、致賀函的單位或個人名單。

致賀詞的一般為其他單位的領導人或知名人士。答詞一般由店舖老闆宣讀。無論致賀詞或答詞，都應簡潔易懂、熱情洋溢。致賀詞應有祝願之辭，答詞應有感謝之語。

店舖主要負責人致答詞之後是店舖開業剪綵。剪綵人由參加典禮的人員中身份最高的領導或知名人士或其他特殊人物擔任。剪綵時，剪綵人站在台前中央；兩位協助剪綵的禮儀小姐應側身、面對剪綵人，站在剪綵人兩側，將彩帶拉直，把彩球托起並對準剪綵人；第三位協助剪綵的禮儀小姐立於剪綵人身後，用託盤將剪刀遞上；台上其餘人員均應立於剪綵人身後，面向台下公眾呈橫向排列。剪綵人應神態莊重、面帶微笑、聚精會神地將彩帶一刀剪斷。此時，台上、台下的人們應一同鼓掌，並可安排敲鑼打鼓、鳴放鞭炮等以示祝賀。

典禮基本流程結束後還可組織嘉賓參觀，舉行文藝演出，頒發紀念品，徵集意見、建議等。

4.再次核對明天的工作

擬定了日期、決定了開業慶典事宜，就等著明天開業了。第一次開店的人，雖然自認為一切都已準備週全了，但仍免不了有疏漏的情況出現。因此必須把第二天的銷售及工作流程，再做最後的核對。核對的內容包括：

(1)**陳列物品**

①再次核對一下店舖內的陳列架、展示櫃、櫥窗等，是否已打掃乾淨、玻璃上有無灰土，商品、設備擺放是否整齊等，這些對店舖形象影響都非常之大。

②核對商品的標價、標籤是否擺置在最好的位置，顧客是否能一目了然。商品陳列分類是否正確，顏色搭配是否合理，這都是需要考慮核對的問題。

(2)**儀容、儀表、再次檢查**

核對一下營業人員的儀容儀表是否到位，另外還考察一下營業人員的應對能力。仔細思考一下明天可能遇到的顧客提問，並盡力想好應對之詞。

(3)**店內外環境**

注意一下店門、店內玻璃是否乾淨，地板潔淨度是否達標，店外會場佈置是否合理等等。

(4)**仔細思考一下明天可能遇到的意外事故**

開業是一件很盛大、很繁瑣的事情，肯定會遇上各種意外事故。在開業前，最好仔細思考一下各種可能發生的情況，並作好應急措施。例如開業時顧客太多怎麼辦等等。

開業前要核對的內容很多，作為一個成功的店舖老闆，最好把明天開業流程在自己頭腦中冷靜地過一遍，在腦中模擬演出一遍，逐項思考，逐件解決，防患於未然。

3 新店開業的促銷

　　促銷對於企業是多麼重要，而在所有促銷種類中，新店開業促銷是所有促銷活動中最重要的，因為它只有一次，而且它是與潛在顧客的第一次接觸，顧客對商店的商品、價格和服務等的印象，將會影響其日後是否會再度光臨；一個成功的新店開業促銷，對店舖以後的生意影響是無可估量的，所以開業促銷是必要的。

1. 開幕促銷方式

　　促銷的概念是採取各種方式，手段來增加商品的銷售機會或使商家獲取更大的利益，所以，促銷可以採取多種方式。一般說來有：

　　(1)折價促銷，即利用商品的降價銷售來吸引消費者的購買；

　　(2)限時搶購，即在特定時段內提供優惠商品，刺激消費者購買；

　　(3)有獎促銷，購物滿一定金額，即可獲得獎券，進行立即兌獎或指定時間參加公開抽獎；

　　(4)免費試用，現場提供免費樣品供消費者使用；

　　(5)面對面銷售，營業員直接與顧客面對面進行銷售商品的活動，如鮮魚、肉品、蔬果類等生鮮商品；

　　(6)贈品促銷，消費者免費或付某些較小的代價即可獲得特定物品；

　　(7)折扣券促銷，顧客憑藉商場發行的優惠券購物，可享受一定的折讓金額；

　　(8)競賽促銷，商場提供獎品，鼓勵顧客參加特定的競賽活動以

吸引購買人群，如卡拉 OK 大賽等；

(9)主題事件促銷，配合社會或商圈內的特定活動而實施一些相關活動；

(10)其他促銷方式，如會員顧客購物集體優惠活動、適量包裝促銷等。

開業促銷可以適當選擇其中幾種，以增加顧客興趣，吸引大量顧客。但必須注意的是，店舖應該對整個促銷計劃有個整體規劃；促銷商品必須有足夠的存貨，以免缺貨造成顧客不滿；促銷價格要適度，不可違反競爭法等等。如果不注意這些方面，開業促銷就很有可能造成混亂和不可收拾的場面。

2.開業慶典策劃方案

開業慶典意義重大,內容繁多,在進行前最好先制定一個方案,忙而不亂，繁而不雜， 開業慶典策劃方案包括以下內容：

(1)開業背景與意義。

(2)開業慶典主題。開業慶典主題即本次慶典的主題,可以有正、副標題。

(3)開業慶典時間。

××年××月××日上午 10：00～12：00。

(4)開業慶典地點。

(5)開業慶典要點。

(6)開業慶典目的。

(7)開業慶典格調。

(8)活動定位。

(9)活動內容。

　①有獎促銷；

　②開業氣氛；

③樂隊演奏；

④開幕致詞；

⑤揭幕儀式；

⑥醒獅表演；

⑦歌舞表演等。

⑽慶典流程。慶典流程包括迎接嘉賓，主持人介紹嘉賓、主辦方領導致開幕詞，領導、來賓致賀詞、主辦方代表致答詞、剪綵、助興節目、組織參觀、頒發紀念品等，要合理安排好。

⑾現場佈置。

下列是××鞋業城開業慶典現場佈置策劃書，可供參考。

①鞋業城門口放一個空飄的特寫大鞋模型；

②在鞋業城兩個大門兩側各置中式花籃 15 個，後側置中式花籃 20 個，花籃飄帶的一條寫上「熱烈慶祝××鞋城開業」字樣，另一條則寫上慶賀方的名稱。

③開業背景板設計：

開業背景板包括圖案和文字兩部份。背景板中央為一隻大鞋特寫，文字為「熱烈慶祝××鞋城開業」、「熱烈歡迎各界朋友惠顧」。

④鞋業城前兩邊放置音響；

⑤兩側上空各放置空飄氣球 2 個；

⑥活動中心佈置

上掛條幅，條幅顏色為紅色，上用黃字寫上「××鞋業城開業慶典儀式」；下鋪紅色地毯，地毯規格待定；兩側擺放中式大號花籃，一直延伸至大門口，花籃上寫有祝賀的單位名稱的飄帶，兩邊各 30 個，共 60 個。

⑦鞋業城兩側上空放置 8 個升空燈籠柱氣球，下面帶有標語條幅（紅底黃字），內容特定。

⑧鞋業城門口處也可擺放一條長橫幅，標題內容待定，以增添現場氣氛；兩側各放一個可以左右搖擺的 5m 高空中舞星，寓意：歡迎光臨，營造一個生動的迎賓場面。

⑨開業當天，屋頂可做臨時的開業慶典宣傳，以彌補廣告宣傳方面的不足和漏洞；規格為 3～20m，約 8 塊，標題為「××鞋業城現隆重開業，歡迎各經銷商加盟，成為我們的一員，電話：×××××××××」。

⑩鞋業城附近馬路週圍可插上五色彩旗，約 300 面，內容為「××鞋業城隆重開業」。另外還可放置 PVC 氣球，營造慶典氣氛。

⑪××鞋業城內通道兩側，每側各放置中式花籃 36 個，打造一條「花路」，讓開業當天的參觀者如在花海中行走，讓××鞋城在他們的心中留下美好的印象。

⑫通道上方依次掛 4 條橫幅，規格為寬 0.75m，長 8m，條幅內容依次為：××鞋業城歡迎您；讓我們一起來××鞋業城；讓生活多些情趣；天下名鞋，盡在××鞋業城。用簡單的語言表達××鞋業城對自己的尊重，對客戶的真誠，對服務於大眾生活的那份熾熱的心情。

⑫累計活動所需物品。

⑬注意事項。事項包括各項物品的落實和施工步驟、時間。另外，還有各項工作人員的安排和到位時間。

⑭活動過程。

活動過程包括活動前奏和活動的正式開始及完成。在策劃方案中要一步步依順序安排好，並將每個步驟的時間分配好。

⑮活動參與人員。

⑯活動分工。

⑰活動資金預算。

助你財源廣進的五大開店法則

　　經過辛苦的籌備期之後，創業的夢想在開張大吉的那一刻實現了，但是創業之路到此才成功一半，剩下的一半就要想辦法維持生意興隆，才能永續經營下去。因此，想要成為一家有口皆碑的百年老店，如何在開店後吸引顧客上門、維持生意興隆，就要靠經營者動腦筋，想辦法了。

　　一般人創業後會面臨的問題，不外乎是如何開源和如何節流，以創造更多利潤。大致上說來，開源就是想辦法吸引客人上門，不過在「攘外的同時，也要安內」並培訓員工，以免因人才的快速流動而影響生意；節流當然就是以少量的資源創造最大的利潤。

　　在創業初期，如何創造亮麗的業績就牽涉到客戶數量的多寡，如果能擁有一群忠實顧客，這家店就能屹立不搖。這就好像偶像歌星，到那裏都有一大群不斷增加的忠實 fans 支持，並購買 VCD、海報等，他們才會愈來愈紅，收入也才能跟著水漲船高。因此，忠實的顧客是利潤的來源，創業主應瞭解客戶的種類、掌握新舊客戶，同時思考如何爭取客戶、滿足客戶。在心態上，創業主應主動、真誠、關懷顧客，並與他們建立情誼，你的商店才能具有魅力。

　　店主想要賺錢，就必須讓商店的賣場、商品、服務等，魅力四射，並搭配促銷活動才能成功，遵循下列開店法則，會讓你旗開得勝。

1. 維護賣場魅力

開店前，店主都會針對賣場做一番規劃，儘量呈現出最吸引人的風貌，不過，開店後，不能對這一方面就掉以輕心，應時時維護它，秉承「3S 法則」——Something special、Something different、Something new，才能使你的賣場永遠抓住顧客的視線。

2. 追求商品魅力

現在的消費者都喜歡「便宜、量大、滿意」的商品，除非是品牌的支持者，否則同等的商品除了要比價位、性質外，還要比誰的功能多、效果好，未來不管是誰的天下，有一點是可以確定的——「更完美的服務」，也就是重「質」重「量」，再加上適當的「精神服務」。

3. 提高服務魅力

賣場、商品的魅力有了，再來是提高服務魅力，也就是員工要讓客人覺得店裏面的每個人都很友善，上門消費是種享受。

4. 定期舉辦促銷

促銷往往是最直接、最有效的提高業績的方式，尤其在看似景氣、消費卻下滑的內冷外熱之時，促銷更顯重要，它可增加新鮮感。

5. 如何留住員工的心

員工的良莠、穩定性，對店鋪的影響很大，尤其是在創業初期，因此，如何抓住員工的心，就成為當小老闆的必修課程。有些員工並不是非常在意領多少錢，而是在乎有沒有成長，如果老闆只忙於賺錢，而忽略員工的感受，員工的心力就會大減。想要留住員工的心當然就要激發員工工作的鬥志，讓員工覺得滿足感，他們就會努力工作，力求有所表現。

第 九 章

營造良好的店面銷售環境

1 店鋪先要定位

開店賺錢的途徑就是要滿足顧客的需求，以使顧客購買自己的商品或服務。以餐廳開店為例，要想成功，就必須準確定位，有自己的經營特色，才能投資有道。

1. 要有自己的特色

目前，餐飲市場上的小餐廳，從菜肴上看，多數是川菜、湘菜、粵菜等。餐廳要想盈利就要有自己的招牌菜，也就是自己的主力產品，以創造顧客來店的理由。

猶如孩子順利降生，如何養育學問很大，考慮不週孩子也可能夭折。因為，無論是什麼層次的消費者在口味上都有「喜新厭舊」的本能，只要味道好，越是有自己的特色，越能吸引絡繹不絕的顧客，使餐廳長盛不衰。

例如一家主營「煲仔飯」和「蒸飯」的餐廳老闆認為：「投資餐

廳必須要有自己的『招牌菜』，我店的特色就是『荷葉蒸飯』，因為味道獨特，所以生意一直很火。」

2.先鎖定消費群體

一般小餐廳的規模都不算大，如果定位準確，基本沒有什麼風險。

位於某大學城一家經營面積不足 30 平方米的餐廳，定位的目標消費群體就是大學城的學生。該店老闆陳女士的投資理念是：方便學生消費群。她覺得，學生在學校是不可能自己做飯的，所以在大學週圍開餐廳基本不用愁客源，只要是速食、小吃的品種多一些，學生一放學就會前來光顧。

陳女士還頗有體會地說：「每天一到吃飯時間，我恨不得店面再大上幾十平方米。顧客排隊吃飯是常有的事，倒不是因為我的飯菜特別好吃，主要是比較符合學生的口味和消費水準。如速食一般是 10 元一份，並可以在幾個炒菜中任意選擇，而且分量也足。」

投資小餐廳是小本生意，老闆靠的就是精打細算。採購、收銀都是自己一個人忙活，還有很多瑣碎的事情也得自己操心，所以生意一直不錯。

案例中的餐廳附近也有不少餐廳，經營品種大多是包子、餃子、餛飩面等方便快捷的食品，這非常符合學生的飲食需求。一家餛飩面店的老闆透露：「來這兒吃飯的基本都是學生，客源比較穩定。」

2 店舖的眼睛——店名

　　店舖的名號是店舖外觀形象設計的第一印象，好比店舖的眼睛，所以，在店舖進行形象設計之前，必定要先給店舖取一個好名。首先，店舖的名稱就同一個人的名字一樣，有一個好的名字會對顧客的心理產生微妙的影響從而影響顧客的入店率。一個好聽、好記、朗朗上口的名字無論如何也比一個晦澀難懂的名字更容易激起人們的入店慾望，從而增加其購買率。其次，一個好的店名就像企業的第一推銷員，它的推銷作用有時比一個好推銷員還重要。有句俗話說：「不怕生錯相，就怕取錯名」。可見名字在人們心目中的地位。

　　一個不同凡響、創意獨到的店舖名稱經常能帶來十分突出的效果，而一個用字生澀、名不副實的店名往往會招致消費者反感，給店舖經營帶來不良影響。

　　店舖的名稱也同樣會對店舖的生意產生較大的影響，尤其是因其音、形、義而給消費者的第一印象更顯得重要。優美的稱謂很容易帶給人良好的印象，反之，若名字取得陰陽怪氣的，不免給人留下不良印象。因為這樣的誤會令店舖莫名其妙承受不平等待遇的例子並不鮮見，其教訓也是十分深刻的。由此看來，對於將開設一家店舖的業者而言，命名這項課題舉足輕重、意義深遠，因此，引經據典地取個好名才是創業之上策！

　　一個好的店舖命名通常音韻和諧、字義文雅、取詞恰當，光聽其名就能使人產生親切、祥和的感受。例如「美食軒」這個名字。

作為一家經營餐飲的店鋪，往往會由於其名稱的精緻、文雅而令消費者產生一個良好的印象。只要鋪名取得好記易懂、恰如其分，往往在開業之初便能吸引眾多顧客，取得「開門紅」。

因此，給店鋪取一個好名字是店鋪實物形象設計的第一步，它直接關係著顧客對店鋪的第一印象，關係著店鋪對潛在顧客的吸引力。

1. 好名字的魅力無窮

一個好的名字足以吸引大量的顧客，也能為店鋪帶來巨大的財運。為了一個店名，不少人挖空了心思，追求的就是一個吉利。從形式上講，店名本身與經營並無多大聯繫。然而，店名作為刺激顧客的第一印象，在與人的溝通中，往往因店名給顧客的心理產生的附加價值而刺激銷售，影響經營。

商場上成功的名人大都講究名字，日本大富豪藤田田就是如此。藤田田始終認為，名中有財，甚至連給兒子起名也都非常講究，逐字推敲。他為大兒子起名叫「元」，元即開始，在日文中，「元」的發音是與英文的「將軍」同音，這樣藤田元就成了「藤田將軍」，與外國人打交道便多了一份尊貴。二兒子則起名叫「完」，完即結束與元應，其日文音似英文的「國王」。這樣藤田完便成了「藤田國王」。看到此我們不能不佩服藤田田取名的巧妙。

在商界中，他們更是重視名字，名字用在商店上事實上已經成為一個品牌、一個商標。好名字叫得響，吉利吉祥，只要一被人接受，身價肯定就會高。對於顧客來說，他們看中的雖不是名字，而是商品，但名號對他們能夠產生一種無形的吸引力，可以試想一下，兩家裝潢等完全一樣的店鋪用兩個完全不同的名號，如一家為「一口鮮」，一家為「飯店」，其效果會有什麼不同呢？

日本索尼可謂是家喻戶曉的名牌。然而，為了「SONY」四

個字母，盛田昭夫是費盡了週折。

　　剛開始時，盛田昭夫為自己公司起名為「東京通訊工業公司」，普通得很。和外國人做生意時，也特別地不順心，影響了不少生意。盛田昭夫下決心要為公司起一個響亮且有象徵意義的名字。他先提出了許多方案，又查閱了大量的詞典和資料，便覺得「Sonny」一詞，即好聽，其發音又與日文「生意」一詞相近。而且，在當時，「Sonny」一詞頗為流行，意即「可愛的小夥子」，使人感到樂觀、開朗。盛田昭夫於是打算確定「Sonny」為公司名稱。在確定過程中，盛田昭夫又考慮到他的公司的發展，覺得公司名稱應具有全球性才能在全球發展。而「Sonny」一詞用羅馬字母拼讀的發音與日文「損」同義，顯然犯了大忌。無奈之中，他乾脆去掉了一個「n」，即當今全球知名「SONY」品牌。

　　今天大家都熟悉的「柯達」，其命名也耗費了不少精力。其企業負責人把有關公關、廣告人員等的數千個名詞譯成各國文字，然後反覆篩選，琢磨比較，又灌入唱片加以測度，才最後選定了「KODAK」。「可口可樂」早期進入中國時，其中文命名也查閱了數以萬計的漢語、詞條，最後才選定英語「COCA—COLA」譯為「可口可樂」。

　　由此可見名稱的重要性，大企業尚且一絲不苟，初創業者更不可信手拈來，企業名稱畢竟不同於人的名字。它不僅是個符號，更有著廣闊的外延。因為它會有意無意地透露著店舖的形象。

　　好的名字，是引起消費者好奇心和把店舖牌子打響的關鍵。一些老字型大小就是我們的榜樣。這些老字型大小是吸引顧客的金字招牌，如：榮寶齋、全聚德、同仁堂等。

　　當然，並非所有的生意人都樂於此道，也有很多人認為是多此一舉，瞎費功夫。還有的人認為是故弄玄虛，更有甚者認為，不如

把精力用在其他促銷措施上可能更能出成績。然而，事實上並不是這樣，商場上許多活生生的例子就足以證明這一點。

2.讓你的店名流芳百年

中外經營者為公司起個好的名字，都曾費盡了週折，可見，名字並不是那麼好取的。一個好的名字，一般來說，必須符合下列原則：

(1)店舖命名要易讀、易記

易讀、易見原則是對店舖名字的最根本的要求，店名只有易讀、易記，才能高效地發揮它的識別功能和傳播功能。那麼，什麼樣的店名才是易讀易記的店名呢？

①簡潔。好的店名應該是簡潔明快，易於和消費者進行資訊交流的。名字要短，但又要含義豐富，能引起顧客許多豐富的遐想。稍加注意一點就可以發現，絕大多數知名度較高的店舖名都是非常簡潔的，它多為 2～3 個音節特別能讓顧客記住，並深入人心。

②獨特。獨特的東西才是最易引人注意的，而店舖的名稱就是為了引人注意。所以，名稱應具備獨特的個性，力戒雷同，避免與其他店名混淆。

③別致。這是指名稱要有新鮮感，趕上時代潮流，創造新概念，如柯達(KODAK)一詞在英文字典裏根本查不到，本身也沒有任何含義，但從語言學來說，「K」音如同「P」音一樣，能夠給人留下深刻的印象，同時「K」字的圖案標誌新穎獨特，顧客一看到它，就會對它留下印象，這就更進一步地加深了消費者對「KODAK」的記憶。

④響亮，有氣魄。店名應易於上口，易於發音，這樣叫起來才響亮。難發音或音韻不好的字，都不宜用作名稱。同樣地，店舖取名時要有氣魄，起點要高。其名字要具備強烈的衝擊和濃厚的感情色彩，給人以震撼感。

(2)要反映店舖經營範圍原則

店名應該與店舖所經營品種或是經營品種某種性能或用途有關。與此矛盾的是，名稱越是描述某一類產品，那麼這個名稱就越難向其他產品上延伸。致使很多店舖在命名時，不敢過分暗示經營產品的種類或屬性。這種做法有一定合理性，但必須掌握一個「度」；過多的強調經營種類或屬性，會使店名失去特色，也不利店舖以後的發展；但不涉及經營種類或屬性，又會使顧客不知店名的含義。

(3)店名要引人遐想

好的店名一般都有一定的寓意。所以，給店舖命名時一定要考慮其蘊藏的深意，要讓消費者從店名中得到許多愉快的遐想。

(4)店名與外部標誌物一致原則

出名一點的產品都有自己的標誌，如可口可樂的紅白標識、萬寶路的英文字體、麥當勞醒目的黃色「M」以及賓士的三叉星環等這些標誌物一般都很引人注目、深入人心。

標識物是店舖經營者命名的重要目標，需要與店名聯繫起來一起考慮。當店舖店名能夠刺激和維持店舖標識物的識別功能時，店舖的整體效果就加強了。例如當人們聽到蘋果牌的牛仔服時，立刻就會想起那只明亮的能給人帶來好運的蘋果，這樣，「蘋果」作為銷售蘋果牌牛仔服的店舖的店名就會給消費者留下根深蒂固的印象。

(5)吻合顧客心理原則

店舖是面對所有消費者的，店名也一樣，所以其店名要具有全體性。「全體」這個概念中，既有瞭解該產品的，也有不瞭解的。瞭解該產品的人，聽到店名，可能覺得合適，並可以產生許多愉快的聯想。因為他們總是從一定的背景出發，根據某些他們偏愛的店舖特點來考慮該店舖。但是，一個以前對它一無所知的人第一次接觸到這個名字，他會產生怎樣的心理反應呢？這就要求店舖的店名要

適應市場，更具體地說要適合該市場上消費者的文化價值觀念。店舖店名不僅要適應目前目標市場的文化價值觀念，而且也要適應潛在市場的文化價值觀念。

⑥受法律保護原則

一個好的店名是來之不易的。好的店名一定要爭取得到法律保護。要使店舖店名受到法律保護，必須注意以下兩點：

①檢查該店名是否有侵權行為

店名確定後，店舖經營者要仔細考察一下店名是否有侵權行為。如果有，則必須重新命名。美國有一種叫「伊莉莎白·泰勒熱情」專賣香水的連鎖店，銷售業績非常好，但其連鎖專賣店發展到第 55 家時，就被迫停賣。因為它的一家競爭者的產品叫「熱情香水」，對方向法院起訴。最後「伊莉莎白·泰勒熱情」連鎖店不得不改弦易張，重新命名，原先的形象也因此流失大半。

②檢查該店名是否能註冊

有的店名雖然不構成侵權行為，因為註冊登記的一些特殊規定，仍無法註冊，難以得到法律的有效保護。如 1915 年以前德國商標法規定僅有數字內容的商店名稱是不可能註冊登記的。所以，店舖經營者在為店舖命名時，應仔細瞭解一下店名註冊登記的法規常識，爭取讓辛苦得來的店名享受到法律的保護。

3.取一個能提升品位的店名

店名是一種文化，也是一座城市的標誌之一。街市上琳琅滿目的各類店舖的名字，既是店舖的門面，又星羅棋佈地組合在一起構成了城市的門面。取一個能提升品位的店名，才能增強店舖的吸引力。

(1)起個風趣典雅的店名

幽默趣味式的命名可以刺激顧客疲軟的購買慾。現代人的壓力

那麼大，的確應該在生活中多來點幽默來調和緊張的情緒！在命名中我們應該學會用風趣、幽默切入市場。像有一家泡沫紅茶店的店名是「不清楚」。這四個字別有一番趣味，意思是芸芸眾生皆迷迷糊糊過日子，還是指泡沫紅茶晃起來的朦朧感？所以無從看起，連店主也「不清楚」呢！

⑵起個洋店名

洋為中用的好處，就是增加新奇感，迎合了消費者的獵奇心理和標新立異的心理趨向。洋為中用的店名，還能提升店鋪的品位。

⑶起個底蘊豐富的店名

商家在給自己的店鋪命名時，如果能夠注入特定的文化成分，使其具有一定的文化內涵、不僅可以提高自己店鋪的檔次和品位，而且能引起更多顧客的注意。

例如，「榮寶齋」就是典型的例子。這個名字，十足體現了傳統文化的特點。好的店名，有文化底蘊，使消費者感到放心惬意。如還有「樓外樓」、「天然居」、「居士林」、「萃華樓」之類命名。

⑷引經據典聲名遠揚

借用典故給商鋪企業命名，也是一種技巧。詩詞典故本身蘊含著很高的文化和美學價值，能夠使人產生豐富的聯想，而且好記，所以不失為企業商號取名的好素材。用一些雅字來取名，往往會引起知識份子和上層人物的興趣，而這部份人又極具有宣傳力，透過他們的口可將店鋪的聲名傳播四方，以這種方式命名的店鋪很多。

3　有特色的店面獨特設計

店面設計的主要目標是吸引各種類型的過往顧客停下腳步，仔細觀望，吸引他們進店購買。那些沒有任何特色的店面，一般都不會引起消費者的注意，生意也一定不會好。因此店面的設計應該新穎別致，具有獨特風格。

店面設計的特色，讓顧客獲得了另類的體驗，滿足了顧客的需要，也就緊緊地抓住了顧客的心，獲得了顧客的忠誠。一般來說，創業開店者可從以下方面體現體現店面的特色：

1. 店名與商標

店鋪的形象與名稱和商標密切相關。近年來，許多人在選擇店名時陷入了一種誤解，片面追求新穎和時髦，盲目跟風，而忽視店名與商店本身的內在聯繫，給人不倫不類的感覺，諸如「大哥大」、「富豪」、「紳士」、「大款」等名稱，讓人感到茫然。

店名要有特色，但不能離題太遠，通過店名能使顧客知道你所經營的商品是什麼。也就是說，食品店的名稱應像食品店，服裝店的名稱應像服裝店等。啟用店名的目的在於使人清楚明白，故弄玄虛只會招致顧客的反感。例如，國產品專賣商店沒有必要取個外國店名，而且店名還要考慮字體的選擇和完整。走到街頭，我們常常會看到一些很好的店名，卻用歪歪扭扭的字體，嵌在門前的招牌上，錯別字、繁體字屢見不鮮，甚至還用些生拼硬造出來的文字。好的店名應具備三大特徵：一是容易發音，容易記憶；二是能突顯商店

的營業性質；三是能給人留下深刻的印象。

2. 獨特的標誌

近年來，標誌越來越多地被店鋪採用，並已從平面走向立體，從靜態走向動態，活動於商店門前，吸引著過往行人。例如美國的很多速食店，為了強調店鋪的個性，在入口處設置了大型英文字母、人物或動物塑像，伴以輕鬆、愉快的廣告音樂，受到顧客的喜愛。

日本品川區的一家茶葉及海苔店，在店內設置了一個高約一米的人偶，其造型與該店老闆一模一樣，只是加上了漫畫式的誇張，它每天都在店門前和藹可親地與路人打招呼，效果相當好。

3. 櫥窗

櫥窗是店鋪的「眼睛」，店面這張臉是否迷人，這只「眼睛」具有舉足輕重的作用。櫥窗是一種藝術的表現，是吸引顧客的重要手段。走在任何一個商業之都的商業街，都有許多人在櫥窗前觀望、欣賞，像是在欣賞一幅傳世名畫。在巴黎香榭麗舍大道上，欣賞各家店鋪的櫥窗，還是一項非常受歡迎的旅遊項目呢！

因此，店鋪不可沒有櫥窗，不可輕視櫥窗的佈置與陳列。事實證明，某些店鋪將櫥窗出租給個人擺攤是極為愚蠢的事。

店鋪櫥窗設計要遵守三個原則：一是以別出心裁的設計吸引顧客，切忌平面化，努力追求動感和文化藝術色彩；二是可通過一些生活化場景使顧客感到親切自然，進而產生共鳴；三是努力給顧客留下深刻的印象，通過本店所經營的櫥窗巧妙的展示，使顧客過目不忘，印象深刻。

當然，店面設計是一個系統工程，包括設計店面招牌、路口小招牌、櫥窗、遮陽篷、大門、燈光照明、牆面的材料與顏色等許多方面。在體現個性和特色的時候，也要使各個方面互相協調，統一籌劃，這樣才能在體現特色的前提下實現整體風格的完美。

如何設計店舖的招牌

店舖外觀設計與裝潢最主要的是招牌、櫥窗和店門三方面。

確定的店舖名稱，也就確定了店舖風格，下一步，就是對店舖進行整體設計了，店舖整體設計的第一步即對店舖外觀的設計，店舖外觀主要包括店舖所在位置的景觀、建築體、招牌、門面等。店舖的外觀有宣傳店舖，招徠顧客的作用。在整體外觀設計上，要極力突出店舖的特色，以圖形、色彩等方式來塑造一個具有巨大吸引力的外觀。

設計店舖的外觀時，突出店舖的主題是非常重要的，它可以讓顧客直接瞭解店舖的性質、經營的商品、店舖的經營風格，從而促使顧客入店購物。

成功的店舖，必定有個吸引人的外在景觀，而店舖的招牌往往就是吸引顧客的第一個誘因。店舖招牌是一種十分重要的宣傳工具。設計並有效運用好的招牌是一種有效招攬顧客的藝術。古代的店舖招牌往往是惟一的室外裝潢，招牌上的寫的字型大小便是店舖的名字並代表出售某種品質的商品。這一源遠流長的傳統至今不衰，許多老字型大小的店舖仍願意在門前懸掛名人題寫店名的匾額作為招牌。

招牌是一家店舖信譽的象徵，也是其外部最具代表性的裝飾，它可以讓顧客認准招牌，欣然惠顧。門面大的店舖一般會將招牌設計得冠冕堂皇，但門面小的店舖也不應忽視招牌，小小招牌對於小

店舖來說發揮的作用也許更大。

1. 多樣化的招牌

在今天，招牌已不再只是用來題寫店名，它已經朝著廣告化品牌化的方向發展，而且店舖外觀幾乎所有的部份都能被用來安置招牌。這些，都使得招牌的種類日漸多樣。

目前比較流行的店舖招牌主要有以下幾種：

⑴屋頂招牌

這種形式是將招牌置於屋頂。如「麥當勞」店的「M」標誌就是置於屋頂，其目的是為了使消費者從遠處就能一眼看到。

⑵標誌杆招牌

它是用水泥杆或長鋼管矗立在店舖門前，以顯示店舖的存在。這種招牌常常用於汽車道或鐵路兩旁的店舖，以便遠遠地吸引顧客的注意，達到宣傳的效果。標誌杆招牌主要是為了告訴來往行人，店舖的名號和基本服務內容是什麼，因此醒目與簡潔是首要考慮的問題。

⑶欄架招牌

這種招牌多安置在店舖門店的正面，用以表示店名、商品名、行業名、商標等，是所有招牌中最重要的一種，所以應儘量使它顯眼。有條件的可考慮輔助設備，如設計用投光照明、暗藏燈照明或霓虹燈等來使其更引人注目。

⑷側翼招牌

這種招牌用於門前道路狹窄的店舖，有很好的宣傳效果，但要注意高度適中，太低易被載貨車輛撞壞，太高則不易觀看。側翼招牌兩面都可作宣傳。所以，可以一面寫上代表性商品的名稱或主要服務項目，另一面寫上具有吸引力的店名。側翼招牌也稱突出招牌。

⑸路邊招牌

這是一種放在店前人行道上的招牌，對來往行人的吸引力很大，不僅可以用來表示店名，而且可以告示營業時間，以及店內出售的新商品和打折商品的情況。這種招牌由於放在過路行人會注意的地點，所以具有很好的宣傳效果。國外商業中心或熱鬧的街上，這種活動招牌很多，特別是一些連鎖店，其活動招牌可是企業吉祥物人物招牌、商品模型或是自動售貨機等等。在設計上，路邊招牌最好是堅固而容易移動，在停止營業後可以移入店內。

⑹壁上招牌

這類招牌多適合位於拐角的店舖。拐角的店舖，其臨街的一側往往有牆壁空間可以利用，所以，可以在上面安置出售商品的廣告，也可以僅簡單地寫上店名或服務項目。因臨街位置十分醒目，壁上招牌的效果非常的好。

⑺其他招牌

招牌可以根據店舖的環境條件靈活運用，如靠街道或有上層建築的店舖可以使用懸掛垂吊招牌，用以發佈展銷商品資訊，而且可以經常更換；有的店舖為了在停止營業後還能起到宣傳效果，還在捲簾門或百葉窗上寫上店名、營業時間、商標、服務項目等；另外還有遮陽篷招牌等。

2.上橫招牌——最常用的招牌

對於一般的店舖來說，可簡單地設置一個上橫招牌，這是最普遍的。上橫招牌是指店面上部設置的條形招牌，主要是醒目地顯示店名及銷售商品。

招牌必須有個底板，其底板使用的材料在過去是使用木料和水泥。木料經不起長久的風吹雨打，易裂紋，油漆易脫落，需經常維修。水泥施工方便，經久耐用，造價低廉，但形式陳舊，質量粗糙，

只能作為低檔招牌。所以，這兩種材料都有很大的缺陷。如今的上橫招牌底板，已不再局限於木料和水泥了，新出現的有如薄片大理石、薄片花崗岩、薄片金屬不銹鋼板、薄型塗色鋁合金板等。石材門面顯得厚實、穩重、高貴、莊嚴；金屬材料門面顯得明亮、輕快，富有時代感。還可以根據季節的變化在門面上安置各種類型的遮陽篷架，這會使門面輕鬆、活潑，並溝通了店舖內外的功能聯繫，拓寬了店舖的營業空間。

招牌一般是以文字為主，在製作時要特別注意：文字內容必須與本店所銷售之商品相吻合；文字盡可能精簡，內容立意要深，又要順口，易記易認，使消費者一目了然；美術字和書寫字要注意群眾性，中文和外文美術字的變形不要太花太亂太做作，字體不宜太潦草。

上橫招牌文字使用的材料因店而異，規模較大，店面較考究的店舖，可使用銅質凸出空心字，字跡閃閃發光，有富麗、豪華之感，效果是相當好的。飯店、酒家、點心店、陶瓷店等使用定燒瓷質字效果較好。顏色可以自由選擇，瓷質永不生銹，反光強度好，作為招牌效果尤佳。木質字製作也方便，但長久的日曬雨淋易裂開，需要經常維修上漆。塑膠字有華麗的光澤，製作也簡便，但塑膠易老化，光澤也易消退，而且冷熱會使其變形，因此不能長久使用。

招牌是店舖最能勾起顧客消費慾望的地方，所以，要採用各種裝飾方法使其突出。裝飾的手法有很多種，如用霓虹燈、射燈、彩燈、反光板、燈箱等來加強效果，或用彩帶、旗幟、鮮花等來襯托。

3. 招牌製作的原則

⑴以顧客為原則。在設置招牌時以顧客最容易看見的角度來安置，並以顧客看的位置來決定招牌的大小高低。

⑵店名、業種、商品、商標等文字內容應準確，店名應獨特新

穎、易記、順口。

⑶字形、圖案、造型要適合店舖的經營內容和形象。設計與色彩要符合時代潮流。

⑷夜間營業的店舖，招牌應配以燈光照明增強效果。

⑸招牌的整體外觀設計好後，還要留意招牌文字的設計，注意以下幾點：文字的字形、大小、凸凹、位置要恰當、文字內容與所售商品吻合；文字精練，立意深刻，易記易識；藝術字不要太花太亂，否則，不易辨認。

招牌在所有設計中是很重要的一環，在顧客的導入中起著不可缺少的作用與價值，它應是最引人注意的地方。招牌的種類各異，在設計時可以儘量追求獨特新穎，但也必須符合幾個共同的要求，即易見、易讀、易明、易記，如果缺少其中一項，便會減小招牌的宣傳效果。

表 9-4-1　餐廳招牌擺放方法

字號	距離	招牌高度	舉例
1	人站在餐飲店前離招牌1～3米	應在0.9～1.5米之間	落地式招牌或櫥窗、壁牌等
2	開車經過路中央，或行走在道路對面離餐飲店5～10米	應在3～6米之間	餐飲店的簷口招牌
3	車從遠處駛近，距餐飲店建築物200～300米	應在以8～12米之間	麥當勞的「M」形獨立式招牌，及高掛的旗、幌子和氣球等

5　如何設計你的店門

　　顯而易見，店門的作用是吸引人們的視線，引起人們的興趣，激發消費者進店消費。店門的作用是如此重要，那麼該如何設計它呢？

　　店門設計，是店面外觀設計的最重要的一個部份，店門如果設計得當，會使店舖產生一種整體美。因為設計得當的店門會運用獨特的立體造型和協調的總體色彩，引來顧客這個「上帝」的目光，使行人駐足細觀，使乘車而過者記住了店舖的特色。

1. 店門的位置在那

　　店門，是顧客進出店舖的必經通道，又與店舖整體外觀緊密相關，所以，店門設計的第一步是考慮店門的安置部位。將店面門安放在店的中央呢？還是左邊或右邊？這要根據具體人流情況而定：

　　一般大型商場大門可以安置在中央，顧客進入商店後可以自由向左右延伸，左右兩側可以增設邊門便於顧客步出商場。或將門安置在左右兩側，一個是進口，一個是出口，通常入口較寬，出口相對窄一些，入口比出口大約寬 1/3。

　　小型商店進出口部位一般不安置在中央。因為店堂狹小，直接影響了店內實際使用面積和顧客的自由流通。小店的進出口部位，一般選擇左側或者右側，才會比較合理。

　　店門位置應當醒目、合理，可以設置一些容易引人注意的東西來引人注意，如可以在店門旁設置門柱、雨篷、綠色植物，有時還

可以變換牆面、地面的顏色或材質等。

2.店門的開放度多大

　　店門的開放度可分為開放型、中間型、封閉型等三種形式。店門的開放度的大小，主要關係到店舖入口的通行量和外界對店內的干擾影響。

圖 9-5-1　開放型店舖

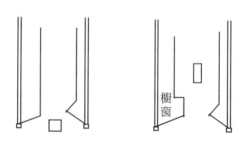

圖 9-5-2　中間型店舖

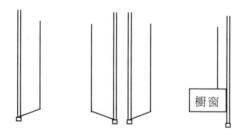

圖 9-5-3　封閉型店舖

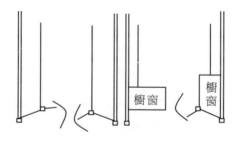

圖 9-5-4 開放型店舖（正面平面圖）

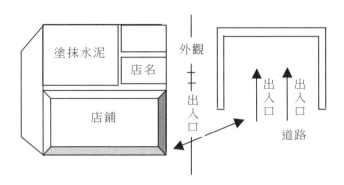

圖 9-5-5 封閉型店舖（正面平面圖）

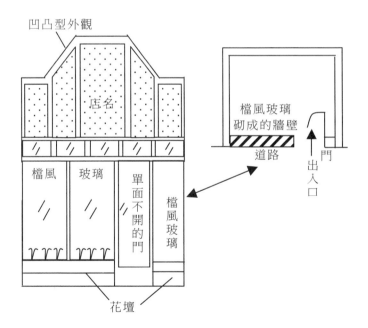

圖 9-5-6　中間型店舖（正面平面圖）

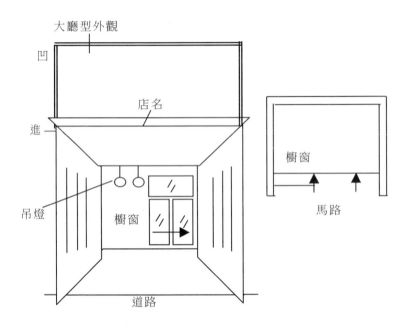

(1)開放型店舖的優點是顧客進出方便，從而可以提高購買效率和速度。其店舖整體外觀多為半型，這類形態多適合於餐飲業，另外則以糕餅店、書店及自助洗衣店較多。見圖 9-5-4。這些種類的店舖所經營的商品單價比較低，但顧客流量較大。

(2)封閉型店舖其設計目的一是為了隔絕噪音，保持店內安靜；二是避免灰塵飛入，造成商品污染，從而可以提高店舖的清潔度；三是可以保持室內良好的氣候，阻止冬夏季冷暖氣外洩。

閉鎖型店舖以咖啡店、茶座、酒吧、糕點店、美容院等適合停留在店內時間較久的店舖都適宜於封閉型店舖。

這類店舖因店門的封閉，無法利用店門吸引顧客注意，所以大多注重店舖整體形象設計，其外觀多為凹凸型，見圖 9-5-5：

(3)中間型的店舖有「猶抱琵琶半遮面」的韻味，這種類型的店舖一般是注重入口的寬敞度和櫥窗的設計，借此以吸引顧客視線。其外觀一般是平面型，但很多店也使門面突出一部份。如圖 9-5-6。

3.因「地」制宜的店門型態

當然，在具體設計時，設計者完全可以考慮地理條件來把上面幾種店舖門面型態組合，借此吸引顧客的視線。設計容易進入的店舖。店舖店門的設計還應同整個建築物本身設計相吻合，設計時注意考慮各種經濟、文化及傳統的因素。既可以別出心裁，也可以是古典正統，門面的設計同建築形式的設計共同構成商品建築綜合體，並且體現出綜合美，這種綜合美就是整體文化氣質、文化精神的體現。

表 9-5-1　　店門型態與地理條件的關聯性

地理條件＼店門型態	繁華街道	地方都市	住宅區
開放型	漢堡店、冰淇淋專賣店、布店、義大利脆餅店、咖啡專賣店、文具店、書店等行業	漢堡店、冰淇淋專賣店、義大利面專賣店、面攤、咖啡店、書店、文具店、快速沖印店、玩具店等行業	文具店、書店、糕點店、中工或西式點心店、玩具店、咖啡店、自助洗衣店等行業
閉鎖型	禮品店、日常用品店、適合新式家庭的餐廳、旅館、美容院、首飾店、嬰兒服飾店、手藝店、麵包店等行業	適合新式家庭的餐廳、酒吧、美容院、速食店、茶室、美髮廳、麵包店等行業	酒吧、美容院、美髮廳、速食業、婦女用品店等行業

續表

中間型	高級服飾店、嬰幼兒服飾店、洋傘專賣店、禮品店、日常用品店、書店、手藝店、首飾店等行業	禮品店、日常用品店、洋傘專賣店、首飾店、婦女用品店、嬰幼兒服裝店、手藝店等各種行業	禮品店、日常用品店、首飾店、婦女用品服飾店、嬰幼兒服飾店、手藝店、快速沖印店、化妝品店等行業
備　註	開放型佔 40%，閉鎖型佔 30%，中間型佔 30%。	開放型行業多為餐飲業和販賣業，其他行業以中間型居多。	客戶群為固定用戶，所以宜少用閉鎖型

4.店外燈光——讓你的店舖亮起來

店外燈光也是店舖外觀設計的一個重要組成部份。因為燈光是很吸引人的。店舖外部燈光一般包括霓虹燈、櫥窗燈和外部裝飾三種。

首先是霓虹燈，霓虹燈是店舖外觀的重要組成部份，其燈光極富刺激性，很易吸引行人注意。霓虹燈和商店招牌共同吸引、招徠顧客。

霓虹燈是以遠眺為主的光源設計。它的色彩選擇，一般以單色和刺激性較強的紅、綠、白等為主，突出簡潔、明快、醒目的要求，字形要大，圖案力求簡單，伴以動態結構的字體、圖案等一般可收到較好的心理效果。色彩絢麗的霓虹燈不僅招徠顧客，也裝飾美化了店舖和我們的城市。

其次是櫥窗燈，櫥窗燈屬於近距的外觀燈飾，它對消費者有吸引力一般是通過櫥窗商品表現出來了。櫥窗商品櫥窗燈的照射下一般會更有光澤、更有吸引力。注意的是櫥窗燈是近距離觀賞光源，

所以一般不應使用強光，燈色間的對比度也不易過大，光線的運動、變換、閃爍較快、較激烈的光易使眼睛勞累或是眼花，從而影響顧客觀賞。

外部裝飾燈，它是霓虹燈在現代條例上的一種發展，主要起渲染、烘托氣氛的作用。

如許多店舖門前拉起的燈網，有些甚至用多色燈網把店前的樹裝飾起來；還有各種造型燈，這些造型燈一般製成該店商品模樣，裝飾在店前的牆壁或招牌週圍，以形成濃烈的購物氣氛。

店舖外部燈光設計有多種樣式，設計者盡可以發揮。但應注意的是：外部燈飾的使用應該與店舖的經營特色一致，例如採用傳統的古典式裝潢的小商場，其燈飾應以簡單或少色為主，而不應有過多的燈光變換和閃爍，應儘量注意內外的和諧美。

6 出入口設計的要點

在店舖設置的顧客通道中，出入口非常重要，出入口設計的合理與否直接影響店面商品的銷售。如果設計得不合理，就會造成人流擁擠，或是顧客還沒看完商品就到了店舖出口的情況。因此，在設計零售店的店舖出入口時，必須全面考慮店舖的營業面積、客流量、地理位置、商品特點及安全管理等因素，合理佈局。

好的出入口設計要能合理地使消費者從入口到出口，有序、完整地流覽全場，沒有遺漏。如果是規則的店面，出入口一般設在同側為好。這樣的設計可以使顧客很容易地在店裏轉上一圈再離開，

從而避免留下死角。不規則的店面則要考慮到店堂內部的各方面條件，設計難度相對大一些。

店門的設計應當是開放性的、透明的，並盡可能寬大。設計時要注意，不要讓顧客產生幽閉、陰暗的不佳心理感受，進而無意進店。以花店為例，店內的商品多是五顏六色、十分漂亮的，所以，儘量大、可視性好的出入口可以輔助櫥窗，起到良好的廣告效果。如果受建築結構的局限，出入口不便加大，也可以考慮將出入口兩側改造成透明的玻璃結構，從視覺上進行擴展，這樣做的同時還可增加店內的採光度。把握住以下幾個要點，來進行出入口的設計：

⑴門面要儘量保持清潔。門面不清潔會影響顧客的光顧。

⑵門的材料不能太重，以免小孩、老人等顧客開啟不便，最常用的是輕型玻璃門式自動門，顧客攜帶商品可以自由出入。

⑶門窗儘量透明。讓顧客在外面就能看見部份商品。

⑷入口處一般要高於街道，否則不易排水。但是其落差要用緩慢的斜坡來彌補，使顧客感到入口和街道一樣高。據有關調查表明，顧客不願光顧那些高於或低於街面的商店。

⑸入口處一定要通暢，不要堆放貨物。

⑹空間設置要合理。屋頂要有適當的高度，這樣顧客才不會產生壓迫感，道路和店堂之間最好沒有階梯和坡度，由店門進入店內的通道要保持適當的寬度。

⑺出入口的設計不要太莊重，也不要追求豪華，否則將會把顧客拒之門外，同時也會增加建築成本。

7 用特色裝修打造你的店舖

　　店面內部空間一般分為三部份，即營業面積，包括餐台、通道、吧台或收銀台等；操作面積，包括廚房、涼菜間、麵點間等；輔助面積，包括辦公室、財務室、庫房、衛生間、員工宿舍等。餐飲店根據自身情況，比較靈活的規定，只要達到相應的衛生、安全要求即可。在店面空間的分配上，以下原則是必須遵循的。

⑴營業面積

　　通道要保證發生緊急情況時便於人員疏散，通道寬度要保證顧客和服務人員通行方便；餐台之間的距離要根據餐飲店的檔次，疏密得當，餐飲店檔次高的要求相應寬綽，檔次低的可以緊湊一些，切忌為盲目增加座位數量而使顧客感到不舒服。根據所確定目標消費群體的情況合理設置包間的數量，以避免包間營業率低的狀況出現。

⑵操作面積

　　要有充分的空間，保證員工的工作互不干擾，且便於清理衛生。涼菜、麵點在有條件的情況下應單獨設置操作間，如果餐飲店面積較小，也要將其與廚房的其他部份分開，並予以封閉；燃料要有單獨存放的位置；出菜口要在廚房和大堂之間，既要聯繫緊密又要有一定的緩衝；最好在廚房後門設置廢棄物出口。

1. 店內裝修小技巧

(1)擴大內部空間

在進行店舖內部設計時，人們一般都是考慮如何儘量利用，而很少考慮如何擴大空間。店舖的物理空間是固定的，真正擴大空間當然是不可能的，但只要你適當運用一點技巧，卻能使顧客產生空間擴大的錯覺，從而產生良好的空間效果。

例如在貨櫃的裏面安裝鏡子即可在視覺上給人以空間擴大了的感覺。這種方法最適用於空間不大的小商店。還如有的店舖在空白牆上掛一面大鏡子，給人的感覺就是這個店舖大多了。這種設置一可方便愛美的女性審視衣著容貌，二可讓顧客的視覺空間擴大。何樂而不為呢？

再如大中型商店可以利用分區來使空間富有變化，一般採用貨櫃結合地形擺放的方法。空間的置換能加大人們對空間的錯覺，產生比實際空間大許多的聯想空間。

(2)美化內部空間

隨著人們生活水準的提高，消費環境已成為現在比較熱門的話題。現代消費者在消費時，不但在乎商品的品質及服務質量，也在乎消費環境是否稱心如意。越來越多的人都願意在消費環境合乎己意的情況下，為高品質的商品和優質的服務付錢。

不過，普通小店舖沒有必要花如此大的資金攀比，只需將內部環境做得整潔、乾淨即可。特別是賣些日雜、小百貨店，價格低廉是其經營的生命線，更沒有必要去進行過多的裝修。一般的店舖也應量力投入，且最好是逐步投入。大中型店舖則可考慮多花點資金，設計品位高一點。

(3)燈飾

燈飾不必太豪華，但是可以有特色。一般的商店，內部燈光的

顏色多為白色和普通照明燈的顏色，其實，店舖完全可以大膽採用一些豐富多彩的顏色，利用現代高科技，射燈、彩燈等等營造出自己的燈光特色，吸引顧客。例如可以用淡綠色燈光吸引年輕的顧客，由紅色燈光營造喜慶氣氛等。

總體來說，照明燈光應以暖色為主。暖色調可以讓顧客感覺親切，心理上不容易產生抗拒感，有利顧客選購，也有利於售貨員向顧客推薦並說服顧客購買商品。其實，只要你稍用心思，其效果就會大大不同。

(4)美化天花板

店內天花板是內部美化的重要環節，但是很多商家都不太在意它，或者採取大面積的粉刷或做個吊頂就算完事，或者就完全不管。

對於天花板的美化，其實是一個很有技巧的項目，譬如說天花板的高度，天花板太高，會給人以空曠的感覺；太低則會給人以壓抑感。那麼，怎麼美化它呢？

一個很簡單的方法是，太高的天花板可以加做吊頂以降低空間高度，太低的則應在天花板上加裝鏡片，使人產生空間抬高的感覺。

(5)空間質量調節

許多店舖都有空氣質量調節問題。大部份的店舖都選用空調來解決。使用空調解決，因此一定要選擇功率匹配的空調。空調匹配並不只是合適，而是要比預計功率大一點才夠用，這樣做，是為防止顧客流量大時，換氣不足，空氣質量不好的情況。

不能採用空調作內部換氣工具的店舖，則應保持通內，使空氣流通。夏季應採取降溫措施，冬季應採取保溫措施，因為太冷、太熱或是混濁的空氣很易讓顧客產生反感，從而失去很多的顧客。

(6)衛生質量

整潔、乾淨的內部衛生環境是對商店最好的美化。一般的店舖，

不必太豪華、太夠檔次，但必須夠乾淨。一塵不染的店內環境會讓顧客感到有一種質樸健康的感覺，在選購商品時也會感覺比較放心。特別是餐飲行業，衛生情況尤其重要。

在衛生質量中最應防止的是空氣異味。空氣異味很易產生，然而又很難以清除，噴空氣清新劑不但不能解決問題，有時還會加重異味。

怎麼辦呢？最好的辦法是阻止異味產生。各種不同類型的食物要分開存放，以免串味，並要時常檢查食物的包裝有無破損，食物是否變質。包裝破損和食品變質常常是異味產生的根源。如將變質食品出售給顧客食用，在危害顧客健康的同時，也有可能給自己惹來索賠官司。然後，要注意時常通風和打掃衛生。

當然，要完全消除因商品而產生的異味是不可能的。任何商店都會有和經營商品有關的一些味道，只要不讓顧客產生反感就可以了。有時，還可以利用商品誘人的香味來吸引顧客。例如在香港的一些百貨店內，經營者常常把一些糖果糕點等食品的氣味通過空調的排氣管排出以吸引顧客購買。

2.創意裝潢小技巧

(1)讓裝潢多一點「文化氣質」

人們大多喜歡文化、重視文化，所以，在開店裝修時，為店舖增加一點文化氣氛，可能更適合人們的主流觀念，多一點「文化」，少一點銅臭，較之其他手段是更容易吸引顧客的。

文化與經驗一直是聯繫在一起的，尤其是飲食行業。人們常說「風味」，「風」即代表文化。現在，越來越多的店舖經營者已經開始認識到了這一點。「文化」裝修已滲透到許多店舖裝修之中，並已取得了顯著的經濟效益。

⑵適當運用「心理學」

適當運用「心理學」，即適當考慮顧客心理感受，就是營造符合顧客心理要求的店舖氣氛。店舖氣氛可以通過亮度、音響和座椅等來營造。

①亮度

燈光設計是每一個店舖設計必不可少的一部份，那麼設計燈光時，到底是「亮好」還是「不亮好」呢？明亮的光線給人一種朝氣蓬勃、潔淨整齊的感覺，而昏暗的燈光則給人帶來昏昏沉沉、充滿神秘的感覺。所以，如果你開的是服裝店或美容院，最好選擇明亮的燈光，以免給顧客缺乏生氣的感覺；如果你開的是餐廳或咖啡廳，最好選擇柔和優雅的燈光，在柔和的燈光下，菜品或飲品看起來會更加誘人，也容易使顧客產生親切感。

高檔咖啡店或酒吧，可適合用昏暗的燈光，這種燈光讓顧客感覺神秘，富有刺激性，從而符合尋求刺激放鬆的顧客心理。

②音響

播放音樂，可以減弱店舖噪音，提高顧客的消費衝動。那麼，是不是所有的音樂都會產生如此的效果呢？

開過餐廳的人都知道，播放越吵鬧的音樂，顧客吃東西的速度就越快，尤其是當音樂的聲響越過 120 分貝時。不同的音樂會帶給人不同的感覺。所以，在設計音響大小，音響背景等時也一定要考慮到顧客心理，音響的大小會影響顧客的流動率，如果你希望多吸引客人在店中停留、多消費，就一定不要選擇太大的音樂。

③座椅

如果你開的是速食店、速食店，情況就大不相同了，因為這些店舖東西不貴，但客流量較大，所以得選擇那種又硬又直的椅子，目的是要顧客吃完快點走，加快「換桌率」。要不然，如果每個人都

點一杯飲料一坐大半天，那你的生意恐怕就好不起來了。

座椅的舒適度將決定「換桌率」。如果你的店舖能讓顧客坐得越久，那麼，生意自然會越多。特別是高檔餐館、酒吧、茶樓等賣座位的生意，要讓顧客久坐或流連忘返，就要選擇坐起來柔軟舒適的沙發供顧客休息，選擇坐起來活動方便、舒適的座椅讓顧客就坐用餐或品菜，才能使顧客坐上很久而「懶得」離開。

(3)追求「獵奇」

每個人都喜歡「獵奇」，而奇特的店舖裝修能給顧客以強烈的視覺刺激，在外觀上給人以別出心裁的感覺，從而能夠給顧客留下強烈的印象，具有強烈的廣告效應。這種追求「獵奇」其實是一種突出店舖特色的方法。

因為現代顧客消費，消費的不僅僅是商品，更多的時候是一種感覺、一種氣氛，這種感覺與氣氛就是通過獨特的環境和獨特的裝修來達到的。

3. 洗手間、停車場的體貼設計

(1)洗手間

洗手間是判斷餐廳對衛生是否重視的標準。因此，在設計時應遵循以下要求：

①洗手間位置應與餐廳設在同一層樓，避免顧客上下樓不便。

②洗手間的標記要清晰、醒目。

③洗手間的空間要能容納兩人以上。

④絕不能與廚房連在一起，也不宜設在餐廳中間或正對大門的地方，以免使人產生不良的聯想，影響食慾。

⑤洗手間的地面要乾爽，沖廁設備要經常檢查，以防出現問題。

⑥洗手間的洗手池最好帶台面，便於顧客使用，水龍頭要美觀、節水、簡便易用。

⑦洗手間應準備必要的紙巾、洗手液等衛生用品，明亮的鏡子是必不可少的。

⑧最好安裝排氣扇，以保證衛生間的通風，排除異味。

(2)停車場

停車困難是有車族最感困擾的問題，因此，「停車方便」已成為當今賣場吸引顧客最重要的因素之一。當然，車位的難求是眾所週知的事，但如能在可能的範圍內將停車場的規劃列入，此點可幫助賣場吸引更多的客人。很多餐廳或高級聚會場所，都已採用提供停車位或是「代客泊車」的措施，也確實吸引了很多顧客；位於郊區的購物中心或量販店，亦因有停車場而讓顧客趨之若鶩。

現代城市交通方便，客戶常開車前來，若店鋪附近缺乏停車場地，無法吸引眾多客人前來。

停車場是吸引開車族進店消費的首要條件。由於餐廳所處位置與面積、規模的大小，停車場的佈置形式各有不同。在引導路線上做好鋪地、綠化、照明、背景等方面的處理，使進入路線明晰而充滿趣味，使整體環境幽雅宜人。

從停車場出來的顧客與步行來店的顧客進入餐飲店的路線往往不同，所以餐飲店的入口必須考慮到從兩方面來的顧客。不能使停車後出來的顧客走回頭路或使步行而來的顧客繞行，而要使他們以最捷徑的路線進入餐飲店。

8 <連鎖米粉店>裝修案例

該米粉店屬中低檔消費層次，前來就餐的顧客多屬於中低等收入階層，廳堂裝修佈置不要過於豪華，要整體大方，因此應本著裝飾格調統一，風格明快，環境檔次中等的原則，營造一個溫馨、簡潔的用餐環境為目標。

1. 廳堂面積

根據米粉店的市場定位，廳堂面積要求在 50～100 平方米以上，餐桌在 10 桌以上。

2. 裝修風格

廳堂佈置講究一是節約造價，二是便於打掃衛生，不失米粉消費的檔次。為點綴和體現地方飲食文化，可以掛精美、大方反映人們生活情趣的風景畫和人物畫，以增強文化氣氛。面積大的廳堂，可設置自助取涼菜區，營造溫馨服務。

3. 餐廳傢俱及合理佈局

①餐桌。餐桌分方桌、條桌兩種。條桌適於靠牆、靠窗，可充分利用面積。方桌適於居中擺放。方桌與條桌的數量應根據廳堂的結構進行適宜搭配。

②落台。落台既是儲藏櫃又是工作台，櫃內存放餐具，櫃面作上下菜時的落台，酒水和其他用品也放在櫃面。常用落台的規格，長為 80 釐米，寬為 50 釐米，高為 70 釐米。落台與餐桌的數量比例一般為 1：（2～4），具體數量和擺放位置要根據餐桌佈局安排。

③餐椅。餐廳用的桌椅要與餐廳的整體風格相協調,桌子是 2 人、4 人桌子,可合併使用,一般要求椅子靈巧,便於搬動,椅子與椅子能疊放在一起。餐廳用木椅較好。

4. 動線安排

①顧客動線。顧客動線應以從門到座位之間的通道暢通無阻為基本要求,一般來說採用直線為好,因為任何迂迴曲折。在區域內設置落台,即可存放餐具,又有助於服務人員縮短行走路線。

②服務員動線。餐廳中服務員動線長度對工作效益有著直接的影響,原則上越短越好。在服務員動線安排中,注意一個方向的道路作業動線不要太集中,盡可能除去不必要的曲折、在區域內設置落台,既可存放餐具,又有助於服務人員縮短行走路線。

5. 通道

餐廳佈局,既要考慮充分利用營業面積,又要考慮方便顧客進入和離開,還要避免打擾其他顧客。

餐桌間讓一個顧客入座尺寸為 50 釐米左右,行走的最起碼通道尺寸為 100 釐米。

6. 氣源(電源)安排

應該在有天然氣、輸氣管留檢修的位置,在裝修時應全部預埋。輸氣管用氧氣焊接,完工後加壓測試,嚴防禁漏。若為液化氣瓶,則應擺放在桌下,擺放氣灶開關的方向要注意既方便服務員調節火候大小,又方便顧客調節火候大小。另外,室內應配置足夠的消防器材。

7. 廚房配置

在設計廚房的設備和佈局時,要考慮廚房的面積、安全及便於操作。

①廚房面積控制在 30～60 平方米之間。

②廚房的供電設備。廚房是用電比較集中的地方，因而要有自己的單獨控制裝置和超荷保護裝置。經過廚房的電線應防潮、防腐、防熱、防機械磨損。每台設備都有可靠的接地線路和附近安裝斷路裝置。

③廚房的照明和通風設備。良好的照明和退風保證調味師能準確地調料和對食品顏色的判斷。

④必須具備防蠅、防塵、防鼠設施。

⑤清洗池和廚架要多於一般中餐操作。

8. 辦公室配置

按照營業面積，有條件設立的按以下方法設置。辦公室作為日常辦公所用，也可作為會客、簽單、小型會議場所，其裝飾風格應與大廳一致，配備桌椅、文件櫃以及各種日常辦公用品。

9. 庫房配置

按照營業面積不同，有條件設立的按以下方法設置。庫房為輔助原料及乾貨物品的存放地，一般可根據餐廳貨物儲量多少來確定。總體要求能通風、不潮濕、防鼠、防蟲害；貨架置放、貨品分類，保持整潔有序。

10. 洗手間配置

洗手間是餐廳必須配置，其洗手間裝飾應園地制宜，合理佈局，地面要求必須有地格，以防滑倒，還應配有換氣扇，以保證空氣暢通。另外應備有洗手液、乾手機、鏡子、紙簍、手紙盒等。

11. 警示標誌

作為餐廳的經營者，應在各個方面為顧客著想，設立警示牌，不但可以提高餐廳的親和力，也可免去不必要的麻煩。警示牌製作材料視餐廳裝飾格調而定，警示語主要如下。

①地滑，小心摔跤。

②請保管好您隨身攜帶的物品。

③請照看好自己的孩子，不要在餐廳裏跑跳、嬉戲。

④謝絕自帶酒水進店消費，謝謝合作。

第 十 章

完美的陳列法則

1 營造賣場氣氛的要素

顧客走進店鋪時，熱賣的氣氛能促使顧客產生購買的衝動，特別是在銷售高級商品或服飾、休閒等用品的店鋪中，由於顧客一般在店中停留的時間較長，因此店鋪可通過視覺、聽覺、嗅覺等方面塑造出賣場的氣氛，使那些只想看看的顧客產生購買的衝動。通常來說，營造良好的賣場氣氛有下列要素：

1. 視覺

通過消費者視覺來營造氣氛主要包括色彩、燈光和內部裝飾三方面。在色彩的佈置上，店鋪應以讓顧客感到舒適、輕鬆為前提，不同的商品可以用不同的顏色做背景。不過店鋪的色彩應以淡色調為主，若店鋪的面積不大，就不應用太多的色彩。相反，若面積較大甚至有多層，則可視商品、樓層的不同而採用不同的色彩。在這裏，色彩的載體可以是貨架、牆壁、地面，也可以是天花板。

店鋪的設計強調特別燈光以加強產品的顏色和質地，就像在劇場裏一樣，是一種環境氣氛。商品就像演員，期待能吸引「觀眾」的青睞。在運用燈光時，既要考慮自然光線，還要考慮人工採光。自然光線有助於賦予商品自然色彩，但比較難控制。而人工採光除了可以用來補充自然光線不足外，還可用來突出商品，形成視覺中心。例如可以用強烈的射燈照射促銷商品，用柔和的燈光照射嬰兒用品等。不同店鋪照明的配置模型能達到不同的心理效果，如照明配置如果與店寬方向平行，能使店面顯得廣闊，如果點狀燈光隨機配置，能使銷售空間富於變化，氣氛生動。

在內部裝飾上，店鋪主要應考慮天花板、地面、牆壁、實物等的佈置。例如，不妨用一些大塊的淺色調的布做天花板來加以裝飾，不僅可以減輕店鋪經營財務上的負擔，還可以利用布匹的可垂性和折皺來營造一種溫馨的效果。在地面和牆壁的裝飾上一般也要綜合考慮顧客的視覺效果。

2. 聽覺

聽覺是人最為敏感的感覺系統之一，容易受店鋪所放音樂的感染和刺激。國外的一項試驗表明，音樂可以控制客流的節奏，當背景音樂舒緩時，顧客的腳步就會放慢，流覽商品的時間也會更長。因此，這種音樂適合顧客不多時播放。而在購物高峰或晚上關門前，店鋪就應該放一些節奏明快的音樂來催促顧客加快步伐。

音樂還可以使顧客與賣場氣氛達到和協統促進顧客與賣場的融合。還可運用廣播來做直接宣傳，包括一些活動安排、促銷商品介紹等，以便讓顧客及時瞭解店鋪的動態。音樂甚至影響到消費者對於商品的選擇，國外的一項研究表明，播放法國音樂會使法國酒的銷售比德國酒好，播放德國音樂又會使德國酒賣得比法國酒好。

背景音樂能起到調和氣氛、增加情調的作用，背景音樂必不可

少。配置背景音樂時一定要與商店風格相適應，或歡快、優雅的流行音樂，或古典、婉轉的名曲等。播放時音量應控制適中，切忌時大時小，並需由專人負責。

3. 嗅覺

氣味對促進人們心情的愉快很有幫助，嗅覺效果利用得好可以起到事半功倍的效用。例如有些食品店就把麵包、蛋糕等食品櫃設在通道末端，並將麵包的香味通過排氣管排放在賣場內，加上低價的誘惑引得顧客購買。此外，還可在化妝品、洗滌用品的貨架週圍有意噴灑一些相關氣味來吸引顧客。國外有些店鋪還嘗試在貨架上張貼標籤和散發香味以刺激消費者饑餓和渴感。例如，有人說星巴克咖啡店吸引人們的主要原因不是咖啡，而是現場煮咖啡的香味。

4. POP 廣告

店鋪內可以張貼許多海報式廣告、氣球式廣告等，它們會在很大程度上刺激消費者的感觀。加之一些現場促銷活動，會讓顧客更多地感受到購物氣氛，不知不覺地就會增加消費。

此外，店鋪的賣場設計還可以從櫥窗佈置、節日裝飾等方面翻出新的花樣做到佈局合理，感染力強，這樣將會吸引更多的顧客。

5. 燈光

氣氛設計中最關鍵的一步是燈光。不同的燈光設計有不同的作用，因此選擇燈飾要根據餐廳的特點而定。

例如，一家餐廳選用立體燈柱，一排排燈柱既分隔出不同的飲食空間，又成為室內的裝飾點綴。其左側的燈向客席投射，而右側的牽牛花狀的燈則向頂棚投射，形成一朵朵光暈，頗有裝飾效果。

餐廳燈光設計使用的種類頗多，諸如白熾光、螢光及彩燈等。餐廳可依據自己的特色需要而定，總之，無論選用那種燈具，都要使燈具的風格與室內陳設協調一致，最好能喚起人們的美味食慾。

6.溫度、濕度和氣味

(1)溫度

針對不同的季節，餐廳的溫度也應有所調節。餐廳的最佳溫度應保持在 24～26 攝氏度之間。

(2)濕度

檔次較高的餐廳，應該用較合適的溫度來增加舒適程度，給顧客輕鬆、愉快的感覺；速食店溫度要求可稍低一些。適宜的濕度，可以透過加濕器等設備達到。

(3)氣味

良好的氣味，可以利用空氣清新劑、通風等辦法或是採用烹飪的芳香來體現。

2 營造賣場的衝動購買氣氛

製造良好的購買氣氛，是影響顧客購買商品的一個很重要的因素。在一般情況下，不難想像，當有顧客上門的時候，如果沒有一些方法來調節氣氛，店鋪會是一種怎樣的情況。這時，店員或是呆呆地站在櫃台旁，或是偷偷地躲在旁邊聊天，甚至有些人會打起哈欠來，這一氣氛傳染出來，整個店內就會呈現出死氣沉沉的氣氛，當顧客上門時，其情形也就不言而喻了。因此，對於店鋪來說，必須要營造出良好的賣場氣氛，以促進店鋪的銷售。

一般來說，營造賣場氣氛要達到如下目的：

・刺激消費者，讓其產生「衝動性購買」的慾望。

· 讓消費者容易發現商品並方便購買。

· 讓消費者有種賞心悅目的感覺，加深對產品的印象。

· 提高消費者滿意度，提升產品銷量。

· 影響員工的潛意識，樹立銷售的方向，達成銷售目的。

　　要營造賣場的氣氛，就要掌握一定的技巧。這樣才能抓住消費者的心理，達到促進商品銷售的目的，例如：

　　⑴大量堆陳。大量的堆陳有量的感覺，會吸引顧客注意，顧客可聯想到「便宜」。

　　⑵明顯的價格牌。越大越清楚的價格牌，會有越便宜的感覺。

　　⑶吸引入的價格。吸引入的價格，並非犧牲很多毛利，甚至虧本，而是讓顧客第一眼看到商品的價格，覺得「物超所值」，其中可能犧牲毛利，也有可能有很多毛利，完全看那一個價格點上最適合。

　　⑷專人促銷。有專人的促銷會比沒專人的促銷更好，專人可以說明商品及商品功能，減少顧客疑慮，增加購買力。

　　⑸熱烈的叫賣聲。一般用在生鮮、水果上。可吸引顧客注意進來看看，只要人一多就會有顧客衝動購買，達到銷售的目的。

　　⑹熱烈的選購人潮。顧客是好奇的，只要有人圍一堆，就會有人想要進來看，店家可以巧妙地利用這一現象。

　　⑺店內廣播造勢。可以在店內反覆播放廣播，內容一般都是店內商品的賣點、特色，以達到吸引顧客的目的。

　　⑻利用一些細小的但容易被忽視的小製作。如做春節促銷的摸獎活動，門店的獎品都集中陳列在抽獎地點，在上面做了一塊「摸獎處」的立牌，

　　在獎品上放幾個寫有「獎」、「禮」的紅色立牌，既營造了春節的喜慶氣氛，同時也給顧客強烈的視覺衝擊，這些小費用都能帶來意想不到的收穫。

3 櫥窗佈置，激起顧客好奇心

櫥窗是以商品介紹為主體，通過背景襯托，並配合各種藝術效果，進行商品介紹和宣傳的綜合性藝術形式。

風格獨特的櫥窗還可以增強購買信心。櫥窗直接或間接地反映商品的質量、價格等，不但可以提高顧客選購商品的積極性，還可增強購買的信心，從而促使做出購買決策。

一個主題鮮明，風格獨特，色調和諧的商店櫥窗，如果能與店舖的整體風格結合在一起，就能起到改善店舖整體形象的作用。櫥窗對顧客購買過程往往起著不可忽視的作用。

櫥窗可以把精選的重要商品進行陳列，並根據顧客的興趣和節氣變化，把暢銷品或新品擺在顯眼的位置上，不但能給顧客一個經營項目的整體形象，還能給顧客以新鮮感和親切感，引起顧客對店舖的注意和需求的興趣。櫥窗的裝飾品位、民族風格和時代氣息，不但使顧客對商品有一個很好印象，還會引起他們對事物的美好遐想，進而促進購買慾望。

1. 高度要適宜

櫥窗的高度應與當地一般人的身高差不多為宜，櫥窗的中心線最好能與顧客視平線相當，這樣，整個櫥窗內所陳列的商品都能在顧客視野中。一般櫥窗底部的高度以離地面 80〜130 釐米，成人眼睛能平視的高度為佳，所以，大部份的商品可以在離地面 100 釐米的地方進行陳列，小型商品以 100 釐米以上的高度陳列。如果用模

特，則可直接放在地上，不用增加高度了。

2.整體要協調

櫥窗的設計不能影響店面外觀造型，其規格應與商店整體建築風格和店面相適應。

3.反映經營特色

所陳列的商品要有真實感，即櫥窗內容與商店經營實際相一致，賣什麼，佈置什麼，不能把現已不經營的商品擺上，讓顧客感到櫥窗只是做做樣子而已。

所展示的商品，不但應該是現在店中實有的，也應該是能充分體現店舖特色的商品，這些商品使顧客看後就產生興趣並想購買。

4.表現訴求主題

商品陳列時，要確定主題，無論是同種同類或是同種不同類的商品，均應系統地分類陳列，使人一目了然地看到所宣傳介紹的商品內容。

季節性商品要按商品市場的消費習慣陳列，相關商品要相互協調，通過排列的順序、層次、形狀、底色以及燈光等來表現特定的訴求主題，營造一種氣氛。

5.擺放要協調

櫥窗佈置應儘量少用商品作襯托、裝飾或舖底，除根據櫥窗面積注意色彩調和、高低疏密均勻外，商品數量不宜過多或過少。商品要有豐滿感，這是商品陳列的基礎，缺了這個就會使顧客感到商品單薄，沒有什麼可買的。要做到顧客從遠處、近處、正面、側面都能看到商品的全貌。

6.陳列要有藝術感

櫥窗實際上是藝術品陳列室，通過對產品進行合理的搭配來展示商品的美。

　　櫥窗陳列要適應消費者的審美心理需要，運用多種藝術處理手法(對稱與不對稱、重覆與均衡、主次對比、虛實對比、大小對比、遠近對比等藝術手法)，用構圖把各種商品有機生動地組合起來，能較好地再現商品的外觀形象和品質特徵。

　　同時，在櫥窗設計中利用背景或陪襯物的間接渲染作用，滿足消費者的情感需要，使其具有藝術感染力，讓消費者在美的享受中，加深對店的視覺印象並形成購買動機。

　　只要客人對你的櫥窗感興趣，你的店便會有客人上門。

4　商品陳列要迎合顧客心理

　　一件商品能否使顧客感到富有吸引力，其佈置與陳列起著十分關鍵的作用。隨著時間的推移，再新奇的商品也會慢慢地失去光彩。一個富有經驗的銷售商並不僅僅展示商品的新奇，還讓他的顧客能感知商品的內在價值。

1. 商品陳列的要點

⑴陳列體現系列化

　　每一類商品都有其不同的特徵。表現商品特徵的一個有效方法就是將同類商品按不同方式集中組合起來，構成較完美的幾何圖案。不同的商品系列還可用不同的底板作陪襯。

⑵展示突出重點

　　在同一類商品中也許有幾件最有特色的商品，為了突出展示這些商品，梯形展台能較好地滿足這方面的需要。梯形展台上分層次

陳列大小不同的盤子，背面用色彩相配的圖案作底襯，並配以聚光燈照明，能收到非常鮮明的效果。

(3)緊抓顧客心理

在許多情況下，顧客最關心的並非是商品的外形，而是其內在的品質。如用大型圖片展示一袋正在倒出的可可豆，這樣的效果顯然沒有讓顧客品嘗可可豆的情景來得好，因為顧客最關心的是可可豆的味道，而不是它的形狀。因此在商品陳列之前首先應弄清楚顧客對該種產品已經瞭解了多少，最想要知道的是什麼。

(4)兼顧實用性

有些商品尤其是一些日用品，顧客對其功能已十分瞭解，因此還需要向人們介紹的是這些商品的實用性。對一些紡織品、家用器具等普通商品應讓顧客知道其製作原料，並按日常使用的方式展示在人們面前。如按平時使用方式擺放在桌上的餐具就比放在貨架上或插放在面板上的使人印象更為深刻，佩帶在模特兒身上的飾品要比放在玻璃櫃裏的更耀眼奪目。

(5)示範商品優越性

形象化地展示商品內在和外觀的質量是營銷工作的一項基本技能。某些商品如衣料等只需隨意懸掛就可展示其外觀的美，但如果讓顧客對其有深刻的印象，則需通過其他方法，如在懸掛的衣料上放置重物等。還有一些商品則要在實際工作狀態中才可顯示其優越性能，這種方法遠比文字說明更加形象化。如聲控開關的展示，除了牆上的廣告說明之外，更直接的是展台上的家用電器可讓顧客隨意使用，讓其切身體會這種聲控開關的遙控性能。

2.吸引顧客的陳列技巧案例

有一家店舖，銷售量不理想，嘗試了各種各樣的促銷手段，花了大量的經費，都未收到促銷效果，店舖經營陷入困頓狀態。

　　後來，經過店主仔細觀察，發現在不同的時段店外過路者的層次明顯不同。上午大多數的過路客是出門購物的家庭主婦。由於該店附近有一家超市，那些主婦都是去超市購物；而下午的過種客中幾乎沒有家庭主婦，學生佔多數，到了傍晚，過路客中，下班回家的職業女性佔了一半。認真分析該店不同時間段的銷售額，發現傍晚至打烊的這一時間段的銷售額佔全天銷售額的七成以上。該店店主認為，由於傍晚時間段的銷售額已接近極限，如果要增加銷售量，必須在閒散的時間段上做文章，儘量利用好這段時間。

　　於是店主決定在這一方面有所作為，意圖在不同的時間採用不同的商品陳列方式。但根據時間段更換店堂內的所有陳列商品是不可行的，更換從店外可以看見的正對店門的櫥架上的商品是很容易的。該店設計了便於移動的帶滑輪的衣架。上午，店主將衣架從倉庫推到正對店門的位置上，在上面陳列以主婦為對象的商品。如果同一種款式的服裝有好幾種顏色，那麼就將最適合主婦的服裝陳列在最顯眼之處，將適合年輕人的服裝陳列在不顯眼的地方。於是店堂的主要陳列商品就換成了面向主婦的商品和色調，店舖成了對主婦有吸引力的時裝店。商品陳列上的小小變動，竟將過去從未關注該店的主婦吸引進店舖。後來該店又推出了款式和顏色適合中老年婦女的時裝，招攬了許多中老年主婦。這樣一來，該店就成為許多家庭主婦的購衣去處。下午該店又將店堂的主要陳列商品換成年輕人喜愛的商品，店舖又成為了以年輕人為對象的時裝店。到了傍晚，該店再次更換陳列的商品，搖身一變，又成了以主力顧客──職業女性為對象的時裝店。

　　該店以更換過路客可以看見的店堂內的陳列商品的方式招攬顧客，增加了銷售額，從而使過去生意慘澹的情況一變而為銷售旺舖。這裏，商品陳列的技巧可謂起到了十分重要的作用。

3.商品陳列的具體藝術手法

⑴豐滿

顧客來到商場最關心的就是商品，所以一進門就會把目光投向櫃台貨架。如果櫃台貨架上商品琳琅滿目，非常豐富，精神就會為之一振，產生較大熱情。無形中顧客會產生一種意識：這兒的商品這麼多，一定有適合我買的。因而購物信心大增，購物興趣高漲。相反，如果貨架上商品稀稀拉拉，購物大廳空空蕩蕩，顧客就容易洩氣，他會覺得商品這麼少，能有啥好貨。一旦產生這種心理，便會對消費造成極大阻力。因此，商品陳列的第一條基本要求就是商品擺放要豐滿。

⑵展示商品的美

豐滿的商品吸引了顧客的目光，他不由自主來到櫃台前，這時他最想知道的是什麼？最想知道的是「這東西如何」，即商品的質量好不好，外觀美不美，適不適合他用。因而，聰明的商家這時在商品陳列上總是可能充分地展示商品的美，包括內在美與外在美。這就是商品陳列的第二個基本要求。

所謂展示商品的外在美就是運用多種手段將櫃台貨架上的商品予以美化，對商品的外在美予以強化，借此激發顧客的購買慾。

服裝、珠寶及 K 金飾品類商品在展示外在美方面表現最突出，其陳列效果與銷售的關係最密切。一件高檔時裝，如果把它很隨意地掛在普通衣架上，其高檔次就顯現不出來，顧客就可能看不上眼。如果把它「穿」在模特身上，用射燈照著，再配以其他的襯托、裝飾，其高雅的款式、精細的做工，就很清楚地呈現在顧客面前，顧客就很容易為之所動。

⑶營造特有氣氛

商品陳列的第三個基本要求是通過對商品別具匠心的組合排

列，營造一種或溫馨、或明快、或浪漫的特有氣氛，消除顧客與商品的心理距離，使顧客對商品產生可親、可近、可愛之感。俄羅斯有句形容語言力量的諺語——「不是蜜，卻可以粘住一切」。櫃台內的商品也有語言，就是通過別具匠心的陳列傳達一種無聲的語言，它同樣具有調節人情緒、催生人的慾望之作用。

5 善於利用陳列細節

在做好店鋪商品陳列的過程中，有一些細節的地方，如果能注意到，將會吸引顧客，促進商品的銷售。所以，對於創業開店者來說，就要掌握這些細節，善於利用這些小技巧。

1. 利用空間錯覺，豐富商品陳列

一位行人路過一家房頂懸掛著各種燈具的商店，各式各樣的燈具連成一片，璀璨奪目，吸引他不由得走了進去，看著看著才發現這個商店並不大，只是由於週圍全鑲上了鏡子，從房頂延伸下來，使整個店堂好像增加了一倍的面積，由於鏡面的折射和增加景深的作用，使得屋頂上懸掛的燈具也陡然增加了一倍，給人以目不暇接之感。這就是空間錯覺在商品陳列中的妙用。在寸土寸金的商場中，如何陳列商品，直接關係到商品的銷售效果。如果借鑑以上做法，在商品的陳列中充分利用鏡子、燈光之類的手段，不僅能使商品顯得豐富多彩，而且能減少陳列商品的數量，降低商品損耗和經營成本。在一些空間較小的區域，利用鏡子、燈光等手段使空間顯大，不僅能調節消費者的心情，而且也能使店員以好的心情為消費者服

務，提高銷售業績。

2.利用對比錯覺，陳列不同商品

商品價格是市場中極為敏感的要素，店鋪經營者可以利用比價的錯覺進行陳列，以促進銷售。所謂比價就是指不同商品之間價格的對比。把定價為 200 元的同一商品放在 200 元以上的商品中陳列，它就是「低價」商品；放在 200 元以下的商品中陳列，它就是「高價」商品。如果能巧妙利用消費者的這種心理進行商品陳列，就能刺激消費。

3.利用形重錯覺，促進商品銷售

一斤棉花重還是一斤鐵重？人們往往會在第一感覺是鐵重，其實兩者是一樣重的，這就是錯覺。

有一個笑話令人深受啟發：一位老太太領著孫子去買拖鞋。結果，買了一雙「大」拖鞋回來。孩子穿著不合適，掛不住腳，老太太卻興奮地說：「大拖鞋與小拖鞋價格一樣，當然買大的了，划算。」這就是形重錯覺產生的銷售效果。有些店家把大小不一(包括體積、重量、尺寸、厚薄等)但價格相等的商品放到一起銷售，人們就會覺得買大的比買小的合適，這樣，店家的「愚蠢」就使消費者「佔了便宜」，從而也就促進了商品的銷售。

4.利用幾何圖形錯覺，提高服務效果

橫向的線條，把人的目光引向左右，使人的身材顯得更豐滿；豎向的線條，把人的目光引向上下，使人的身材顯得更苗條——這就是高估錯覺的效果。因此，店鋪經營者就要橫向線條和豎向線條的合理搭配，以影響消費者的心理。還可以在為消費者提供服務時，巧妙利用幾何圖形錯覺，以收到較好的服務效果。如為矮胖的人推薦豎條服裝，勸阻其購買橫條服飾和低領襯衫等商品，以使其顯得苗條；為瘦人推薦橫條服裝，以使其顯得豐滿。

5.利用顏色對比錯覺，提高效益

有一家咖啡店的老闆發現不同顏色會使人產生不同的感覺，但選用什麼顏色的咖啡杯最好呢？於是他做了一個有趣的實驗：邀請了 30 人，每人喝四杯濃度相同的咖啡，但四個咖啡杯分別是紅色、咖啡色、黃色和青色。最後得出結論：幾乎所有的人認為紅色杯子的咖啡調得太濃了；使用咖啡色杯子認為太濃的人數約佔三分之二；使用黃色杯子的感覺濃度正好；而使用青色的杯子的都覺得太淡了。從此以後，該咖啡店一律改用紅色杯子盛咖啡，既節約了成本，又使顧客對咖啡的品質和口味感到滿意。

6.左右結合，吸引顧客

這是一種商品陳列的技巧。通常而言，顧客進入店鋪後，眼睛會不由自主地首先射向左側，然後轉向右側。這是因為人們看東西是從左側向右側的，即印象性地看左邊的東西，安定性地看右邊的東西。

在國外已有許多店鋪注意到人類工程學的這個特點，利用這種購物習慣，將引人注目的物品陳列在店鋪左側，迫使顧客停留，以此吸引顧客的目光，充分發揮店鋪左側方位的作用，變不利因素為有利因素，促使商品銷售成功。

這個方法在國外應用得比較普遍，然而在國內的一些店鋪，陳列商品大多是無意識的，缺少根據，較少考慮顧客的購物特點。如走路朝右邊走，有一種安定感；吃飯用右手，形成固定姿勢……在人們的心目中，右方是安全的、穩定的。所以，店鋪的經營者可充分利用這一特徵，借商品陳列的不同位置，給顧客以不同效應，最大限度地吸引顧客的注意力。

7.系列產品應該呈縱向陳列

如果它們橫向陳列，顧客在挑選某個商品時，就會感到非常不

便。因為人的視覺規律是上下垂直移動方便，其視線是上下夾角 25
度。顧客在離貨架 30～50 釐米距離間挑選商品，就能清楚地看到 1
～5 層貨架上陳列的商品。而人的視覺橫向移動時，就要比前者差得
多，人的視線左右夾角是 50 度，當顧客距貨架 30～50 釐米距離挑
選商品時，只能看到橫向 1 米左右距離內陳列的商品，這樣就會非
常不便。

實踐證明，兩種陳列所帶來的效果確實是不一樣的。縱向陳列
能使系列商品體現出直線式的系列化，使顧客一目了然。系列商品
縱向陳列會使 20%～80%的商品銷售量提高。另外縱向陳列還有助於
給每一個品牌的商品一個公平合理的競爭機會。

8.相對固定，定期變動

從顧客的角度講，大多喜歡商品擺放相對固定。這樣，當其再
次光顧店鋪時，可減少尋找商品的時間，提高顧客購物效率。店鋪
的經營者應該注意到這一點，特別是一些超市，一定要針對這個心
理特點，不妨將物品放在固定的地方，方便顧客選購。但這樣一來，
時間一長又易於失去顧客對其他物品的注意，且產生一種陳舊呆板
的感覺。因而也可在商品擺放一段時間後，調整貨架上的貨物，使
顧客在重新尋找所需物品時，受到其他物品的吸引，同時對商場的
變化產生耳目一新的感覺。

不過這種變化如果過於頻繁，會導致顧客的反感，認為店鋪缺
乏安排，混亂不堪，整日搬家，繼而產生煩躁不安的心理。所以，
商品的固定與變動應是相對的、適應的，一般一年變動一次為宜。

9.黃金段位，充分利用

提高店鋪日常銷售最關鍵的是貨架上黃金段位的銷售能力。根
據一項調查顯示，商品在陳列中的位置進行上、中、下 3 個位置的
調換，商品的銷售額會發生如下變化：從下往上挪的銷售一律上漲，

從上往下挪的一律下跌。這份調查不是以同一種商品來進行試驗的，所以不能將該結論作為普遍真理來運用，但「上段」陳列位置的優越性顯而易見。

實際上目前普遍使用的陳列貨架一般高 165～180 釐米，長 90～120 釐米，在這種貨架上最佳的陳列段位不是上段，而是處於上段和中段之間的段位，這種段位稱之為陳列的黃金線。

以高度為 165 釐米的貨架為例，將商品的陳列段位進行劃分：黃金陳列線的高度一般在 85～120 釐米之間，它是貨架的第二、三層，是眼睛最容易看到、手最容易拿到商品的陳列位置，所以是最佳陳列位置。此位置一般用來陳列高利潤商品、自有品牌商品、獨家代理或經銷的商品。該位置最忌諱陳列無毛利或低毛利的商品，那樣對零售店來講是利潤上一個巨大的損失。

其他兩段位的陳列中，最上層通常陳列需要推薦的商品；下層通常是銷售週期進入衰退期的商品。

10.售貨和交款之間拉開距離

對店鋪經營者來講，這同樣不失為一種商品陳列的藝術。現在，許多店鋪，特別是規模大一點的店鋪櫃台售貨，採取在收款台統一交款的方法。這是便於財務管理的一個措施，同時含有更重要的意義。有時人們進入店鋪總比原來預計要買的物品多，這就是由於商品刻意擺放對顧客心理影響的緣故。

店鋪可設計多種長長的購物通道，避免從捷徑通往收款處和出口。當顧客走走看看或尋找收款處時，便可能看到其他一些引起購買慾的物品，所以店鋪的各收款台位置可有意識地設在離商品稍遠的地方，促使顧客交款的同時，再被其他商品吸引，產生購買慾望。

第十一章

商品定價有技巧

1 讓顧客佔到便宜

人類的行為都是由心理的慾望產生的，要想讓顧客出錢購物，就必須投其所好，設法讓他心滿意足，才有感動他的希望。

為什麼有人做生意會賺錢？為什麼有人開店卻賠錢？除了店舖地點、商品品質有關係外，最重要的是你有沒有投顧客所好，只要你能讓顧客自認為佔到一點小便宜，將會締造良好的業績。

全球最大的傢俱經銷商荷蘭埃克傢俱公司，每次分店開業或搬遷，都會打出新的優惠降價招數。

有次，在比利時弗林多夫區的一家新店開張，公司發出一張與眾不同的請柬——頭 50 名顧客可以在該分店內免費住宿一夜，第二天吃過早飯後，可以以優惠的價格買走睡過的床。這一招吸引了許多人前來光顧，使得新店開張大吉。

還有一次，阿姆斯特丹的一家分店要搬到新的地方，因為以

往這家店為當地民眾帶來了許多便利，搬走時人們都感到很失望。這時，他們送給民眾一隻左腳的木鞋，只要趕到新店開張的地方去，就能獲贈另一隻右腳木鞋了，如此一來，自然就讓人們都知道分店的地址了。

投其所好，略施小惠也是吸引顧客光臨的方法，給別人一些我們所樂於給予的小惠時，同時就能得到對方的好感。

人們都有貪小便宜的心理意識，有時為了省10元錢，可以不辭辛勞地跑到大老遠的地方購物，或者為了換取免費贈品，也可以不怕風吹雨打，排上好幾個鐘頭的隊。可見，只要在利誘下，很容易讓顧客趨之若鶩，心甘情願地掏腰包購買。

某食品公司為了推銷該公司的月餅，連續好幾年都使出奇招。第一年，公司做了特大型月餅，定價8888元，擺在月餅專櫃的醒目位置當做活廣告。當特大型月餅一推出，立刻引起消費者的好奇，雖然這個最後大月餅沒有賣出，但該公司的月餅銷售額卻增加了一倍。

在眾多的競爭對手中，想引起消費者的注意，必須要出奇制勝才行，這關係到你的招數是否夠新、夠奇、夠絕，只有出奇才能爭取更多消費者的認同。

不過，任何招數都是宣傳的技巧，最終還是要回到品質、信譽的保證，讓消費者肯定你的產品，下次才有購買的意願，否則顧客受了你的欺騙，他絕不可能再被騙第二次。

2 利用數字定價

顧客是店鋪生存的衣食父母，給顧客以最大的實惠才是店鋪生存之道。做生意要以顧客的眼光為出發點，才能讓顧客買到他所需要的商品。經營者應該設法去瞭解顧客的需要，給顧客以最大的實惠。在經營過程中，以謙虛的態度去傾聽顧客的看法，只要持之以恆，生意必定會日益興隆。

把最大的實惠讓給消費者，讓顧客得到最實際的好處。只有堅持這樣的服務理念才能得到消費者的認可。

許多人都有這樣的體會，當看到某店鋪門口貼著「某某商品，原價 500 元，現價 350 元」的廣告時，都會產生一種購買的衝動。至於商品的原價是不是 500 元，卻很少有人去認真調查。利用數字錯價吸引消費者的注意，也往往能夠達到良好的促銷效果。

另外，如果仔細觀察貨架上的價格標籤，不難發現，商品的價格極少取整，且多以 8 或 9 結尾。例如，一瓶海飛絲怡神舒爽去屑洗髮水標價 198 元、一袋綠色鮮豆漿標價 9 元、一台 HP 筆記本電腦標價 59990 元⋯⋯不禁令人不解，如果採取像 20 元、1 元、6000 元這樣的整數價格容易讓人記住並便於比較，收銀台匯總幾件商品價格的時候更加便捷也不用找零。其實這不是商家自找麻煩，而是商家的精明之處。

錯覺定價法是利用顧客對商品價格知覺上的誤差性，巧妙確定商品價格的一種方法。商品定價必須懂「數字」，不會計算的人不會

富。萬事都要做到心中有數，才能知道事情的重要程度，才能有效衡量盈虧。

　　針對消費者的消費心理，很多超市在制定價格時喜歡在價格上留下一個小尾巴，在其所銷的商品中，尾數為整數的僅佔 15%左右，85%左右的商品價格尾數為非整數，而在價格尾數中又以奇數為主。一件商品定價 99 元，人們會感覺比 100 元便宜，定價 101 元人們則會感覺太貴，較之 99 元價格仿佛又上了一個台階。利用心理定價策略會給人以店鋪價格在整體上都很低的印象，從而達到吸引並留住顧客的目的。

　　這種把商品零售價格定成帶有零頭結尾的做法被銷售專家們稱之為「非整數價格法」。很多證明「非整數價格法」確實能夠激發出消費者良好的心理呼應，獲得明顯的經營效果。例如一件本來值 200 元的商品，卻定價 198 元，可能會激發消費者的購買慾望。有一家日用雜品店進了一批貨，以每件 100 元的價格銷售，可購買者並不踴躍。無奈店鋪只好決定降價，但考慮到進貨成本，只降了 2 元，價格變成 98 元。想不到就是這 2 元之差竟使局面陡變，買者絡繹不絕，貨物很快銷售一空。「非整數價格法」確實能夠激發出消費者良好的心理呼應。因為非整數價格雖與整數價格相近，但它給予消費者的心理信息是不一樣的。

　　四捨五入往往被人們作為數字處理的基本原則，已經深入人心，並開始廣泛應用，在判斷價格時也不例外。149 元與 151 元感覺一樣嗎？149 元讓人感覺是 150 元不到，而 151 元則如同快到 160 元了。因此，在價格實務中，468 元和 488 元都給人一種快 500 元的感覺，為了增加更多的利潤，你可以選擇 488 元。

　　另外，數字差價還廣泛應用在商品調價時。用紅筆把原來的印刷價塗掉，旁邊用黃色手寫上新的價格，這種方法看起來簡單，其

實它也是利用顧客心理定價的一種策略。首先，原標價是印刷的數字，往往給人一種權威定價的感覺。而手寫的新價，會使顧客感到便宜。其次，黃色給人一種特別廉價的感覺，用黃筆標上新價錢，讓顧客看起來很有誘惑力。

假設經濟活動中的人都是理性人，任何行為都是追求效用最大化。但是現實生活中，消費者並非完全理性，而且很多情況下顯得非常不理性，僅僅是價格尾數的微小差別，就能明顯影響其購買行為。

數字差價應用十分廣泛。據國外市場調查發現，在生意興隆的商場、超市中，商品定價時所用的數字，按其使用的頻率排序，先後依次是 5、8、0、3、6、9、2、4、7、1。這種現象不是偶然出現的，究其根源是顧客消費心理的作用。在美國，5 美元以下的商品，習慣以 9 為尾數；5 美元以上的商品，習慣以 95 為尾數。日本的家用電器，習慣以 50、80、90 為尾數。許多商品，常以 8、88、98、99 為尾數。99 尾數不僅可滿足顧客的求廉心理，而且迎合了消費者追求「天長地久」的傳統心理，可增加商品對消費者的吸引力；而 88 尾數則適應了人們對「財運大發」的企盼，從而引起消費者的共鳴。

「數字定價」利用消費者求廉的心理，制定非整數價格，使用戶在心理上有一種便宜的感覺，或者是價格尾數取吉利數，從而激起消費者的購買慾望，促進商品銷售。

數字錯價為什麼會產生如此的特殊效果呢？標價 99.95 元的商品和 100.05 元的商品，雖然僅差 0.1 元，但前者給消費者的感覺是還不到「100 元」，而後者卻使人產生「100 多元」的想法，因此前者可以使消費者認為商品價格低、便宜，更令人易於接受。

帶有尾數的價格會使消費者認為商家定價是非常認真、精確

的，連零頭都算得清清楚楚，進而會對商家的產品產生一種信任感。

　　由於民族習慣、社會風俗、文化傳統和價值觀念的影響，某些特殊數字常常會被賦予一些獨特的含義，商家在定價時如果能加以巧用，其產品就會因之而得到消費者的偏愛。

　　在目前現有的主要零售業態形式中，都可以看到類似的數字錯價心理價格的影子。不僅包括超市的大量日常用品，而且用於百貨店鋪的服裝、家用電器、手機等。如果從價格形式上不加區分地採用技法雷同的數字錯價價格，必然混淆各種業態之間的經營定位，模糊業態之間的經營特色，不利於商家發揮先進零售業態的優勢，實現企業快速發展的目標。

3 將商品價格加以分割

　　價格分割是一種心理定價策略，將產品或服務的價格分解，分別為各個組成部份定價。即把價格很高的商品，在數量上化大為小，變斤為克，變缸為袋，從而使「高價」變成「低價」適用範圍：貴重商品或量少次多的商品。這種策略，可凸顯產品或服務容易被忽略的特質。賣方定價時，採用這種技巧，能造成買方心理上的價格便宜感。例如黃金，都是按照克來報價的，不會按照公斤來賣，例如買一條手鏈，標出 30 萬元/公斤，會把買家嚇跑的。用 300 元/克來進行定價效果就很好。

1. 明降暗升，易忽視

　　例如成本漲價了，明著漲，買家難接受，就可以採用數量分割。

例如：原來一包商品 500 克 9.2 元，現在可以一包 450 克賣 8.8 元，包裝還是一樣，就是量少了一點，買家不會注意少了 50 克。

2.化整為零，消費者容易接受

例如一箱 900 元，可以按照一袋 9.9 元來賣。

價格分割採用心理定價策略。店鋪對產品進行定價的時候，採用這種價格分割法，無疑能夠讓消費者在心理上產生價格便宜的錯覺，進而激發消費者購買的積極性。

現在在一些報紙或雜誌上也經常可以看到價格分割法的運用：一台 HP 筆記本電腦原價需要 52680 元，但消費者只要每個月支付 4309 元(要連續支付 12 月)就可以買到這台 HP 筆記本電腦；一塊阿瑪尼優雅坦克情侶對表原價需要 9990 元，但消費者只要每個月支付 832 元(要連續支付 12 月)就可以買到這塊阿瑪尼優雅坦克情侶對表。其實，這就是一種分期付款的價格策略，看似高額的單價，一經分割，價格立馬就拉下來了。這種價格策略就是把單價分割成較小的單位進行報價。

有些保險類產品打出了「每天只要 10 元錢，少抽一根煙，購買簡易醫療保障計劃，您就能給自己留下一份健康，留給家人一份關愛！」實際上，這也是一種價格分割法，它就是運用較小單價的產品進行對比而得出的。

採用價格分割，可將必要費用分出細項，會使顧客產生一探究竟的興趣，從而改變原來習慣的消費行為。

曾在一項實驗中觀察到這種效應，受試者購買從波士頓往波多黎各首府聖胡安的機票，非直飛航班且沒有附加服務的要價 165 美元，直飛航班並有附加服務(機上娛樂、餐點)要價 215 美元。機場將較高票價分為 4 種方案，觀察如何才能誘使顧客放棄較便宜的票價而選擇它。機場先將附加服務分成兩個等級，一種是 6 個電影頻

道與全套午餐，另一種是重播的電視喜劇節目與咖啡或茶。機場在進行價格分割時發現，一部份受試者只看到票價總額，另一部份受試者則可以看到細項(票價205美元，再加上附加服務費10美元)。

實驗結果顯示，對於只能看到票價總額的受試者，提高服務等級，選擇較高票價的受試者所佔比率並不會提高。但對附加服務的品質沒有什麼影響可看到票價細項的受試者，附加服務的品質就關係重大，較高等級的服務，會讓更多人選擇較高的票價。

但是，有一些商品不適合採用價格分割法，例如敏感型商品。有幾家商場將新引入的純鮮牛奶價格定得比現有品牌高。事實上，純鮮牛奶已成為絕大多數普通居民的生活必需品，消費者對這類商品價格非常瞭解，也非常敏感，消費者對價格敏感型商品的基礎商品購買特點是「只買便宜的」。零售商在對基礎產品定價時，應該保持較低的供貨價毛利水準，零售商對商品的加價率很低，有時以零利潤進行銷售，以獲得價格上的競爭力，建立店鋪的低價聲譽以及引來大量客流量。依靠超低價格吸引來的顧客中有大部份人除了購買便宜商品外，還會採購店鋪裏其他的高毛利商品。

在價格分割上，有些供應商為了給消費者造成價格便宜的印象，將包裝規格變小，隨之商品的價格也相應下降，但事實上單位容量價格並沒有下降。一般認為，由於消費者對這類商品的單位容量價格非常敏感，這種分割定價應用在價格敏感型商品上成功的幾率會很低，所以，分割定價策略更適合應用在價格較貴的商品上，消費者對這類商品可能不在乎單位容量的價格，而更加在乎的是每次購買的價格。

4 日常消費品低價策略

家樂福企業打開市場的關鍵，是在定價上他們採取了不同商品不同定價的方法。來家樂福購物的大都是城市消費者，對於這些消費者來說，低價可能是最有效的經營策略。當然，家樂福的低價並非是所有商品。

對於大眾日常消費品，諸如米、油、鹽、醬、醋等，購買率高，消費者對其價格水準記憶深刻，易於比較，十分敏感，並能迅速形成價格便宜的口碑。因此，家樂福對該類商品採用低價策略。另外，為了獲取更大的市場佔有率，提高知名度，逢年過節大規模的主題促銷活動中，家樂福在本來就比較低的價格基礎上，廠商雙方共同讓利，一般各在 5%的水準，但是要限定時間。通常用這種做法來刺激消費者購物的興奮點。

人人都知道「薄利多銷」的生意經，低價安全定價法屬於薄利多銷的定價策略。這種定價方法比較適合快速消費品直接銷售，因為它有很大的數量優勢。低價可以讓他們的產品很容易被消費者接受，從而優先在市場取得領先地位。

對於一個生產企業來說，將產品的價格定得很低，先打開銷路，把市場佔下來，然後再擴大生產，降低生產成本。對於零售商家來說，盡可能壓低商品的銷售價格，雖然單個商品的銷售利潤比較少，但銷售額增大了，總的商業利潤會更多。

日常生活的必需品，無可替代的商品是不能定價過高的，否則

會激起很多的社會矛盾。如藥價、糧食、基本食品、住房等。當然同一商品可能有高低檔之分，但生活必需品的定價一定是採取低價定價策略。對於人們的日常生活來說，如果對這些必需品的需求量比較大，定價過高，那麼則無法保證其基本生存。所以像糧食、住房、柴米油鹽等的價格絕對是不能定價過高的。

近年來，蔬菜的價格上漲讓更多年輕的主婦感覺到了壓力，面對蔬菜上漲的趨勢，她們自嘲變成「菜奴」。網上流傳著一份「菜奴省錢攻略」，網友稱，當了房奴、車奴，如今在高漲的菜價之下，不少人又增加了一個「菜奴」的光榮稱號，不少人開始探討「菜奴」的省錢之道。

誠然，不論是大蒜還是五穀雜糧的漲價都是有客觀原因的。例如，大蒜漲價前曾經經歷過價格的暴跌，在零售市場低價買一斤大蒜都不新鮮。而價格暴跌之後難免就會影響到種植積極性，再加上「大蒜能防甲流」傳言的推波助瀾，大蒜價格上升似乎就是可以理解的事情了。

市場上已經形成習慣來定價的方法。市場上有許多商品，銷售時間一長，就形成了一種定價的習慣。定價偏高，銷量不易打開；定價太低，顧客會對商品的品質產生懷疑，也不利於銷售。這種方法對於穩定市場不無好處。有許多日用品，由於顧客時常購買，形成了一種習慣價格，即顧客很容易按此價格購買，其價格大家都知道，這類商品銷售應遵守習慣定價，不能將價格輕易變動，否則顧客心裏會產生不滿，如果原材料漲價，需要提價時，要特別謹慎，可以透過適當地減少分量等方法來解決。

在市場中 70%以上的商品都是與人們衣、食、住、行密切相關的日常生活用品，對於這類商品的價格差異，消費者比較敏感，有時他們願意花近千元購買一套時裝，而不願意購買價格貴 0.20 元的速

食麵。這類商品屬於店鋪形象商品，其定價要有利於塑造店鋪專門提供給消費者價格低廉、節省時間、方便購買的形象。其中，對於水果蔬菜、主副食品要按較低的毛利率定價，對一些消費者使用量大、購買頻率高的商品，例如生活衛生用品等，要按進價甚至低於進價的價格出售，以吸引週邊的居民前來購買。

普通人必須消費的東西，一定是不會價格過高的。將日用品的價格定得低一些，使新產品迅速被消費者所接受和迅速開拓市場，優先在市場上佔有領先地位。樹立良好的店鋪形象實際上是一種間接目的，最終目的還是實現利潤最大化的經營目標。

對於消費者使用量大、購買頻率高、最受歡迎、省時、便利的商品，實行低價銷售，可在市場上擁有絕對競爭優勢，並樹立價格便宜的良好形象，來吸引消費者前來購買商品，以培養店鋪穩定的顧客群，從而實現利潤的最大化。

5 獨家商品價格可以偏高

獨一無二的產品才能賣出獨一無二的價格，對於獨家的商品，價格可以定得稍高一些。

對於獨家的商品，在新產品上市初期，可以把商品的價格定得較高，在競爭者對手販售該相似的產品以前，儘快收回投資，使店鋪在短期內能獲得大量盈利，以後再根據市場形勢的變化來調整價格。

某市一家店鋪進了少量中高檔服飾，進價3800元一件。該店鋪

的經營者見這種外套用料、做工都很好，色彩、款式也很新穎，在本地市場上還沒有出現過，於是定出 10800 元一件的高價，居然很快就銷完了。

如果你推出的產品很受歡迎，而市場上只你一家，就可賣出較高的價。不過這種形勢一般不會持續太久。隨著時間的推移，在逐步降低價格使新產品進入彈性大的市場，而且暢銷的東西，別人也可群起而仿之，因此，要保持較高售價，就必須不斷推出獨特的產品。

獨一無二的商品才能賣獨一無二的價格，也要求產品既優且新。品質優是高價策略的基礎，次等產品定價高，則是失敗的策略。產品新，消費者不明底細，高價法方能有效。最後，購買者對價格不太敏感。如果你的目標客戶對價格很敏感，定價過高會把他們嚇跑。

在什麼情況下應該定高價，什麼情況下應該定低價，其實這取決於店鋪的目標客戶以及競爭環境。對新產品定價是一個十分重要的問題，對於新產品能否及時打開市場並佔領市場和取得滿意的效益有很大的關係。

一般來說，如果店鋪的目標客戶是高收入者，其市場需求並不大，因此採用定高價的策略，以實現高價少銷，能夠成功。名牌產品通常採用這種定價方式：

例如一個 LV 女式手提包定價 12 萬元，市場銷售仍然很好。其實這種產品屬於炫耀性商品，購買它的女士主要不是用於裝東西，而是用這種包的品牌來「炫耀」自己的身份。價格低了，與普通手提包一樣，無法炫耀身份，高收入者就不會購買了。因此，高定價的產品一個顯著的特點是價格缺乏彈性，而且供給是極為有限的。類似的替代品並不多。尤其有些人對這種品牌有一種特殊偏好，喜

歡 LV 這個品牌的人寧肯多花錢也要買這種包，不肯以低價去買其他包，儘管其他包也是名牌。對這些高收入者而言，12 萬元一個包在其總支出中佔的比例並不大。所以高收入者對 LV 的包就極為缺乏彈性。而且這種包做工精細，供給難以增加，不用靠降價吸引更多消費者。這種產品是靠品牌而不是靠低價佔領市場。

名牌商品如果降價反而會由於無法顯示身份，甚至會發生需求量減少的情況。缺乏彈性的產品，如果採取降價銷售，總收益必然減少，因此維持高價，總收益才能維持可觀的水準。因此定高價並不降價就是正確的選擇。

不僅是名牌，只要是需求缺乏彈性的產品都可以定高價或提價。以麥當勞為例，為什麼其他餐飲店都降價時，它提價反而總收益增加呢？這就在於麥當勞這種食物有自己穩定的消費群體。他們對麥當勞有一種強烈的偏好，而對價格又不敏感，這就是說對於麥當勞的消費群體而言，這種食物是缺乏彈性的。而對於那些不愛吃，「餓死不吃麥當勞」的人群而言，因為不喜歡，價格再低也不會去吃。提價並不會減少青少年和兒童對麥當勞的消費，降價也不會吸引其他人吃麥當勞，因此，提價並沒有減少消費量，總收益就增加了。

6 有內涵的產品，不要輕易打折

為什麼在面對激烈競爭與經濟衰退時，蘋果公司(APPLE)的電腦總是比較貴，蘋果手機總是比同行更貴，還能維繫顧客的高度支持？為什麼在新興市場的低成本競爭對手林立，而且近年來產業成長停滯，全球最大軸承供應商斯凱孚集團(SKF)仍堅持價格比同業高出30%到40%？

蘋果與斯凱孚的例子都顯示，在成熟市場中，有內涵的產品不要輕易打折。如果價格戰已經廝殺到一路探底、兩敗俱傷的地步，刻意保持價格不變將有助於扭轉趨勢。

星巴克(STARBUCKS)賣的飲料，在很多地方都近乎免費提供，但它一杯要價從 3 美元起跳。星巴克至今已賣出無數杯咖啡，它的高價策略會奏效，原因並不是顧客層比較富裕，不在乎價格偏高，也不是品質真的比同業高那麼多，而是精心規劃出一個價格點，促使人們重新思考在生活中空出時間、喝杯咖啡的重要性。

不要輕易打折，打折的價格一定是定死的，不能再鬆動。咬住價格不放鬆，也許你會一時失利，但從長久的角度來看是在盈利。當然，這樣的策略，一定要有一個在當地來說，屬於比較好的氣氛，比較高檔的形象來支撐。

有內涵的商品不要輕易打折，但必須要注意以下幾個方面：

首先是貨品方面，要保證你的貨品在當地佔有絕對的優勢。這樣才能保持高價位、不打折。

其次在品質方面，商品的品質一定要好，保持店裏高端的形象，用形象商品提升中低端的品位。

最後是在價格方面。一定要有定價。有些人會覺得貴，所以為了迎合這部份人，你可以定期拿出來些特價商品，那麼特價的商品就要做到的確特價。用特價商品滿足那些想買便宜東西的人，他們會在同伴中傳遞實惠的購物信息。

既然是昂起頭的產品，就不要輕易變動價格，你可以用贈品來變相降價，但不能直接改變價格。一個零售店經營的服裝賣 480 元一件，是中檔的價格，有個顧客看了 6 次，到第 6 次的時候才購買。一次認為漂亮，品質好，第二次的時候認為有點貴，想找找其他家有沒有再便宜的，第三次，沒找到和這件服裝一樣的商品，又來看看，不甘心。到第六次，終於忍不住了，就買下了。

只要東西好，定價正確，就不要輕易打折，打折一定會影響產品的形象。

LV 價格昂貴，但從來都不打折。手工絕對的精細，每一個包都是精品。然後加上昂貴的定價，並透過非常規的傳播手段，LV 讓目標消費者在潛移默化中接受了品牌，理解品牌的內涵，並且形成了自己的特色。

LV 能夠屹立於國際精品業的翹楚地位，品牌專家指出了其特殊的品質。

今天，已有 6 代路易·威登家族的後人在為品牌工作，LV 有56000 名員工在全球不同的崗位上工作著，其中 64%來自於總部法國以外的國家。每一位為 LV 工作的設計師和員工都必須瞭解路易，威登的歷史，這樣做的原因，是讓所有與 LV 相關的人員都對 LV 特有的品質有所瞭解。

靠高品質、高價策略在市場上獲得成功的實例很多。哈雷機車、

賓士轎車等都以標榜高品質、高價位獲得成功。一般來說，消費者都有「一分價錢，一分貨」的看法。有文化內涵的商品儘量不要打折，以保證產品的形象。同時，高價位能創造高利潤，更使這些產品有能力乘勝追擊。

　　總之，如果是真正優異、有內涵的產品，高價策略是行得通的。但是，價高的幅度多少、產品的差異性、產品的性質，都需要經營者仔細研究。

7 折扣商品如何定價

　　折扣定價策略的多種多樣，以下介紹的是較為常用的幾種。

1. 限時折扣

　　任何食品都有一定的保質期，對於經營食品的店鋪來說，為了確保在保質期內將商品銷售出去，可採用限時折扣的方法進行銷售。在運用限時折扣銷售時，必須給顧客一定的時間餘地。例如，2010 年 10 月 30 日到期的餅乾，最好在 10 月 10 日左右進行折扣銷售，以便顧客能有一定時間來消費。對於麵包、牛奶、烤制的肉排等日配品，應該在店鋪每天歇業前 1～2 小時之間進行折扣銷售，以減少存貨帶來的損失。

2. 季節性折扣

　　經營季節性商品的店鋪，對銷售淡季前來購買的顧客，給予折扣優待，鼓勵他們進行購買。這樣有利於減輕儲存壓力，從而加速商品銷售，使淡季也能維持經營，有利於提高店鋪的獲利能力。

3.特賣品折扣

隨著市場上消費流行時尚的變化，一些商品由於款式、包裝等方面的原因而顯得過時，這樣的商品就成為店鋪的特賣品，需要大幅度進行折扣銷售。特賣品價格折扣的幅度非常大，有時折扣後的價格是原價的1～2折。吸引顧客，集聚人氣，以此帶動店鋪其他商品的銷售是店鋪進行商品特賣的主要目的。因此，需要安排好特賣品的出售量和出售時間，一般說來，特賣品銷售活動獲得成功的評價標準為：每次出售特賣品的折扣損失小於由此帶來的店鋪整體商品銷售的贏利額。出售特賣品的時間應由店鋪的實際情況來決定。但最好避開節假日，挑選顧客較少的日子進行，以吸引較多的顧客進店購物。

4.數量折扣

是指店鋪對顧客購買達到一定數量或金額時，給予一定折扣的策略。數量折扣分為累進折扣和非累進折扣兩種。這種折扣實際目的是刺激顧客進行大批量購買。累進數量折扣是指，如果顧客累計購買量(或購買金額)在規定的一段時期內達到一定標準，就給予折扣。規定期限的長短，可根據店鋪具體情況來制定，如一週、一月、一季、半年或一年等。累進數量折扣的優點是鼓勵消費者長期購買某一店鋪的商品，成為其長期、忠實的顧客，有利於店鋪預測購買量，確定進貨量。缺點是有些顧客在規定的期限即將結束時大量購買，使銷售不能平緩進行。非累進數量折扣是指顧客在某次購買中，當購買量達到一定標準時，給予折扣，購買量越大，折扣越大。非累進數量折扣的優點是有利於店鋪加快資金週轉。

5.以舊換新

以舊換新是店鋪與供應商聯合向顧客，特別是向具有節儉習慣的顧客推銷商品的一種有效手段。商品的更新換代速度加快，往往

顧客使用著的產品還未結束使用壽命時，新產品又面市了。在這種情況下，消費者手中的舊產品往往如同雞肋，食之無味，棄之可惜。這時，開展以舊換新業務，一方面有助於消費者心理達到平衡，他們感到沒有由於購買新產品而造成舊產品的浪費；另一方面也擴大了店鋪的銷售量。

第 十 二 章

商店也有品牌

1 小商店也要樹立品牌

很多店鋪經營者會質疑，樹立品牌不是大店鋪的事情嗎？事實上，小商店也要樹立品牌。商店品牌的樹立，能有效提高店鋪的認知度和顧客的忠誠度，可以說是人氣小店必須遵循的方式。

顧客確實會和品牌建立起真誠的關係。品牌對人們來說意味著一些特殊的東西，它們是人們生活中重要的部份。大多數客戶會覺得自己與義大利麵條、香波這樣的品牌更接近。然而，如果我們一次又一次回頭購買，我們就擁有了一個品牌，這個品牌已經成為了我們的老朋友。我們的朋友和家庭不會想像到我們會用其他牌子的香水，會開其他牌子的汽車，或者會穿其他牌子的運動鞋。

好的品牌能夠增強顧客的信賴度，甚至不需要大筆的廣告費用，透過口口相傳就能深入人心。現今媒體上出現了越來越多低俗的廣告，讓人難以瞭解它們的訴求內容，也無法信賴它們所宣傳的

商品。唯有建立一種與客戶有關的傳達正面情感的廣告，才是最直接有效的方式。替客戶著想，與客戶站在一起，才能樹立品牌的形象。以真正的關懷、值得信賴的夥伴形象，打入潛在客戶及現有客戶的生活中，參與行銷策略突破紛亂的市場困境，已成為品牌建立的重要因素。

人們對於親朋好友、家人介紹的顧客產品信賴度很高。因為介紹給他人的產品，基本上是自己使用後覺得滿意的。有鮮明品牌的店鋪，一定會引起大家口耳相傳，在引起人們廣泛好評的時候，也踏上了向人氣店鋪發展的道路。口口相傳是不需要一毛錢的宣傳方式，是建立在顧客對品牌高度的滿意之上的。雖然可能比不上媒體廣告的宣傳速度，但是對品牌的提升有著極大的幫助。許多經營者認為店鋪的口碑是自然形成的，而且顧客間的口口相傳是自己無法決定的。其實並不完全是這樣，顧客的滿意度是建立在店鋪的努力之上的，小店可透過不斷完善自己的服務促進品牌的形成。

只有讓顧客滿意到想要跟週圍人分享的品牌才是好的品牌。顧客對某一品牌的滿意經驗將導致對這一品牌購買的常規化。對於這樣的購買，消費者幾乎不用作任何的品牌評估。只要產生需求，就會直接作出購買決定。因此，提高品牌品質讓顧客能夠口口相傳，是一種確保客戶滿意和提高客戶忠誠度的方式，也是一種透過減少信息搜尋和品牌評估活動，大大簡化客戶消費決策的方式。

2 人，故事，商品是品牌的 3 大支柱

　　那麼怎樣才能樹立商店品牌呢？人、故事、商品就是品牌的 3 大支柱，從這 3 個因素下手吧。

　　首先是人，就是店鋪的經營者，很多經營者覺得只要用心努力工作就好了，不想出風頭作宣傳。但是如果想要不付出任何代價就成為人氣小店，把經營者變成小店的活招牌是最容易的方法。可以把你的日常照片貼在店鋪裏，讓顧客知道你是一個怎樣的人，不一定非要是跟店鋪經營有關的照片，平時旅行、娛樂的照片都可以。還可以將店鋪的經營歷程、成長故事寫出來，告訴顧客你的訊息、你的心路歷程，讓顧客瞭解當初你是抱著怎樣的心情創立這間店鋪的。

　　然後是商品，可以告訴顧客你為什麼要經營這類商品。你的商品採用了什麼樣的材料，怎樣的製作技術，跟別的商品比起來有什麼與眾不同的地方。最好是要結合你的經營理念，透過商品傳達給顧客，是有了這樣的經營理念才會有這樣的商品，才能提供這樣的服務。

　　可以讓顧客產生「你製作的鬆餅這麼好吃原來是因為這樣啊」，或者是「你賣的衣服這麼獨特原來是基於這樣的理念」的感受並留下深刻的印象。

　　最後的因素就是故事了。故事的編劇和導演都是身為經營者的你，將開這間小店時的目標、經營店鋪的心情、曾經遇到的挫折困

難等所有與店鋪經營有關的事情都編成一個一個的小故事。

有一家中式烤肉店，門面很小，裝潢也一般，這家店鋪客流量甚至超過了旁邊富麗堂皇的大餐廳。很多人不禁問道，那他為什麼要放棄收入又高又體面的工作甘心與炭火爐具為伍呢？

原來這個老闆對烤肉有種癡迷，在美國工作的時候，他最想念的就是家鄉的烤肉。可是美國這麼多中餐館，卻始終沒有他想要的味道。於是這個老闆乾脆自己開起了烤肉店，從進口肉類、調料，甚至烤肉的爐子都是空運過來的。也許他的烤肉味道並不比別家的好吃，但是正是這股濃濃的家鄉味吸引了眾多在美國的華人。這個老闆始終堅持著對音樂的熱愛，每天不定時地在店鋪裏演奏小提琴給顧客聽。「聽著小提琴吃烤肉」在顧客中廣泛傳播開來，很多美國顧客也被這個新奇的組合所吸引，小店生意蒸蒸日上。

一個與眾不同的經營者，一個獨具特色的商品，一個生動的經營故事，組成了一家人氣超旺的小店。經營者要做的就是用這 3 個要素支撐起你的品牌。你也許會認為這樣很難，但是只要用心去做，並不是不可能實現的事情。做好這 3 個要素，就等於打開了成為人氣小店的大門。

3 打造自家店鋪的品牌

作為小店，要努力打造自己的品牌，當承諾讓顧客 100%滿意的時候，就要準備好負擔各種責任。也許是郵局快遞的原因造成損壞耽誤，我們要毫無怨言承擔損失並且向顧客道歉，因為我們沒有讓顧客順利收到物品，延遲或者往返都是給顧客增添了麻煩，我們要毫無怨言承受指責並且力求下次可以做到完美。

1. 樹立品牌形象，需要專業的產品常識

如果只能看到買進賣出的差價，而看不到這個出售過程提供的知識服務，就不可能讓買家覺得具備專業的品牌形象。

2. 樹立品牌形象，需要一個嚴格的價格體系

嚴格定價，嚴格制定折扣條例，嚴格遵守。堅持合理定價，堅持區分新老顧客，給予不同的折扣條例，不要隨意改變定價原則和折扣原則，是塑造品牌形象的一個原則。

3. 樹立品牌形象，需要一個長期堅持的系統的規劃

要想清楚，我的店鋪品牌形象是如何的？根據產品，根據店主的個性，根據經營的環境人群特點，先要有一個概括定性。讓買家享受熱情週到的客服，最終買到有品質保障的產品，得到妥善專業的售後服務給人以親切、專業、誠信的店鋪品牌形象。

4. 樹立品牌形象，需要銷售技巧的時刻配合

例如商品名稱，最好能附帶自己的店鋪名稱，那麼和你交易後感受愉快的人，更容易記住你的店鋪，而不是下次不知道找誰。例

如商品名稱可以成系列，然後安排登錄的時候也算好間隔，讓買家從商品列表中容易發現你的規範和用心。

4 樹立良好店鋪形象，扭虧為盈

開設一家店鋪也許要經過長時間的準備和磨礪，在經營中可能慢慢積累一些不利因素，進而造成店鋪虧損。這時，就需要消除這些不利因素，重塑良好的店鋪形象，扭虧為盈。

溫水煮青蛙的故事相信大家都很熟悉，當把一隻青蛙放入一鍋沸騰的開水中時，它會受不了溫度的突然變化奮力跳出來。而如果把青蛙放在溫水中時，它會習慣這種溫度，然後慢慢地把水加熱，青蛙就會在不知不覺中被煮熟了。

店鋪的生意越來越差，顧客逐漸地減少，虧損問題越來越嚴重。其實很多店鋪就如同那隻青蛙一樣，在不知不覺中已經失去活力了。面對這樣的狀態，是應該停止營業避免虧損繼續擴大，還是奮力一跳，徹底改善店鋪的經營狀況？經營者應好好審視一下自己店鋪的情況，不要等到沒有力氣跳的時候才意識到水已經快開了。

一家美甲店，開設在年輕時尚顧客聚集的商業街上，但是店鋪的經營每況愈下，已經虧損了好幾個月了。店鋪的經營者劉女士是一位 40 多歲的美甲師，店鋪僱用的員工總是在幾個月後就相繼離開，留下的員工都是 30 多歲的中年人，店內的氣氛很沉悶。劉女士每個月都花很多錢在時尚雜誌上刊登廣告，但是仍然沒有新顧客上門。劉女士的美甲技術其實非常地好，她認為只要技術好就一定會

有顧客光臨，可是店鋪的運營一直得不到改善。

經過冷靜的思考，劉女士發現一直以來在雜誌廣告上投入大量的金錢，可是因此而未的顧客並不是很多，這些顧客的消費額連廣告費用的 1/10 都不到。這樣的話，根本賺不到什麼利潤，於是劉女士果斷地停止了廣告刊登，節省了一大筆支出。

劉女士當初開設美甲店的目的，是希望即使沒有一雙漂亮的手，經過指甲的修飾也能重新找回自信。然而這樣的想法她卻從來沒對顧客提起，經營困難的苦惱也從沒在員工面前表現出來過。在一次員工會議中，劉女士終於鼓起勇氣吐露了自己的心聲，曾經和經營者關係生疏的員工在感受到了劉女士的熱情和誠意之後，紛紛提出了很多建設性的意見。店鋪的員工以前所未有的激情團結起來，表示一定會協助劉女士改變現狀的。

根據員工的建議，劉女士延長了營業時間，平時放假的日子也都開店營業，每天關門的時間從晚上 8 點延遲到晚上 10 點。果然，多了一些喜歡在夜間活動娛樂的顧客光顧。美甲店早就設置了會員制度，但是會員資料一直閒置著，全體員工將這些資料翻出來仔細研究，給那些很長時間沒有光顧的顧客寄去了精美的卡片，誠心誠意地請她們再次光臨店鋪。劉女士親自帶領員工到附近的街道上發放傳單，向每一位路過的行人微笑著傳達店鋪的理念。店鋪裏還張貼著全體員工微笑著的全家福。整個店鋪的氣氛變得活躍輕鬆，每一位顧客都被員工真誠的笑容感動了。

在全體員工上下齊心的努力下，顧客慢慢地增多了。那些感受到店鋪誠意和優質服務的顧客，還紛紛介紹自己的親戚朋友一起光顧。終於有一天，店鋪的經營脫離了長達數月的虧損狀態，開始逐漸盈利了。

那些已經快要輸透的經營者們，不要覺得店鋪無藥可救了，只

要有改變的決心和毅力，店鋪上下團結起來，樹立良好的店鋪形象，就一定有扭虧為盈的可能。而那些正在「溫水」中的經營者，也應儘早覺醒，發現自己店鋪的問題吧。

5 靠外賣成餐飲業的活廣告

傳統餐飲規則逐漸與當下時代脫離，轉型成為行業共識，外賣成為餐飲行業自救的重要方式。

在互聯網餐飲的浪潮下，餐飲世界的遊戲規則開始改變，餐飲業已進入堂食。外賣並重的「雙主場」時代，呈現外賣和堂食相互促進的新發展格局。

俗話說「酒香不怕巷子深」，天成川菜是從巷子裡走出來的，天成川菜認為，只要東西好吃，就不愁沒人來，二十多年來，天成川菜從來不靠打折吸引消費者。一開始是抗拒通過互聯網做生意的，但 2020 年的疫情猶如巨雷，驚醒了天成川菜。

2020 年提前備好了整個春節的貨，但所有一切都被疫情打亂了，堂食開不了，貨堆積在倉庫，員工出不去，大家情緒都特別悲觀。乾脆，果斷做出決定：所有門店留八個人，只做外賣，整條街所有店都關門，唯獨天成川菜開門做外賣。

「上百個員工還在等著發工資，做外賣至少讓大家手頭有事情做，也正是這個大膽的決定，順利幫助天成川菜走出疫情困境。」

包裝是外賣產品使用者體驗的核心，無論是材質、形式還是顏色等，都會影響顧客的感受。天成川菜進一步抓住年輕人在用餐上

追求儀式感的特點，他們在包裝上進行升級，通過改良外賣餐品，推出無骨酸菜魚，來契合年輕人的需求。

天成川菜「並不指望外賣能帶來非常大的利潤，但它最大的價值在於，讓所有門店三公里範圍內的人都知道天成川菜的存在，相當於做了免費廣告，進一步帶動線下門店。」

隨著營業額不斷上漲，外賣比率達到 30%，收穫了顧客好的口碑，這也讓天成川菜意識到外賣業務的重要性。所以，在堅持品質為基礎的同時，還需要撬動更多流量，外賣既是抵制疫情的最好手段，也是後期引流增量的好方法。

而這也極大振奮了天成川菜要把「到店體驗」和「到家體驗」都做好的決心。

疫情期間，天成川菜推出「安心套餐」，外賣包裝精美，主要服務無法出門的顧客；疫情穩定後，天成川菜又將「安心套餐」升級為「營養套餐」，做年輕上班白領的生意，薄利多銷。

外賣業務的價值直接體現在「回頭客」多不多，也就是「複購率」高不高。產品的味道是決定顧客是否複購的關鍵，在產品配送途中必然有口味折損，商家需要考慮如何讓產品口味折損度降到最低，例如提供具有保溫效果的餐具，提供麵條和湯分離的餐具，防止麵條糊掉，影響口感。

天成川菜表示，有一位顧客一個月裡點了他家 30 次外賣。從這個案例中，可以很明顯地感受到，過去餐飲商家主要做線下的生意，所以要考慮如何把顧客「引」到店裡，而現在要更著眼於線上外賣的生意，即如何把滿足顧客線上的需求，合理分配外賣和堂食的比率。

公開資料顯示，2020 年，中國外賣市場交易規模達到了 8352 億元，全國外賣總體訂單量將達到 171.2 億單。全年中國新增外賣

相關企業超過 67 萬，同比增長 1487%，2020 年線上餐飲在整個餐飲行業的比率超過了 20%。

《2020 年中國餐飲外賣中小商戶發展報告》提到，外賣平臺中的中小商戶數量比率超八成，近六成商戶在一年內開通外賣，超三成商戶在疫情後增加外賣專員崗位，超八成的中小餐飲商戶經營者表示開通外賣服務後的收入有所增加。

足以表明，外賣和堂食同等重要成為行業共識，未來，堂食、外賣將是中小商戶發展的新路徑。餐飲行業被移動互聯網改變、被數位化改變，「我們從前以堂食業務為主場，你所有的資產、員工、設備、產品、顧客全線上下，在店裡。現在，餐飲老闆們則擁有了外賣堂食兩個主場。」

在外賣需求持續增加，那麼就應該讓它發揮最大價值，為商家帶來更大效益，天成川菜案例或許可以給餐飲人一些啟發。

第 十 三 章

從細節方面緊抓行銷服務

1 開店會接待，顧客樂意來

通過得體的接待，讓顧客心情舒暢，創造出一種融洽的人際關係，是每一位店主最重要的工作技能之一。

1.有禮貌地打招呼

禮貌地打招呼是建立良好的人際關係不可或缺的因素，正如一般人所說，在親密的人與人之間也需維持禮貌，父子或夫妻之間亦然，更何況對於顧客，禮節更是不容輕慢。

通常，如果生意人以十分平常的態度向顧客打招呼，如僅簡單地向顧客點個頭，或甚至連頭都不點，只稍微欠欠身，在某些較講究禮貌的人看來，這種打招呼方式讓他們心裏可能很不是滋味。於是，上門的顧客可能會拂袖而去，或從此以後不再登門。

有禮貌地打招呼是從事服務行業的最基本守則，注視對方眼睛也是一種禮貌的表示。眼睛是人的心靈之窗，因此，你應以誠摯的

眼神讓對方打開心扉，使其在不知不覺中接受你，並對你產生依賴感和信任感。

2. 用明快的語調說話

從「您好」到「再見」，服務過程中自始至終都要用熱情明快的口氣接待所有顧客。抱著喜歡對方的心情，發出富有朝氣的聲音，要做到這兩點並不難，無論是什麼性格的店員都必須做到。

3. 誠心誠意

有誠意又熱情洋溢地與對方說話，這在說話藝術中是最重要的。回答肯定的問題時，要充滿誠意地說一聲：「是！」愉快的聲音傳到對方的耳朵裏，對方一定會十分滿意的。

4. 別喋喋不休

「善於言談的人必定善於傾聽。」這句日本的諺語告訴我們「聽」與「說」是同等重要的。學習會話必須先從學習聽對方談話開始。

「善於傾聽」這個詞與另一句諺語「耳聽兩句、口問一聲」的含義基本上一致，特別是對於一些年紀大或愛表現的顧客更要耐心地傾聽。

5. 不要使用深奧的語言

有的人喜歡在顧客面前說一些深奧的語言，用一些冷僻、文縐縐的專業辭彙，有的人故意使用一些使對方聽不懂的成語典故，還誤認為對方會覺得自己說話簡潔、口齒清楚、很有學問。

例如，你對顧客說：「這個床單上的圖案簡直是李白筆下的一首詩。」也許你還在為自己的所謂「文采」洋洋自得，卻不料顧客聽得雲裏霧裏，弄不清你想表達什麼意思，只好一臉茫然地離開了。

有人在談話中喜歡用一些不常用的外語單詞（主要是英語），尤其在一些店舖的工作人員中比較常見。雖然說辭彙量豐富是一個優點，但是，如果對方聽不懂你的話，就會感到不知所措而難為情了，

這是非常失禮的。因此，有亂用這種不中不洋語的人必須適可而止。

在與顧客談話的過程中，除非是不可替代的專有名詞，一般應盡可能使用忠實於本意且通俗易懂的語言，只有這樣，才能使顧客感到親切。

2 要賣顧客所要的，而不是你想賣的

很多店鋪經營者常常會自以為是地認為顧客心裏在想什麼，顧客需要什麼，他們已經瞭解透了。顧客想要熱情友善的服務態度，於是提高服務人員素質；顧客想要商品的價格更低廉，所以常常促銷降價；顧客想要更完善的售後服務，因此加大客服中心建設……店鋪經營者就努力照著「顧客的想法」去實現，可結果往往得不到合理的回應。

這種不合理的現象，是店家不瞭解顧客消費心理造成的。很多店鋪經營者會從自己的內心感受出發，認為某些商品會銷得很好，但大多數消費者並不這樣認為。因此，店鋪的經營者一定要記住一點：賣顧客需要的商品，而不是你想賣的商品。

很多商家喊著「顧客是上帝」、「一切以顧客為中心」的口號，可真正把服務做成功、獲得顧客肯定的沒有多少。這並不是說口號錯誤，而是商家理解有誤。很多商家把它們理解成提供微笑服務，提供最好的服務。口裏說的是顧客，其實一切都只從自身出發，按自己的設想來設計服務。設想顧客需要微笑，需要熱情的問候，需要其他的服務。可顧客是怎樣評價這些服務的呢？

「服務員對著我微笑，好像我不買東西很對不起她們似的，可買的東西又不是我喜歡的，下次不去了。」

「真不想走進那家店，服務員笑起來好假。」

「那些服務員總是問我需要什麼幫忙，讓我很不自在，她們不要這麼熱情就是最大的幫忙了。」

由此可見，有時商家所掌握的「顧客的需求」並不是真正的需求，所以服務不能觸動顧客的心，不能得到良好的回應。

其實，所謂的「顧客是上帝」、「一切以顧客為中心」，指的是商家要以顧客作為基點，探求顧客的需求，摸透其消費心理，再設計相應的服務或推銷相應的商品。

3 微笑後面有黃金

一張笑臉，能給顧客消解快節奏所帶來的緊張，能給顧客帶來心情舒暢。知識是金錢，時間是金錢，笑臉也是金錢。

笑臉迎客要勝過乾巴巴的討價還價，在這方面，香港皮革大王方新道可謂技高一籌。

方新道在日本和美國有別墅，在香港有遊艇和名貴的轎車，但他似乎沒有多少時間去享受這些奢侈品。在西伯利亞皮革行中，遇有大買家光臨時，這位店員出身的皮革大王仍會親自出面接待。當顧客在店員的協助下把一件裘衣穿上身，那種職業性的微笑就會在他臉上不斷浮現，並會低聲地發出一連串的讚美，品評毛色如何光潤，剪裁如何高明，如何適合顧客的身高和體型。如果換另一件呢？

啊，這一件更適合些！他的耐心是無限的，他會繼續低聲發出讚美，眼中閃閃發光，直到把每一件裘皮生意談成。店員拿出裘皮衣去包裝，拿了信用卡去結帳，他就請顧客去他的私人辦公室裏小坐。

當客人踏進他那一塵不染、富麗堂皇的辦公室時，方新道就會邀請他們觀賞站在左邊角隅的一隻貂，並且主動告訴他們這個標本是貂的原樣，值港幣 5 萬元以上。然後他便回坐到他那大皮椅上，讓顧客有時間流覽牆壁上各國顯要人士與他合影的巨型彩照。方新道就是這樣利用靈活多變的促銷，利用售前售後的熱心、真誠、週到的服務而贏得顧客的。

和氣生財歷來為經營者推崇，因而，微笑服務屢屢成為店舖的店規，商家從這些行為規範中得到了實惠。

顧客通常對服務的態度也看得非常重，在不少情況下，超過了商品本身的價格，花錢總不能買一肚子不高興。雖然人的性格千差萬別，但面對微笑，心裏都會產生滿意的感覺。和對態度生硬的店員不一樣，對週到的服務，顧客總會給予實際的回報。

管理學家馬斯洛說：人有 5 種基本需要——生理需要；安全需要；友誼、愛人關係需要；受人尊重的需要；自我實現的需要。對一般顧客來說，受到商家的禮遇都會產生愉快的感覺，同樣花了錢，他會感到物超所值。

重視顧客，那怕是一點小事，也使顧客感激不盡。如記住常客的名字，向顧客微笑打招呼等。

有位香港女作家對此頗有感慨：「我喜歡到相熟的餐館或會館中用膳，主要原因是受到了禮遇，侍者們曉得李小姐前、李小姐後的叫個不停，首先就讓我有種備受重視的感覺，接著，我會意識到自己可能會受到額外優待。例如，留座的位置如不理想，可以立即更換之類。」

　　現實中，重視禮遇和被尊重的顧客相當普遍。商家相應的促銷也名目繁多，取悅於每一位顧客已成為眾多商家的共識。

　　24 歲的齊田重男花了 30 萬元把一個僅內部裝修就花了 100 萬元的吃茶店頂了過來。當他重整旗鼓開張後，他才知道該吃茶店便宜頂讓的理由。他經營了一個月後，發現前來光顧的客人寥寥無幾，每天不會超過三四個人。

　　生意如此清淡，如果換做別人的話，一定會大失所望，或者放棄，或者轉行了事。然而，齊田重男卻沒有這樣做。在經營一年半之後，他不但使吃茶店欣欣向榮，而且另外又開了三家吃茶店。他起死回生的法寶到底是什麼呢？

　　其實，他的生意興隆的秘訣非常簡單，只是要求服務員嚴守以下兩條待客規則：

　　⑴客人進來時，必須笑臉相迎，造成愉快輕鬆的氣氛。

　　⑵客人坐下時，必須立即走過去，向客人講幾句有禮貌的話。

　　而且，這位善於動腦筋的年輕人經營吃茶店的同時還兼營自動電唱機和自動飛機玩具，這也成為他拓展客源的一個有力手段。

　　由於他善於經營，3 年後就成為一個富翁。

　　對顧客的服務不能以貌取人、以衣取人，這都是做生意的大忌。

　　微笑服務在店舖經營中，將是永恆的內容，只要服務的對象是活生生的人。

4 記住顧客的稱呼

著名學者馬斯洛的需要層次理論提出一個重要看法，人們最高的需求是得到社會的尊重，當自己的名字為他人所知曉，就是對這種需求的一種很好的滿足。對任何人而言，最動聽、最重要的字眼就是自己的名字。

在店鋪經營的過程中，如果店員能準確無誤地記住顧客的稱呼，則會帶給顧客以驚喜和感動。這樣就會取得良好的服務效果。

有一位經營美容店的老闆說：「在我們店裏，凡是第二次上門的我們規定不能只說請進，而要說請進某某小姐(太太)。所以，只要來過一次，我們就存入檔案，要全店人員必須記住她的尊姓大名。」如此重視顧客的姓名，使顧客感到備受尊重，走進店裏頗有賓至如歸之感。因此，老主顧越來越多，不用說生意就愈加興隆了。

還有一家著名的飯店，它的生意非常好。其經營的秘訣之一就是準確地記住顧客的稱呼。

一位常住的外國客人從飯店外面回來，當他走到服務台時，還沒有等他開口，服務員就主動微笑地把鑰匙遞上，並輕聲稱呼他的名字，這位客人大為吃驚，由於飯店對他留有印象，使他產生一種強烈的親切感，舊地重遊如回家一樣。

一位客人在進店時，服務台問訊小姐突然準確地叫出：「××先生，服務台有您一個電話。」這位客人又驚又喜，感到自己受

到了重視，受到了特殊的待遇，不禁添了一份自豪。

此外，一位 VIP 客人隨帶陪同人員來到前台登記，服務人員通過接機人員的暗示，得悉其身份，馬上稱呼客人的名字，並遞上列印好的登記卡請他簽字，使客人感到自己的地位不同，由於受到超凡的尊重而感到格外的開心。

在店鋪的經營中，主動熱情地稱呼顧客的名字是一種服務的藝術，也是一種藝術的服務。只要這一點能做好，店鋪的營業額和利潤率一定會相應的提升。

如何才能做到儘快準確無誤地記住顧客的名字呢？

1. 一旦知道顧客的名字，就應反覆利用各種機會，用名字來稱呼客人，這樣有助於記住對方的名字。

2. 要留意並儘快知道顧客的名字，必要時可以有禮貌地問：「先生，請問您貴姓？」

3. 不時地望著顧客的臉，記住顧客的面貌和身體特徵，並且設法和他的姓名聯繫在一起。

4. 在提供服務過程中要專心傾聽，不可三心二意，以提高記憶的效果。

5. 顧客離去時，要及時回想一下他的面貌、職業和你所給予的服務，並再次和姓名聯繫在一起。

6. 把顧客的各種特徵和姓名聯繫起來，必要時以書面形式記下所需資料。

7. 當顧客再次光臨店鋪時，應用記住的名字稱呼，如不能完全確認對方名字時，可以試探地問：「對不起，請問您是×××先生吧？！」千萬不要貿然叫錯顧客的名字。

記住顧客的稱呼，雖然只是一些細節性的問題，但作用和效果非常顯著。通過店員盡力記住客人的姓名和特徵，借助敏銳的觀察

力和良好的記憶力，做出細心週到的服務，使客人留下深刻的印象，願意再次光顧，而且客人今後在不同的場合會提起該店如何如何，等於是店鋪的義務宣傳員。

5 重視你的商店服務

市場產品如此豐富，有什麼產品是只有你店鋪才有的呢？就算是你獨創一個特殊的產品，很快也會湧現出大量的仿製品來，品質並不比你的差，價格還要便宜一大截。所以說開商店重要的不是銷售什麼樣的產品，而是能夠為顧客提供什麼樣的服務。

有兩家緊挨著的烤肉店，Ａ店門口總是大排長龍，而Ｂ店卻鮮有顧客問津。Ａ店的老闆總是熱情地招呼每一位客人，店鋪裏洋溢著歡樂的氣氛。而Ｂ店自認為肉質上乘，老闆和員工總是擺出一副高高在上的姿態，讓顧客不舒服。久而久之，顧客都跑到Ａ店去了。Ａ店的烤肉不見得比Ｂ店的好吃，但是Ａ店提供的舒適的服務，成為了戰勝Ｂ店的重要籌碼。

比起產品，服務才是商店更應該重視提高的因素。要做好對顧客的服務工作，主要從店員專業素質的培養和對店鋪與顧客的關係的精細維護兩個方面來加強。

如果顧客對某個店鋪產生了信賴感，就會不斷地重覆光顧，還會給店鋪帶來新客戶。因此忠實顧客的培養和維護是值得去下大工夫的。實驗證明，一個忠實顧客起碼會給你帶來 5 個左右的顧客，而這些新的顧客又有可能成為你的忠實顧客，這樣就能逐漸形成一

個巨大的穩定的銷售網路。所以，經常與老顧客培養感情、拉近距離是開好小店的一門必修課。店主可以經常向老顧客提供一些獨到的服務，例如贈送促銷禮品，生日或節日時送張賀卡或者送些問候，有促銷信息及時通知，定期組織一些老顧客時尚沙龍等活動，穩定顧客群體。

要培養店員專業的服務態度，首先要端正店員的儀態，包括導購人員站立的位置、服務態度和笑容。營業員的年齡要根據顧客群體劃分，太年輕的員工向顧客推薦時總難免缺少權威性，年紀過大又缺乏青春時尚的氣質。

店員要有全面而細緻的專業知識，例如販賣女性內衣店的員工，要瞭解 A、B、C、D 罩杯，以及 70、75、80、85 等字母數字代表的內衣規格。店員更要在對產品知識深入瞭解的基礎上，進行生動化的運用。這就需要營業員練就一雙火眼金睛，具備精準的判斷力。例如，從一個顧客進店起，店員就必須很清楚地看出她大概適合的杯罩，而不需要尺子測量後才能準確地推薦，這是優秀店員應具備的專業素質。不同品牌的尺碼規格不盡相同，而且只有試穿試用了才瞭解產品的效果。所以員工應該儘量說服顧客試穿試用，這樣才能確保顧客買走的產品舒服合身，增加顧客對品牌的好感和回頭率。

終端店的銷售工作最終是靠店員來完成的，有關數據可表明，優秀的店員和差的店員之間的營業額有可能相差 8 倍以上。所以，小店一定要對店員進行專業的培訓。

6 為顧客著想，讓顧客接受你

根據美國紐約銷售聯誼會的統計，71%的人之所以從你那裏購買，是因為他們喜歡你，信任你，尊重你。向顧客推銷產品前先要推銷自己，就是讓顧客喜歡你，信任你，接受你。

當你本著為顧客著想的原則去行動時，可能會犧牲自己眼前的利益。這時你該怎麼辦呢？最明智的辦法就是放棄眼前小利，追求長遠利益。

銷售高手的共同秘訣就是：真心地站在顧客的立場，把顧客的事當作自己的事，「為客」之前先「忘我」，最終卻使自己也成為最大的贏家，而平庸的行銷者則恰恰相反。

作為一位顧客，家中有病人，本想買些沒有太大直接途的保健品盡一下孝心，卻不能得到任何的理解、贊許與同情，反而是聽些喋喋不休、無關痛癢的話，也確令人寒心。這樣的情景，無論放到誰身上他也不會容忍和接受。假如站在顧客的立場上，以一顆同情心傾聽顧客的心聲，想顧客之所想，急顧客之所急，那麼那怕只需一句「父親得了癌症還買這麼多保健品給他，你真孝順啊」的話，便能迅速拉近兩人的距離，使其購買更多更貴的產品，並能贏得顧客的「忠誠」。

如今的市場已進入由顧客主導一切的時代。然而在實際的銷售過程中，還有不少的店鋪銷售員犯下類似錯誤，一方面「以我為本」拼命地推銷，另一方面卻感歎市場難做、顧客難伺候。這是因為缺

乏對顧客起碼的關心和尊重。

誰不想同自己喜歡和信任的人做生意？所以，建立良好的信譽非常重要，因為坑蒙拐騙的市場越來越小。

因此，在與顧客打交道時，儘量替顧客著想，從實際角度為顧客服務。必須堅持讓對方感覺所談論的事情是對雙方都有利的，你的個人行為讓對方覺得放心（有誠信），你能站在別人的立場上考慮問題，甚至可以為對方解決他自己難以解決的問題，同時，給對方一定的時間自由考慮並決定，這樣，你才會成功。

有人問著名企業家：「你是如何成為世界第一名的？你為什麼能賺這麼多錢？」

得到的回答是：「你的頭腦千萬不要想賺錢，你如果一心只想賺錢，你肯定賺不到錢。」

「有沒有誠意，其實客戶都能體察得到。如果我為了成交而欺瞞客戶，那麼客戶的下一筆生意永遠都做不到。」

若將顧客的心比作一把鎖的話，你假使用鐵錘費再大的勁也難以打開，若找到鑰匙的話，就可以輕而易舉地開啟它。這把鑰匙就是從骨子裏關懷顧客、設身處地地為顧客著想。當然，所有的付出都會有回報的，你成就了顧客，緊隨而來的是顧客也會成就你。

例如經營一家包子店，也要學會分析顧客，顧客分為幾種，如過路客、回頭客、忠實顧客和最佳顧客等。吸引和維繫顧客的方法還有很多，每一位老闆可以根據自己店面的實際情況，因地制宜、因時制宜，從門店經營、產品更新、人員配備、行銷活動等各個方面提升顧客進店率。

過路客一般都是路過的人，要贏得過路客則全靠你店堂的整潔，門面裝璜能否吸引和營業員親切的笑容來贏取。過路客中又有本地的、外地的，也許還有經常路過的，再加上你的產品好，在這

些人中也有部分會成為你的回頭客。所以我們要從各方面去儘量做到最好來努力爭取。

回頭客是曾經光顧過你的顧客。他之所以選擇你，而不去隔壁那家，原因是你在某一方面勝於他人。如你產品的品質、服務和環境等等。這些顧客是最有希望成為你的忠實顧客的，你一定要好好珍惜，好好把握。

忠實顧客曾經是回頭客，也就是說你的某些產品他很喜歡，你的服務和環境又令其難以忘懷，你的熱情和你笑容使他根本不好意思走進隔壁，他選擇了你，就好像是戀人之中她選擇了他，只要你堅持到底，她會是「你的人」（最佳顧客）。

最佳顧客，如果你的顧客中有很多是最佳顧客，那你就真的很成功，因為最佳顧客他能免費為你做廣告。比如一個人表示想買某一樣東西，而他的朋友知道自然的馬上就會介紹某某的很好等等。這是發自內心的不由自主的一種行為，而且也是千金都難買的一種效果，也就是常人所說的口碑。所以我們要在各方面下功夫，多贏取這樣的顧客。

在贏取顧客的依賴，包子店做到下面幾個方面：

1. 常客管理。每當自己店鋪開展派送、贈送等活動時應即時通知老顧客和回頭客。另外還可以不定期舉行各種促銷活動，讓顧客參與。比如：每逢節假日，進行產品促銷活動

2. 客戶管理。可以記錄下每一位元到店鋪購買產品的顧客姓名、年齡和電話，這樣可以進行跟蹤服務和管理

3. 適當投資。小小投資，大大回報。製作些年曆、賀卡和優惠券來送給顧客，那都會令你收到很好的效果。如兒童節當天，凡是帶小朋友來的顧客都贈送一個小禮物等等。

4.現場管理。也就是包子店的店員在日常的營業中要和藹可親，在顧客等待包點出鍋的過程中，可以和客戶介紹產品資訊，拉拉家常，從而減輕顧客焦急心理，加強與顧客之間的情感聯繫。營業員要盡量能記住常客的姓名和稱呼，以便在下次到來時能夠很親切的稱呼顧客，這樣會令顧客感覺受到尊敬。

7 用主動熱情去感染顧客

主動熱情是店鋪成功銷售的一個良好開端，是展示店面水準的重要環節。只有那些態度主動熱情、服務細緻週到的店面銷售員，才能獲得顧客的青睞。

如今，顧客的消費心理已經非常成熟，他們的錢是不會盲目地往外掏的。在產品價位相似，品質大體相同的前提下，銷售人員的態度成為一個主導因素。顧客都非常喜歡和那些熱情主動的銷售員打交道，也樂意購買他們的商品。在實際銷售中，絕大多數顧客都認為前期與銷售人員的接觸對他們的購買傾向有很大程度的影響。

1.為什麼要熱情主動

冷淡會使70%的顧客對你敬而遠之。通過調查發現，約70%的顧客會因為感到服務人員對其態度冷淡而離店而去，即冷淡會使商家失去 70%的顧客。而每一位進到店鋪的顧客，都是對某產品感興趣的，是店鋪重要的潛在用戶，失去他們，就是失去店鋪的銷量與利潤。

顧客期待銷售人員主動相迎。顧客希望得到尊重和重視，因此

他們期待店員主動提供服務，主動熱情可以向顧客明確表達銷售人員隨時提供優質服務的意願，給顧客留下專業的印象，從而為之後的銷售過程奠定良好的基礎。

2.怎樣做到主動熱情

⑴口頭語言。要做到語調親切，發自內心地歡迎顧客的光臨，因為他就是店鋪的下一個買主。用詞得當、專業，如「您好，歡迎光臨！」等，語速適中，聲音洪亮、清晰。

⑵形體語言。要做到面帶微笑，微笑要自然、親切，姿勢得當，以手勢示意顧客入店參觀，目光關注，問好的時候目光應該追隨顧客。

如果說眼睛是心靈的窗戶，那麼微笑就是心靈的發言人。一個微笑所負載和傳導的真情，勝過了千言萬語，對顧客的感染是非常強烈的。

微笑的唯一前提是真誠。沒有真誠，微笑就不能是微笑。而只能是冷笑、乾笑、媚笑、奸笑之類了。微笑不是有意堆積在臉上的，而是肺腑之情的自然流露。千金不是難買一笑嗎？真正微笑的人是感覺不到自己在微笑的，當店面銷售人員由衷地向顧客表達謝意和真誠時，那銷售員的微笑就自然而然，不知不覺地浮現出來。這個時候，不微笑心理會很不舒服。如果是為了討好或欺騙顧客而強顏歡笑，那麼笑的表演者要有很高的「微笑技巧」，無論唇線怎樣彎，眼角怎樣斜，眉梢怎樣搖，都只不過是一個虛偽的人，根本打動不了顧客的心。所以，店面銷售員在做到主動熱情時，一定要充分展示自己的微笑。

商店生意好，這八點要做到！

商店要想生意好，服務一定要跟上，在顧客的眼中，好的服務是怎樣的呢？整理出 8 點優質服務，供大家參考：

1. 語調柔一點

使客人聽起來舒服一點，語調太重本來是一句正常的話語，有時候也會被聽成不客氣的語言

2. 微笑靚一點

微笑靚一點不僅是生活中待人待事的技能，更是展現自我的本能。當你看見每個顧客，就會把你的微笑傳遞給每個人，使你的顧客心情舒暢，對你們店鋪的印象加深。

3. 嘴巴甜一點

每個人都喜歡聽好話，在這個時候就需要員工和顧客聊天的時候儘量說好話，好話並不是需要你怎樣去誇讚他，而是和他建立在同等的位置去表揚他。

4. 耐心足一點

有時候遇到很麻煩的事，需要有足夠的耐心，慢慢的去跟顧客溝通，其實這個時候顧客也很煩躁，你要是顯露出不耐煩，那就很容易出現爭吵。

5. 行動快一點

在店裏經常需要幫助顧客，顧客有需求肯定是很急切的，你要是動作緩慢，就很容易導致顧客的生氣，動作快同時也能形容一個

人做事的好與壞。

6.效率高一點

效率高也是一個很重要的品質，高效率能帶動整個店鋪的效率，有時候一個員工的效率低都能影響到一個店鋪的效益。

7.肚量大一點

在店裏也會經常出現一些突發事件，這些突發事件同樣需要處理，這個時候你不要害怕，事情總是需要處理的，你可以膽量大一些去處理。

8.腦筋活一點

腦筋靈活能體現出一個人的處理能力，在緊急事件中更需要我們靈活處理，合理的把事情處理好。

9 建立檔案，把顧客記在心中

在競爭日益激烈的市場環境中，顧客「跳槽」，是許多企業面臨的一個重大問題。管理人員應深入瞭解顧客跳槽的原因，發現經營管理工作中的失誤，才能採取有效的措施，提高顧客的消費價值，增強企業的競爭實力。企業經營宗旨是爭取與維繫顧客，對於任何企業而言，使顧客滿意進而培養顧客忠誠，是企業得以生存和發展的根本。

按照 80/20 定律，企業中 80%的利潤是由 20%的顧客創造的，因此這些顧客是你服務的重點。在 80%的顧客中可能有 20%是不帶任何價值的垃圾顧客，這樣的顧客要堅決淘汰。也就是說雖然顧客掌握

我們需求的資源，但顧客是有區別的，不能用一種方法來服務。

　　明確核心顧客，是企業的一項重要的戰略工作。要識別核心顧客，管理人員必須回答以下三個問題：

　　(1)那些顧客對本企業最忠誠，最能使本企業贏利？管理人員應識別消費數額高、付款及時、不需要多少服務、願意與本企業保持長期關係的顧客。

　　(2)那些顧客最重視本企業的商品和服務？那些顧客認為本企業最能滿足他們的需要？

　　(3)那些顧客更值得本企業重視？

　　任何企業都不可能滿足所有顧客的需要。通過上述分析。管理人員可識別本企業最明顯的核心顧客。不少企業管理人員認為每一位顧客都是重要的顧客。有些企業管理人員甚至會花費大量時間、精力和經費，採取一系列補救性措施。留住無法使本企業贏利的顧客。但是，在顧客忠誠感極強的企業裏，管理人員會集中精力，為核心顧客提供較高的消費價值。

　　很多店舖生意都依靠「常客」維持的。增加店舖的常客，是提升經營業績的有效方法。

　　使顧客常客的方法很多，本質上都是使顧客獲得額外的利益，包括物質和精神兩個方面。

　　VIP貴賓卡就是一種有效的措施，是給予特定顧客的優惠卡，顧客可能憑藉VIP卡獲得優惠，例如打折。實際實施過程中應注意一點：VIP卡應當製作精美，不能過濫。

　　積分獎勵也是一種培養常客的有效的措施，就是根據顧客採購的金額累計積分，達到一定程度就可以獲得各種優惠待遇。可以是贈送購物券、獎品或者是參與抽獎。最關鍵的一點是重視店舖營業員的作用，如果營業員的記憶力足夠好，能夠認出店舖的常客，並

給予常客的待遇，例如稱呼姓名、聊聊家常、提供更加貼切的購物建議等，顧客滿意程度將會很高，甚至介紹自己的親朋好友來店舖消費。

客戶檔案，顧名思義就是有關客戶情況的檔案資料，是反映客戶本身及與客戶關係有關的商業流程的所有信息的總和。包括客戶的基本情況、購買能力、家庭消費能力、商業信譽等有關客戶的方方面面。

建立客戶檔案是把店舖做大的一種手段，而不是目的，更不是一種形式。作為店舖銷售人員，思維的方式不同，建立的顧客檔案也不盡相同；文化水準不同，建立的顧客檔案更不可能相同。顧客檔案應該怎麼建立，這原本就沒有固定的模式，但不管怎麼建立，唯一需要永遠記住的是，顧客檔案一定要建立在銷售員的心中。這樣，銷售員就可以隨時翻開顧客檔案，看一看那些顧客需要那些服務；只有這樣，銷售員才能夠真正把顧客當作「上帝」，當作自己的「衣食父母」，像崇拜「上帝」那樣去崇拜顧客，像關心父母那樣去關心顧客。

客戶檔案是銷售員通往成功行銷寶殿的「綠色通道」，銷售員率先步入這個「綠色通道」，就會看到成功的希望。

客戶檔案信息必須全面詳細。客戶檔案所反應的客戶信息，是我們對該客戶確定一對一的具體銷售政策的重要依據。因此，檔案的建立，除了客戶名稱、位址、聯繫人、電話這些最基本的信息之外，還應包括客戶的影響力、購買能力、商業信譽等這些更為深層次的因素。

著名行銷專家喬·吉拉德中肯地指出：「如果你想要把東西賣給某人，你就應該盡自己的力量去收集他與你生意有關的情報……不論你推銷的是什麼東西。如果你每天肯花一點時間來瞭解自己的顧

客，做好準備，鋪平道路，那麼，你就不愁沒有自己的顧客。」

剛開始工作時，喬・吉拉德把搜集到的顧客資料寫在紙上，塞進抽屜裏。後來，有幾次因為缺乏整理而忘記追蹤某一位準顧客，他開始意識到自己動手建立顧客檔案的重要性。他去文具店買了日記本和一個小小的卡片檔案夾，把原來寫在紙片上的資料全部做成記錄，建立起了他的顧客檔案。

喬・吉拉德認為，銷售員應該像一台機器，具有答錄機和電腦的功能，在和顧客交往過程中，將顧客所說的有用情況都記錄下來，從中把握一些有用的材料。喬・吉拉德說：「在建立自己的卡片檔案時，你要記下有關顧客和潛在顧客的所有資料，他們的孩子、嗜好、學歷、職務、成就、旅行過的地方、年齡、文化背景及其他任何與他們有關的事情，這些都是有用的推銷情報。所有這些資料都可以幫助你接近顧客，使你能夠有效地跟顧客討論問題，談論他們自己感興趣的話題，有了這些材料，你就會知道他們喜歡什麼，不喜歡什麼，你可以讓他們高談闊論，興高采烈，手舞足蹈……只要你有辦法使顧客心情舒暢，他們就不會讓你大失所望。

可以說，顧客能購買你的店鋪的商品，或者接受你的服務，不光是他需要你的東西，更重要的是他覺得你給他帶來了愉快。

有家著名旅館，其成功的秘訣就是為客人建立完整的檔案。酒店各部門各工種的服務人員，將對某位客人的特點認識集中彙報給行銷中心，行銷中心再將所有關於該客人的情報資料匯總到其檔案卡上，備錄下來，並輸入客戶資料庫。當總台接到客戶的預訂或入住信息後，就可以馬上向相關部門發出個性化服務提示。

例如，有位客人正在辦理入住登記手續。總合工作人員在錄入電腦時，得到行銷部門的預先提示，迅速瞭解到該客人的一些相關情況。都在客人毫不知覺的情況下悄然進行，客人面臨的將

是一個巨大的驚喜。

可見，對於那些力圖做好店鋪銷售，使服務工作更有成效的經營者來說，客戶檔案是一個珍貴的工具。那麼，如何建立客戶檔案呢？

1. 收集客戶檔案資料

建立客戶檔案就要專門收集客戶的所有信息資料，以及客戶本身的內外部環境信息資料。它主要有以下幾個方面：

⑴有關客戶最基本的原始資料，包括客戶的名稱、位址、電話以及他們的個人性格、興趣、愛好、家庭、學歷、年齡、能力、經歷背景等，這些資料是客戶管理和起點和基礎，需要通過銷售人員對客戶的訪問來收集、整理歸檔形成的。

⑵關於客戶特徵方面的資料，主要包括所處地區的文化、習俗、發展潛力等。其中對外向型客戶，還要特別關注和收集客戶市場區域的政府政策動態及信息。

⑶關於交易現狀的資料，主要包括客戶的銷售活動現狀、存在的問題、未來的發展潛力、財務狀況、信用狀況等。

⑷關於客戶週邊競爭對手的資料，如其對他競爭者的關注程度等。對競爭者的關係都要有各方面的比較。

2. 客戶檔案的分類整理

客戶信息是不斷變化的，客戶檔案資料就會不斷地補充、增加，所以客戶檔案的整理必須具有管理的動態性。根據行銷的運作程序，可以把客戶檔案資料進行分類、編號定位並活頁裝卷。

⑴客戶基礎資料，像客戶背景資料，包括銷售人員對客戶的走訪、調查的情況報告。

⑵客戶購買產品的信譽，財務記錄及付款方式等情況。

⑶與客戶的交易狀況，如客戶購買商品的情況登記表，具體產

品的型號、顏色、款式等。

⑷客戶退賠、折價情況。如客戶歷次退賠折價情況登記表，退賠折價原因、責任鑑定表等。

以上每一大類都必須填寫完整的目錄並編號，以備查詢和資料定位；客戶檔案每年分年度清理，按類裝訂成固定卷保存。

10 小店的經營成功之道

1. 瞄準目標市場

要在市場中取得競爭優勢，一般有三種基本戰略供選擇：成本領先戰略、差異化戰略和目標集聚戰略。前兩種戰略由於是在廣泛的零售市場上實施成本領先和差異化，很難被小店舖所採納；而小店舖要取得市場競爭優勢，通常會採取目標集聚戰略。

目標集聚戰略是在一個行業內，選擇其中一種或一組細分市場，並量體裁衣地為這一市場消費者服務。企業之所以要選擇一個細分的目標市場，一是因為當企業集中力量致力於某一特定目標時，能夠更加深入地瞭解顧客的需求，把產品做得更好，使顧客得到更大的滿足，從而在市場競爭中佔據有利的地位；二是因為選好目標市場的店舖競爭對手相對比較少，取得這部份市場領袖地位的幾率較大。

當一個店舖選擇了目標市場並實施集聚戰略後，如何從各個方面來實現這一戰略呢？如果一家店舖定位為便利店，那麼它可以從以下幾個方面來體現：

(1)店址

店舖應儘量設在居民住宅區內，方便居民就近購買。國外便利店的主要服務對象是住在公寓裏的老年人和單身職工，有些家庭主婦也會臨時買些日常生活必需品，因此，店址越靠近顧客越便利。

(2)時間

便利店一般是 24 小時全天候營業，一星期七天營業，可以讓顧客在任何需要時都能購買到所需商品，即使深夜突發急病，也能買到急需藥品。

(3)商品

便利店出售的商品由於營業面積的限制不可能太多，但應包括基本日常用品，商品組合是廣而窄的組合，種類較多，但選擇性較少，每種商品或許只有一兩個暢銷品牌。

(4)場所

店舖招牌應突出「便利店」三個字，很多便利店還加上「24 小時營業」的字樣。國內便利店營業時間短一點，有些便標上「8—12便利店」。場內應設有電子收銀機，員工操作熟練，不出現排隊等候現象。許多便利店還設有微波爐，方便顧客熱麵包和牛奶。

(5)附加便民服務

便利店還可以附設一些其他便民服務，如出售報紙、郵票及代充液化氣、代收電話費、代售月票等，以贏得社區居民的好感。

可見，該商店只要將它的所有經營策略定位在「便利」的價值鏈上，便能體現出它與其他零售商店的區別，突出自己的經營特色，從而與零售企業、超級市場、創儲式商店等大型商店相互補充，相互促進，共同分享零售業這一巨大市場。

(6)老闆親自坐店

提高店舖生意還有一個立竿見影的措施，就是老闆親自坐店。

老闆親自坐店有三個好處：

首先，直接打點生意，可以掌握最直接有效的市場資訊。

其次，老闆現場管理，工作人員一般都會更加努力工作，自然會提高經營業績。

再次，老闆可以現場決策，處理一些棘手的瑣事，這些瑣事可能影響店舖的經營業績，甚至是信譽。例如，價格的靈活決策、顧客投資訴的迅速處理等。

店舖生意是「守」出來的，在條件允許的情況下，都應當親自坐店。根據經驗，老闆親自坐店的店舖經營業績一般要高於老闆不坐店的店舖。

2. 開展特色服務

特色服務也可以使小店舖在競爭激烈的市場中擁有一塊立足之地，這已為很多小店舖所成功。一些小店舖管理者非常瞭解顧客的期望，但他們卻認為只有大商店才能滿足顧客期望，對於自己的小店舖來說是心有餘而力不足。

不可否認，服務項目和服務水準是受客觀條件限制的，任何企業不可能滿足顧客的所有要求，有些顧客要求太高，即使是以服務為標榜的大牌企業也同樣達不到。那麼，小店舖是否就不能以服務為優勢來定位呢？否，小店舖完全可以擁有服務方面的優勢，關鍵在於如何做。只要企業在某一方面服務創出特色，即使規模再小，同樣也能在這方面處於服務領先地位，引人注目，在消費者心中留下深刻的印象。

由於小店舖擁有大商店無法比擬的優勢——與顧客的親密度和迅速應變的能力，所以，小店舖可以憑創意加強顧客忠誠度，也可以提供大商店所有的更個性化、更細心、更富有人情味的服務，這才是正確的競爭之道。

小店舖要贏得服務優勢，不能正面挑戰大商店，要取自己所長，避自己所短，從人性化角度創新服務，與顧客建立親密聯繫，以情感人，同樣能在激烈的市場競爭中佔一席之地。

3. 不斷尋求創新

只有努力創新的店舖會有前途，墨守成規或一味地模仿他人，到最後一定沒有大發展，甚至導致失敗。任何店舖，都必須表現出自己的特色，才能創造出附加價值，也才能不斷增加顧客。做生意總會遭遇到困難和挫折，這就靠老闆去突破了。一定要拿出魄力和決斷力，在創新方面去尋求機會。

店舖生意通常都是「紮堆」的生意，競爭對手或許就在隔壁，沒有創新就不可能形成自己的競爭優勢。在香港，如果一家店舖更換招牌，不出三天，整條街的招牌都會更換一遍，可見店舖生意創新的壓力之大。

11 設法讓老顧客帶來新顧客

最好的新顧客，往往是由那些滿意的老顧客推薦而來的人。不論你的店鋪處於什麼行業，這都是一樣的。被推薦的新顧客對產品的懷疑會少很多、對價格也不是很挑剔，更容易接納產品，實現購買並感到滿意。

這種由老顧客帶來新顧客的買賣就是口碑效應。在現實生活中，當人們想購買某一商品時，總免不了要請週圍的同事、朋友推薦，同事、朋友的口碑對購買者的影響是很大的。美國的一項調查

表明：一個滿意顧客會引發幾筆潛在的買賣，其中至少有一筆可以成交；一個不滿意顧客可以影響 25 個人的購買意願。

口碑是店鋪不貼標識的商標，口碑是店鋪的靈魂，口碑就是最好的廣告！口碑傳播公認是市場中最強大的控制力之一，已被現代行銷界視為當今世界高效、高可信度、低成本的宣傳媒介。

良好的口碑，是贏得回頭客的重要條件。一些店鋪，出名得快，但倒閉關門得也快。其中有一個重要原因就是只注重銷售市場的擴展，卻不注重銷售市場的鞏固。而銷售市場的鞏固，就是要通過自己優質的品質、週到的服務、良好的信譽等建立長期穩定的用戶。

據不完全統計，一般的店鋪每年至少要失去 20%的顧客，而爭取一位新顧客所花的成本是留住一位老顧客所花成本的六倍，而失去一位老顧客的損失，只有爭取 10 位新顧客才能彌補。對任何一個店鋪來說，老顧客都是最好的廣告，他們會向朋友、親人推薦你所賣的商品。因此，一些著名的店鋪在開拓市場的行銷策略中，除了針對目標消費群的特徵和產品的風格精心設計出富有特色的宣傳品，並通過適當的媒體向大眾介紹新品外，還充分利用口碑這種最古老最有效的廣告方法，策劃出一些有創意、易實施的低費用行銷項目，以面對競爭日益激烈的市場。

店鋪要想贏得知名度，只需要投入大量資金，進行密集性廣告轟炸，短期內就能形成，而贏得口碑，非要對各項基礎工作做得非常細緻、到位並持之以恆。只有產品和服務水準超過顧客的期望，才能得到他們的推薦和宣傳。而那些領先於競爭對手或別出心裁的服務和舉措，更會讓消費者一邊心安理得地享受，一邊有聲有色地傳播。顧客如果願意開口幫你說話，那麼他所說的那句話的力量可能會比你自己說的一百句來的有效，因為他那一句話具有極高的信任度。

對於店鋪經營者來說，要想獲得良好的口碑，就可以從以下幾點去做：

1. 多做一些貼心的小事

顧客的需求中有一樣需求叫做「感受」，這是銷售中很難去捉摸，但是在成交的過程中又相當具有決定性的關鍵，如果可以創建顧客良好的感受，對商品的感受對店鋪的感受，尤其是對銷售員的感受，那麼這些感受便會在關鍵的時刻發揮出力量，所以要成交並不難，先把每一次顧客與銷售員接觸時的感受營造好，讓這些好的感受促使買賣成功！

⑴記住顧客所說過的話，把那些話變成你與他之間共同的話題，他的家庭、職業、興趣，包括他所飼養的小狗，因為他所關心的，你也關心，他所有興趣的，你也有興趣，先成為他的知音，自然而然你就容易成為他成交的對象了。

⑵留意顧客的小動作，喜歡那一類商品，喜歡喝什麼飲料，在適當時候讓他知道你清楚他的習慣，讓他知道你真的關心他。

⑶要對顧客表示感謝。感謝顧客光顧你的店鋪，感謝顧客相信你，選擇你的商品。即使顧客沒有購買商品，也要感謝他給了你機會。

讓這些貼心的感受常常圍繞著你的顧客，因為當他越來越喜歡這些感受，他就會越來越依賴你，你跟別人不同，他喜歡在你的店裏購買東西。

2. 幫助顧客，而不要只想賺取顧客口袋裏的鈔票

不要只是自私的關心顧客這次在你的店裏買了多少的商品，這樣的銷售員在顧客的眼中是一文不值的，他也許現在依然在你這裏購買商品，但是只要有機會他隨時會找機會把你替換掉，所以，店面銷售者要努力做到如下幾點：

⑴在平常的語言上讓顧客知道你不只是跟他做生意而已,你跟他一樣也很關心他所在意的事情。

⑵真誠而客氣地提出你的意見提供給顧客作為參考,會提出意見表示這是你經過思考的結果,不管顧客採用與否,你所花的心思會留在顧客心中美好的印象。

3.將自己視為最優秀的商品之一

顧客在購買商品之前其實他是先認可你之後才購買你的商品,所以一個成熟的銷售員不只是研究如何銷售商品,在研究銷售商品之前應該先研究如何銷售自己,要知道顧客先接觸到的其實並不是你銷售的商品而是先接觸到你這個人,如果顧客並不接受你這個人,自然而然接受你銷售的商品的幾率就不高,但是相反的,如果顧客已經高度地認可你之後,顧客接受你銷售的商品的幾率就相對提高了許多。

12 服務促銷

1.附加服務促銷

在午茶服務時,贈予一份蛋糕、扒房給女士送一隻鮮花等。客人感冒了要及對告訴廚房,可以為客人熬上一碗姜湯,雖然是一碗姜湯,但是客人會很感激你,會覺得你為他著想,正所謂:「禮」輕情意重。

在餐桌中的適當講解運用,都是很有意思的。如給客人倒茶時一邊倒茶水,一遍說「先生/小姐您的茶水,祝你喝出一個好的心

情」。在客人點菊花茶的時候，可以為客人解說「菊花清熱降火，冰糖溫胃止咳，還能養生等」，這都是一種無形的品牌服務附加值。雖然一般，無形卻很有型。客人會很享受地去喝每一杯茶水，因為他知道他喝的是健康和享受。

過生日的長壽麵，如果乾巴巴端上一碗麵條，會很普通，如果端上去後輕輕挑出來一根，搭在碗邊上，並說上一句：「長壽麵，長出來。祝你福如東海，壽比南山」。客人會感覺到很有新意（心意），很開心，這碗麵也就變得特別了。

海底撈餐廳的許多服務被稱為「變態」服務。海底撈等待就餐時，顧客可以免費吃水果、喝飲料，免費擦皮鞋，等待超過30分鐘餐費還可以打9折，年輕女孩子甚至為了享受免費美甲服務專門去海底撈。

海底撈的這些服務貫穿於從顧客進門、等待、就餐、離開整個過程。待客人坐定點餐時，服務員會細心地為長髮的女士遞上皮筋和髮夾；戴眼鏡的客人則會得到擦鏡布。隔15分鐘，就會有服務員主動更換你面前的熱毛巾；如果帶了小孩子，服務員還會幫你餵孩子吃飯，陪他們在兒童天地做遊戲；抽煙的人，他們會給你一個煙嘴。餐後，服務員馬上送上口香糖，一路上所有服務員都會向你微笑道別。如果某位顧客特別喜歡店內的免費食物，服務員也會單獨打包一份讓其帶走。

如美甲服務在美甲店至少要花費50元以上，甚至上百元，而海底撈人均消費60元以上，免費美甲服務對於愛美的女孩子很有吸引力。

海底撈將時尚事物和傳統飲食結合起來，結合得恰到好處。海底撈將美甲和餐飲服務聯繫在一起，將美麗贈予給這些女性消費者，而這些消費者體驗之後，也將她們的感受帶給了更多的人。

2. 娛樂表演服務促銷

用樂隊伴奏、鋼琴吹奏、歌手駐唱、現場電視、卡拉 OK、時裝表演等形式起到促銷的作用。一股表演之風流行起來：民族風情表演、民俗表演、變臉表演、舞蹈表演、樣板戲、阿拉伯肚皮舞、「二人轉」、傳統曲藝等。

這些表演大多是在大廳裏舉行，並不單獨收費，是吸引消費者眼球的一項免費服務。但是如果顧客要點名表演什麼節目，就要單獨收費了。在激烈的市場競爭中，不做出點特色來，要想立足也不是一件容易事兒。

商家達到招攬顧客的目的，如某網友評價一家餐廳的演出說：「這裏的演員真的是很賣力，演出博得了一陣陣的掌聲和顧客的共鳴。每人還發一面小紅旗，不會唱也可以跟著搖，服務員穿插在餐廳之間跳舞，互動性極強。注重顧客的參與性，必然會贏得更多的『回頭客』。」

3. 菜品製作表演促銷

在餐廳進行現場烹製表演是一種有效的現場促銷形式，還能起到渲染氣氛的作用。客人對色、香、味、形可以一目了然，從而產生消費衝動。現場演示促銷要求餐廳有良好的排氣裝置，以免油煙污染餐廳，影響就餐環境。注意特色菜或甜品的製作必須精緻美觀。

俏江南餐廳強調把菜品做成一種讓顧客參與體驗的表演。例如「搖滾沙拉」和「江石滾肥牛」等招牌菜品，服務員表演菜品製作，並介紹菜品的寓意或來歷等，使消費者在感官上有了深度的參與和體驗。

13 店鋪日後的擴張方向

在店鋪熬過艱難的生存階段之後，接下來就考慮店鋪擴張的事。為了擴大店鋪，你的主要任務就是將現有經驗經過小小的調整迅速複製到新的店鋪裏，以期達到讓新店鋪快速進入成熟期的目的。有幾種方式可以幫助你擴大店鋪，進而做大做強。

1.採用連鎖加盟方式加以擴張

連鎖加盟式——也就是真正意義上的特許經營，特許者與加盟者之間是一種契約關係，根據契約，加盟者可以使用特許者提供的獨特的商業特權(品牌、商號、專利技術或經營模式等)為統一模式進行商業活動。加盟者要向特許者支付相應的報酬。

2.實體店與網店相結合

未來商業運作離不開 Internet，企業要想生存和發展，就必須不斷地在商海中尋找商機。利用 Internet 向外界發佈商品信息，開闢市場，擴大市場佔有率，同時提高對市場的反應速度，這是一條很不錯的路徑。

對實體店來說，再開網店簡直就是「如虎添翼」，是實體店的業務擴展和廣告宣傳。兩者如果實現良性互動，網店對實體店無疑具有巨大的推動作用。

3.全力打造自己店的品牌

品牌可以幫助企業樹立商譽、形象。對於一個店鋪來說也是同樣的。品牌是店鋪的一種無形資產，它所包含的價值、個性、品質

等特徵都能給小店的壯大帶來重要的價值。品牌是小店塑造形象、知名度和美譽度的基石，在產品同質化的今天，為店鋪和產品賦予個性、文化等許多特殊的意義。品牌還可以幫助小店有效降低宣傳和新產品開發的成本。可見，擁有自己的品牌，對於小店的發展具有至關重要的作用。

第 十 四 章

店面財務管理與評估

1 開店不賺錢的 6 個原因

對於商店生意來說，防止陷入失敗的陷價是最重要的。商店生意開門一天，都有一定的固定費用支出，如果沒有收入和盈利，必然是典型的「坐吃山空」。很多商店的本錢都很有限，尤其是小門小臉的商店生意，稍有閃失，必是血本無歸。因為商店的固定投入（商店裝修、展示道具、必須的存貨）基本上不可能回收，更換店主之後，這些固定投入通常一錢不值。商店更換主人，通常都會重新裝修。

商店生意有其特殊性，以下原因是商店生意的致命殺手，經營商店生意，必須要防止陷入這些敗局。

1. 經營註定失敗的生意

很多人在經營商店的時候，只是從自己認為有利的角度考慮問題，而不是全面的分析判斷。很多商店經營失敗，主要的原因就是「經營失敗的生意」。

　　經營商店是在特定的場所開店，提供特定的商品，等著消費者上門選購。牢記一點，開店與準備特定的商品是商店生意的「結果」，而不是「原因」。也就是說，經營商店是因為在特定的地點，有足夠的消費者對特定的商品有現實的消費需求，這是商店生意的根本原因，而不是開了店就一定有生意。所謂「註定失敗的生意」就是沒有現實消費者需求的生意。在特定的地點提供設有消費者需求的商品和服務，尤其是一些「創新」的商品與服務，更容易陷入這個政局。

2. 商店地點選擇錯誤

　　商店生意的秘訣有三點，一是地點，二是地點，第三還是地點。可見地點對商店生意的關鍵意義。

　　同樣的一種植物，在森林中可以成為參天大樹，在沙漠中只能枯死！商店生意從本質上是「植物型」經營模式，良好的地點可以賺滿盆滿缽的錢，不好的地點只能是竹籃打水一場空，血本無歸。

　　地點好壞有一個重要的指標──客流量。客流量大的店址，生意必然興隆；客流量小的店址，只能關門大吉。

3. 管理不善

　　管理不善是所有生意和事業的致命殺手，商店生意也不例外。

　　商店生意是最需要管理的生意，一般都用「打點」、「料理」等詞語來說明。商店失敗的原因很多，例如用人不當、慢待顧客、進貨失誤、補貨不及時、現場管理混亂等，事實上都是管理不善造成的。

　　很多商店生意，僅僅是更換了一個店主或鬧市經理，其他的都沒有改變，但經營業績卻截然不同，一個賺錢，一個賠錢，原因只有一點，那就是「管理」。

　　開創一個事業，要想獲得成功，市場可行性佔去成功因素的

40%，管理佔去 30%，其餘的 30%是天時、地利、人和。即使是家小小的店舖，管理也是不可忽視的。許多商店生意之所以陷入經營困境，很大程度上是因為店主(或者商店經理)缺乏管理經驗。

一些店主以前是屬於上班一族，在大店舖中對某個小部門的業務管理瞭若指掌，但要主持一個事業，這點經驗往往是不夠的。例如，做過銷售的人，可能對財務方面缺乏瞭解，在估計投資總額時，只考慮到開店所必需的項目開支，而對一些額外的開支如稅務、意外、各項收費等卻忽略掉了，對存貨、現金流動等估計不足，導致開業後捉襟見肘，十分艱難。

還有一些店主在經營商店前已經創有小小事業，涉足商店生意是希望作多方面的發展，這一類投資者往往會犯同一個錯誤，即自以為是，把過去自己店舖的獨斷專行的作風帶過來，認為自己有經營管理的經驗，而忽略了商店生意管理的特殊性。這些都是缺乏商店生意管理經驗的表現。

4.缺乏足夠的專業知識、經驗和業務關係

如果說「管理不善」可以通過學習克服的話(本書就是很好的教材與資料)，專業知識、經驗與業務關係則純粹是店主個人的事情，誰也沒有辦法幫忙。

專業知識、經驗和業務關係是商店生意的進入障礙。在營銷學中，有一個重要的概念就是進入障礙。所謂進入障礙是指做特定生意必須達到的前提條件。沒有金剛鑽，別攬瓷器活兒，金剛鑽就是幹瓷器活兒的進入障礙。

在實務中，一般的進入障礙有兩個重要因素，一是資金，二是專業知識。商店生意在解決了資金問題之後(通常不是很多)，就只剩下特定行業的專業知識、經驗與業務關係。如果您對自己的生意沒有一定的專業知識，成功的可能性將降低很多。當然，您也不會

輕易進入。

　　經營特定的商店生意往往需要通用知識與專業知識。通用知識包括各種通用的管理知識、營銷知識、各種基本常識等，這些知識適合所有的行業。實務中的人事管理、市場營銷、財務管理等就是通用的知識。專業知識則是特定行業的知識，這種知識僅僅是特定行業所獨有的。例如，餐飲業中大廚師的烹調知識與技巧，服裝的生產技術、流行資訊、面料知識等。

　　核心專業知識是賺錢的原因。在特定生意中，專業知識有特定的核心專業知識。兩家相鄰的店面，經營同樣的服裝生意，所有的營銷措施類似，但一家賺錢，一家賠錢，原因在於兩家老闆進貨的眼光有差異，賺錢的老闆進的貨通常適銷對種，受到消費者的歡迎；賠錢的老闆進的貨銷量平平。因此，開服裝店的核心專業知識就是進貨的眼光，包括個人的品味，對流行的資訊、供應渠道以及對消費者的理解等。

　　所有的商店生意都有核心的專業知識，也就是專業經驗，以及特定的業務關係，這是獲得競爭優勢的關鍵。缺乏足夠的專業知識、經驗和業務關係，通常都會失敗，這是商店生意的一大特點，必須是「內行」開店。

5. 沒有足夠的資金

　　經營商店沒有足夠的資金通常都會以失敗告終。做生意的基本原則就是「將本求利」，沒有足夠的本錢是沒有辦法做生意的。

　　經營商店包括兩部份資金，一是商店開辦資金，二是商店經營資金。

　　商店開辦資金是指租賃商店、裝修商店、置辦營業設備。招聘商店工作人員的資金，一般佔商店總投資的 50%—70%。開辦資金是商店的一次性投入，生意失敗很難回收。

商店經營資金是指採購商品的資金，通常應當是商店月營業額的 3 倍。因為在實務中，商店採購的第一批商品可能出現失誤，必須及時籌集適銷對路的第二批商品，否則商店將陷入危險的境地。

很多人都忽略了商店經營資金的重要性，以為將商店裝修之後，守著商店就肯定能夠賺錢。當商品採購出現失誤之後，商店經營業績處於很低的水準，沒有足夠的現金支付各種費用，以及籌集新的商品，只能眼睜睜地看著商店一天天衰敗，最後關門。做生意一定要準備好足夠的資金。

6.商店所有權出現糾紛

很多生意興隆的商店在很短的時間內就倒閉了，外人很難找出合適的理由進行解釋。出現這種情況，多半是商店內部出現了問題，尤其是商店所有權出現了糾紛。

所謂商店所有權出現糾紛是指商店的老闆之間出現了嚴重的分歧。很多商店都是幾個老闆共同投資創建的，一人一個主意，當股東之間出現不可調和的矛盾，商店生意必然大受影響。

顧客在選擇商店時也會考慮該商店的類型，與自己是否同屬於一個社會階層。

顧客在適合自己的商店中通常十分自然，既不擔心「囊中羞澀」和「挨宰」，也滿意商店的商品與服務。

事實上，商店常客的形成是由兩個因素決定的，一方面商店在經營策略中，老闆會初步確定自己商店的目標顧客，也就是是商店的常客；另一方面商店開業後，顧客也會主動選擇特定的商店，也就是在經營過程中，逐漸形成事實上的「常客」。

實務中，上述兩個方面並不是完全一致的，規劃過程中的目標顧客並不完全等同於事實上的常客，往往是「有心栽花花不開，無心插柳柳成蔭」。規劃針對的是一種目標顧客，開業之後卻得到了另

外一種消費者群體的認同。因此，經營商店最重要的是分析開業之後事實上的「常客」，這才是商店的真正衣食父母！

　　分析常客最好的方法就是現場觀察，與長時間在商店內側覽的顧客、購買商品的顧客進行交談，真正掌握他們的消費心理與消費習慣。這個工作是長期的，必須由商店的「靈魂」人物親自做。

2 及時尋找生意冷淡的原因

　　生意冷淡，是店舖開始走下坡路的一個明顯徵兆，如不及時採取措施加以扼制，店舖就會有虧損甚至倒閉的危險。因此，店老闆一定要有見落葉而知秋的敏銳眼光，及早洞察出生意不佳的原因。究根溯源，找出病因，然後對症下藥，才是解決之道。

1. 深入探討業績不佳的原因

　　在日本東京郊外的鐵路線旁，有一家開業已有八年之久的聯營小酒吧——A店。該店在開業時，由於沒有其他競爭對手，加上又在大學附近，所以酒吧內整天坐滿了大學生以及下班後不直接回家的職員，生意十分興隆。

　　從三年前開始，A店附近陸續開設了幾間性質相同的酒吧。隨著競爭的愈發激烈，A店的顧客人數也越來越少，最少時只有鼎盛時期的七成。該店經理通過調查，找出了自己業績大幅度衰退的原因。原來是競爭對手供應的酒菜種類較多，價格較低廉，以及精心裝潢的店舖能給予顧客溫馨且新鮮的感覺，讓路過的人不由自主地想走進去。

針對此情況，A 店積極地採取一連串的改善措施，大到重新裝潢店面，小到將店中的制服以及餐具全部換新。終於，該店的營業額開始慢慢回升，並恢復到以前的盛況。

在這個例子中，可以發現人們往往只注意到導致業績不佳的外在因素，諸如商店的形象、商品的構成以及價格等，因此其改善方法也從裝修店面、增加商品種類等方面來著手。但是，造成業績衰退或不佳的原因難道只有這些嗎？是不是還有那些細節是被忽略的呢？

實際上，以上僅是問題的一部份，在整件事情上，還有許多人們不曾注意到的地方。例如說，A 店因為店舖面貌的煥然一新，店內的氣氛也促使店員們的精神為之一振，不僅說話的聲音格外響亮，也開始關注起店內的清潔衛生來了。由此可知，在改革中，有關設備、貨物供應、運行機制等外在的競爭因素值得注意，但更要關注的則是屬於人們心理與觀念上的內在部份。

一般來說，導致業績不佳的原因，可分為自身可解決和必須借助外力才可解決的兩方面。但原則上，在面對業績不佳時，首先要依靠的仍是自身的力量，其次才是借助外力來解決問題。

以上述事例來說明，員工的精神面貌是因為店舖裝修的這個契機而煥然一新，但即使沒有經過這個過程，商店應該還是可以做到振奮員工精神、保持店內清潔衛生等基本要求，就看店主所採取的策略是否恰當罷了。因此，如果只把投資當做是解決問題的惟一辦法，那就只能說明這位店主經營思想上有失偏頗了。

身為店主，雖有必要記住有關銷售額的計算公式，但僅僅看到最後結果是不夠的，他還應該分析從顧客進入商店，到選擇商品、接受服務，直到購買的全程。由於銷售額的計算公式是：銷售額=購買商品×商品價格。因此店主可以從中注意到如下的基本資訊：

‧ 來店顧客的人數變化如何（常客的比例如何）？

‧ 購買人數有什麼變化（只看不買的顧客有多少）？

‧ 購買的商品價值是多少？

因為經營的商品不同，在來店顧客人數中，購買商品顧客的比例差別就很大。以來客幾乎都買主的飲食業為例，其比零售業中只看不買的顧客就要少得多。因此，只注意收銀機上的數字是不行的，那畢竟只是呈現出一種結果，只有仔細觀察顧客來店的情況及變化，才有可能找到解決問題的良方。

2.檢討顧客不上門的原因

「為什麼顧客就不來光顧自己的商店呢？」身為店主的你能否舉出幾項具體的原因？諸如此類的問答，將可輕易檢驗出一個店主的經營能力，如果只能列舉出像「服務太差」、「促銷不力」等籠統原因，便無法制定出具體的對策來解決業績的頹勢。

某大型超市在對員工進行管理人員錄取考試時，曾出這樣一道考題：請你在 10 分鐘之內，列舉出 20 條以上顧客離開商店的理由。當然，答案是五花八門，但事實證明，凡是能列舉出 20 個原因以上的人，都是業績良好的商店售貨員。因此，店主所有的工作都直接或間接地和營業額有關，店主能否注意一些該做而沒有做的事情，是決定銷售額高低的關鍵。

雖然每個商店的行業和規模不同，但是想知道顧客人數下降、業績不佳的原因，就有必要進行如下的檢查。

「顧客不來光臨」、「顧客人數減少」，究其原因都有其必然性。如果不具備弄清這種必然性問題的冷靜判斷力，也就不知道該怎麼做，當然更無法提出解決問題的方案。如果你最近感到商店經營不佳或銷售急劇下滑，請務必參考銷售額低迷檢討圖做一次詳細的檢查。這樣，你就能夠比較客觀地看到店舖存在影響銷售額的弊病。

圖 14-2-1　銷售額低迷檢討圖

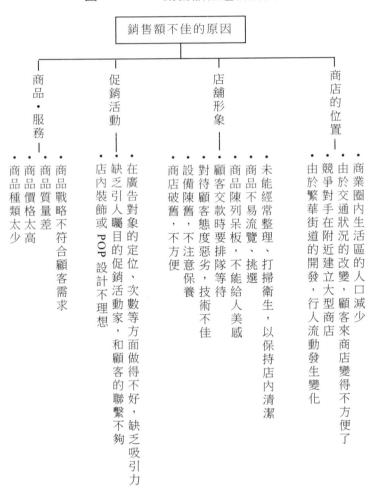

就以商品質量問題來說，對其原因的探尋也應該深入到以下所提及的這些層次去認真分析（請參照商品質量出現問題的深層原因檢討圖）。

在探究業績不佳的原因時，多半會發現是由於店長或員工的責

任心不足所致。以商品質量問題來說，其表現上只是針對商品做檢驗，但實際上，在其流通的過程中還有各式各樣的人為因素存在。

圖 14-2-2　商品質量出現問題的深層檢討圖

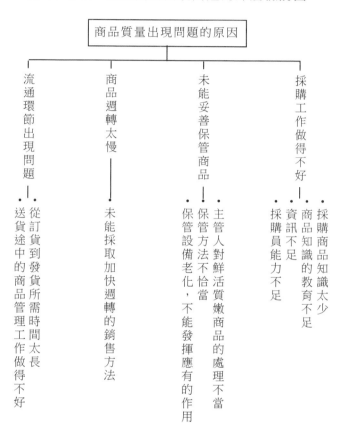

3.樹立良好店鋪形象，扭虧為盈

開設一家店鋪要經過長時間的準備和磨礪，在經營中可能慢慢積累一些不利因素，進而造成店鋪虧損。這時，就需要消除這些不利因素，重塑良好的店鋪形象，扭虧為盈。

溫水煮青蛙的故事大家都很熟悉，當把一隻青蛙放入一鍋沸騰的開水中時，它會受不了溫度的突然變化奮力跳出來。而如果把青蛙放在溫水中時，它會習慣這種溫度，然後慢慢地把水加熱，青蛙就會在不知不覺中被煮熟了。

店鋪的生意越來越差，顧客逐漸地減少，虧損問題越來越嚴重。其實很多店鋪就如同那隻青蛙一樣，在不知不覺中已經失去活力了。面對這樣的狀態，是應該停止營業避免虧損繼續擴大，還是奮力一跳，徹底改善店鋪的經營狀況？經營者應好好審視一下自己店鋪的情況，不要等到沒有力氣跳的時候才意識到水已經快開了。

那些已經快要輸透的經營者們，不要覺得店鋪無藥可救了，只要有改變的決心和毅力，店鋪上下團結起來，樹立良好的店鋪形象，就一定有扭虧為盈的可能。而那些正在「溫水」中的經營者，也應盡早覺醒，發現自己店鋪的問題吧。

3 店面財務貴在有「管理」

店鋪財務管理是店鋪對其資金的獲得、積累、分配、支出等進行規劃、核算和監察等工作的總稱。所有店鋪都需要嚴格的財務管理，店鋪要想生存發展，都必須管好錢，算好帳。店鋪的財務管理至關重要，因為開店創業的目的就是為了賺錢，如果不能抓住財務這個關鍵，就有可能前功盡棄，或者只出力，沒有效益和利潤。更為麻煩的是，財務管理並不是輕而易舉就能做好的，這就需要店鋪經營者付出更多的精力和時間，付出更大的努力。店鋪財務管理的

關鍵是要找到其中的「道」，也就是關鍵和竅門。

據有關部門研究，國內個人自行創業開店存活兩年以上的不到30%，即70%的個人企業或個人店鋪會在兩年內倒閉。在這些失敗的店鋪中，有一大部份失敗的原因就是來自財務上的問題。

通常而言，較小的店鋪很少對店裏的財務做整體的規劃。在開店前，店鋪經營者很少會預估營業額，也不擬定年度預算和銷售計劃，因此在成本和利潤的控制上往往不得要領，常常是只注意到現金的盈虧，卻不知實際收支上的盈虧。例如，有一家小服飾店，店主一直覺得小店生意很好，每天都有現金盈餘，所以每個月都慷慨地給店員發獎金。但年終一結算，卻發現虧損不少。探究其中原因，原來是未將當初投入的設備和人力(店主本身的薪資)費用算進成本。

由此可見，財務規劃是開店的重頭戲。規劃週到，理財有方，才能以錢生錢，才能擴大店鋪規模，獲取更大的利潤。

要想真正管好店鋪，經營者還要掌握合理控制店鋪財務開支。

要想使店鋪的財務管理順暢自如，一個最基本的辦法就是要合理控制店鋪的運營成本。店鋪應對每個月的經營支出列出明細並進行分析。作為店鋪經營者，對店鋪的費用支出的控制要從員工工資、人事費用、固定費用支出、變動費用支出等四個項目入手。通常而言，店鋪應把握以下五個要點對經費開支進行控制：

①店員薪金總額不得超過經費的50%。

②經費與銷售總額的比例要在15%以內。

③人事費用與銷售總額的比例要小於6%。

④固定費用佔總經費的比應維持在85%以上。

⑤變動費用佔總經費的比例應為15%。

4 財務管理必須要嚴格

剛開始的投資，不能超過預算太多，其次，日常的財務管理要嚴格。

1. 不能超過投資預算太多

超出預算太多，會給開店帶來大風險。有些創業開店者籌備不充分，把開店想像得太簡單，對各種支出及運作的資金預算不足，結果導致開店時捉襟露肘，出現困境。

所以，開店所需要的資金數額一定要仔細認論證，認真推敲。數額與開店的規模、經營品種、經營方式以及競爭對手的情況等多種因素有關。通常需要多個方案進行比較。對每個方案的支出要明細列出，並核算每個方案可能產生的利潤。

如預付的租金是多少，房屋裝修費是多少，添置多少及什麼樣的設備，需要多少人力等。確定的數額要與同行同規模的商店進行比較，再看這個數額是否可行，是偏高還是偏低，這樣就不至於出現太大的誤差，造成投資的嚴重失誤。估計投資數額，要留有充分的保險係數。

投資目標額不可超出規模要求過高，但低估投資數額，開業後會造成非常被動的局面。因為，店面開業後，除了事先可計算的合理支出，總避免不了一些隨機性的臨時支出，有時會直接影響到效益。在創業開店初期，由於創業者的過度熱情與樂觀，總會帶有一定的盲目性，就會忽略一些隱藏性的開支和不可預料的開支。

　　另外，還要注意細節方面的開支，以減少超出預算的額度。有些人會因為前期投入的資金過大，便會忽略一些資金上的細節，例如日用現金的準備、小物品的購買等。特別是小物品的購買，一開始創業總想給人留下個好印象，無論從裝飾品、日常生活用品、辦公用品都會選擇最好的東西，以為大錢都去了，這點小錢不算什麼。但實際上在這方面的投入最不划算。這種小的開支，雖然資金用量不大，但積累起來也是一筆不小的費用，而且這些費用還不會直接產生效益。所以，一定要注意這方面的開支。

　　俗話說：開店容易守店難，一旦店面開始營運起來，需要花錢的地方很多，就是最專業的財務專家也做不到財務預算面面俱到，所以任何財務報表都會有流動資金這項，就是專用於預防風險、應急和開創新的局面用的，這項是重中之重。

　　因此，對於創業開店者來說，精打細算，合理開支，對預算進行嚴格控制是必須要認真做到的一點。

2. 要制定嚴密的財務制度

　　制定並嚴格執行有關的財務制度，是店鋪規範化管理的一部份，也是店鋪生存發展的有力保障。

　　開店就要涉及大量的財務問題，包括日常的銷售收入和各項經費支出。作為經營者要建立一套完善嚴密的財務制度，有序地進行財務管理。如果自己不懂可外聘財會人員。

　　店鋪的財務管理制度可大體分為三大類：記帳管理、財務核算管理、資金管理。

(1)記帳管理

　　記帳管理就是帳本管理制度，即對店鋪收入和支出的錢、物進行登記。可在會計用品店買到帳本和店鋪會計登記表。每日認真記帳是做好帳本管理的關鍵。從某種意義上講，一些小店的生意非常

簡單，每日的收入和支出金額都一清二楚，而且，其中大多是現金收入。因此，這樣的店鋪記帳方式很簡單，故可以做到日清日結，把每天的收支情況在當天記錄整理好。如果認為金額較少，拖延兩三天再記帳也無關緊要，那麼在不知不覺中就會養成不及時記帳的習慣，拖延至一週記一次帳，甚至一個月記一次帳，這樣便會無從知曉店鋪資金的來往情況而影響工作。

因此，當天的工作應在當天總結整理，這樣無論多麼細小的情節都能回想起來。如果將工作累積至一週或一個月後再作總結、整理，則很多細節早已忘到九霄雲外，一旦出現問題，就不好處理了。如果是財務記帳有誤，以致不得不繳納多餘的稅金，對店鋪來說更是雪上加霜。記錄一天的帳目要不了多長的時間，所以千萬不要因為捨不得這一點時間給店鋪帶來更大的麻煩。除了及時記帳外，還應該對帳目及時進行整理統計，製成一覽表，存檔備用。

(2)財務核算管理

財務核算管理是對店鋪經營活動的過程和結果以貨幣為單位進行計算和統計，然後編制出具有一定格式的會計報表。通過這些會計報表瞭解店鋪的經營情況、評價經營和出現的問題，是經營者決策的重要依據。所以，財務核算制度一定要嚴格。

一家店鋪的成本費用基本由以下十項費用組成：人員工資、房租、設備費用、水電費用、庫存商品費用、應收帳款、廣告宣傳、促銷費用、雜費、損耗。

以上費用可以分為固定費用和可變費用，固定費用包括房租、設備費用等，其他都屬於可變費用。有效控制成本費用，就需要從這些可變費用著手。

在店鋪的成本核算中，人員費用一般所佔的比率最高，往往會超過月營業額的 6%。店鋪經營者應該重點關注員工的作業安排表，

將人員靈活調度，從而產生最高的工作效率。

　　對於水電費用、雜費等，採用節約原則，例如減少不該有的照明，或者辦公用品集中採購等，來節約部份的雜費。例如，在夏天，一些店面的冷氣機開到十幾度，不僅顧客進門會感到冷，還浪費電費，店員在這樣的環境待久了，一旦進入室外炎熱的場地，極易感冒，影響工作與健康，適合的溫度要調到 26 度。還有些店面，夏天開著冷氣機，大門洞開，一方面冷氣向外湧，一方面外面的熱氣往裏灌。這種情況下，可以將門口掛上透明的簾子，一方面可以阻擋室內外的空氣對流，另一方面也方便顧客的出入。

　　合理控制庫存商品，儘量減少資金佔用。合理的庫存可以提高門店的盈利率，庫存太少，將增加商品的採購費用，而庫存太多，不僅佔用大量的資金，而且會產生更多的倉儲保管費用，甚至因為商品銷售不暢而造成大量的商品損耗。店鋪經營者可以利用「庫存/銷售比」的計算公式來幫助預算出某種商品的合理庫存。

　　廣告及促銷費用要精打細算，有些廣告促銷用品要反覆利用，或者親手製作，以節約費用。

　　避免不合理損耗根據商品的特質來避免不合理的損耗，例如，食鹽類產品怕潮濕，因此不要挨近地面存放，或者挨近生鮮冷凍食品。有時商品快要接近保質期時，要果斷降價促銷，以避免更大的損失。

(3) 資金管理

　　資金管理是建立一定的制度確保資金合理、安全地運用，有計劃地週轉資金，使店鋪的經營正常進行。

① 現金收入的管理制度

　　店鋪的現金收入管理，主要就是收銀管理，其在店鋪管理中非常重要。收銀員是顧客服務鏈的極重要環節，對顧客是否再次光臨

有重要的影響。因此，收銀管理萬萬不可輕視。具體的收銀制度如下：堅守崗位，不得空台，做到熱情服務，態度和藹，語言禮貌，堅持唱收唱付，收銀須嚴格按照程序操作，不得出錯，並備好充足零鈔，不因短零鈔而走失生意；熟悉業務，提高辨別假鈔能力，發現假鈔及時處理，收到假鈔由當事人負責賠償；下班前收銀員將當天收到的每一筆貨款如實輸入收銀機內，在結帳時累計實收必須同輸入收銀機內的款項相符。嚴格遵守現金管理制度，做到當天款項當天清。

②現金管理制度

絕大多數顧客都是通過現金與店鋪進行交易，完善現金管理制度是店鋪財務管理的重要項目。店鋪經營者可以將現金管理的重點落在清點、安全兩個方面。

· 現金的清點及結算。現金由收銀員與老闆在指定地點、指定時間面對面清點清楚，並填寫每日營業收入結帳表，由收銀員與老闆簽名確認。

· 現金的安全措施。為了現金的安全，店鋪至少要配備一個保險箱，用於存放當日現金或過夜營業款，保險箱要由老闆親自保管。如果要到銀行存款，最少要有 1 人陪同老闆前往，以防路上出現意外。

3.要嚴格執行，獎懲分明

要確保每個員工理解每一項財務制度，並在實踐中堅決予以貫徹執行。如有任何問題出現，應追查責任，並予以及時處理。

4.要公私分明

作為店鋪老闆，可能會想店鋪都是我自己的，還有什麼我不能用、不能管的呢？如果有這種想法你就錯了，因為許多店鋪經營混亂的財務狀況，在很大程度上是與老闆公私不分有直接關係的。本

來店鋪的現金週轉、利潤水準都處於相對理想的狀態，但老闆個人的高消費足以嚴重影響店鋪的財務狀況。老闆的日常消費如果完全由店鋪按需供應，則一定會增加店鋪的營業費用，比同業者又高出了一筆成本，勢必會削弱自己的競爭力。解決老闆無「收入」的問題，使其公私分開的方法很簡單，就是自己給自己開一份適當的月工資。

總之，應制定完善的財務管理制度，並嚴格執行，從而儘量減少店鋪運營過程中的不可預計因素，以保證店鋪的正常運營與發展。

5 寧願少賺，也不要賒帳

當營運資金有限時，要獲得最大的利潤，就必須加快資金週轉速度。

一般顧客都是以現金、信用卡支付，店鋪要及時把款項劃過來，加速資金回流。

需要週轉金時，即使是掛賬，進貨之後開始銷售，如果回收貨款的期間能和進貨到付款之間的期間一致，就不會產生付款困難的情況。當回收銷售貨款的期間長於進貨付款的期間時，這段相差的期間，就需要週轉金。一般來說，店鋪應該有一定的週轉金，以備不時之需。

如果實在已經沒有週轉金可供週轉，但又想增加營業額時，那就非得縮短庫存時間，將回收銷售貨款的時間提前，或是延長進貨貨款的支付的時間。在籌措資金方面應該掌握什麼商品的週轉期較

長，那位顧客或進口商較長用現金交易。最好是做一張資金籌措表（分預測、實際兩種），才能避免週轉金不足的情況發生。

對於開店鋪的人來說，賒帳是經常遇到的棘手事。因為賒帳的一般都是熟人，不賒可能會得罪顧客；賒帳太多，又會佔用資金，影響資金週轉，還有可能形成「死帳」，甚至導致店鋪關門。

因賒帳而關門，真是太可惜了。因此，從穩健經營的角度來說，寧願少賺點，也不要賒帳。當然，任何事情也不是絕對的，關鍵是要根據具體的情況靈活處理。

1. 不能靠賒帳拉生意

靠賒帳拉生意是非常危險的經營方式。因為人和人不一樣，誠信度也不一樣，你以誠待人，但是不能保證和你打交道的人都是講誠信的。堅持不賒帳，雖然一開始時，生意可能會受到影響，但時間長了，顧客看你賣的東西貨真價實，服務又好，也就會慢慢接受！

2. 沒有把握的帳不能賒

有時候，到了萬不得已需要賒帳，也要有很大的把握。賒帳的顧客一定要是非常熟悉，要知根知底，瞭解其信譽度。而且還要給他們賒帳的金額設定上限，只要超過上限，無論如何都要結帳。賒與不賒的關鍵問題是能不能按期收回資金。所以一定要穩，要賒就必須有收回來的把握，不可靠的事情寧願不做。遇事要多設想一下後果，不能因為貪圖眼前利益而吃了大虧。

3. 賒帳要注意方式方法

每個店都有自己的經營手段和吸引顧客的方法，賒帳就是其中的一種。但賒帳要分清對象，注意方式方法。在兩種情況下可以考慮賒帳：一是買東西的人是老顧客，賒欠的金額不大，又是在急用的情況下；二是顧客是熟識的人，而且是第一次來店裏買東西。而對於不講誠信的人絕不能賒，不要覺得面子上過不去，要堅持原則。

對於沒能及時還帳的顧客要善意提醒，同時要注意千萬不能因催要欠款而讓顧客心生反感。有時候，坦誠地把話說開，顧客也都能理解。

4.先付款後交易

商店的交易方式，若能採取「先付款後交易（交付商品）」，也可以減少賒帳情形。

6 有效控制商店人員費用

人事費在各個行業的平均值：製造業 17%～18%，建設業 12%～13%，批發業超過 6%，零售業超過 13%。人事費過大時，由於不能降低薪資，只有削減人員或在現有人員的基礎上努力提高銷售額。也就是提高工作生產率，必須關注每一個人提高了多少成果。

以上 3 個數字是經營者應該看到的最為重要的數字。另外，更細的是支付利息比率（金融成本）和廣告宣傳費比率、福利保健費比率等。透過各種成本，可以看到各種指標。

經營者的成本感覺，還有一個不可缺少的視點，那就是單位小時成本和成果，即公司每小時花費多少成本，獲得多少成果。時間是人平等擁有的資產，要從這個資產如何有效地利用的視點去看待成本和成果。

具體來說，就是將銷售額和毛利潤及有關成本的數字除以實際工作時間。重要的是從其視點上經常檢查整個公司和每個職工的動向。以這樣的感覺環視公司內部的情況，會意外地發現浪費時間的

現象。例如，5點鐘為下班時間，經常在4點半左右工作效率就已經開始下降。其實毫不誇張地說幾乎所有企業的實際情況都是如此。

如果5點鐘為下班時間，那麼在到5點鐘之前的時間以內，全體員工對工作全力以赴才是本來的姿態。但事實上在大約30分鐘之前就已經在開始整理，在與同事聊天，這30分鐘幾乎沒有什麼成果可言。

加班時又怎麼樣呢？當然，也有人在繼續全力以赴，但也有些人一到加班便拖拖拉拉。這種人一般是沒有必要加班卻在加班，即不外乎為了掙加班費的「生活加班」。

仔細檢查的話，會發現成果只有白天的1/2或1/3左右的情況不少。這樣一來，加班費使人事費猛漲，大大壓制利潤，導致所謂的人事費破產。

許多店鋪都不同程度地存在潛在的過剩人員，從而增加生產成本。例如，兩個人能做的工作卻由3個人來承擔，就會發生1/3的過剩人員的損失。同理，擁有100%能力的人，僅發揮50%的能力，則該人的50%能力就浪費了，這樣，便發生了人事費的損失。因此，為降低生產成本，必須發現潛在的過剩人員並盡可能另行安排。

不要大量增加間接人員，所謂間接人員，即事務人員、技術人員、銷售人員或監督人員之類的人。在人事費用的損失之中，特別需要重視間接人員的大量增加。在店鋪的效益趨好時，店鋪即喜歡大幅增加間接人員，而且間接人員開支增加的比例會超過生產增長的比例，從而導致店鋪運營成本上升，效益相對下降。店鋪的間接人員之所以呈大幅度增加的趨勢，除了店鋪運營擴大需要相應增加間接人員的原因外，還因為間接人員的工作沒有客觀的標準，多點人少點人都可以。另外的兩個原因是，管理者想增加部下的人數，提高自己的身價；間接人員比直接作業員在店鋪裏地位較高。店鋪

要想降低經營成本，就必須克服間接人員大量增加的趨勢，盡可能控制間接人員增加的幅度和比例，使其低於經營本身的增長。

店鋪在任用員工後，當然需要對員工的工作以貨幣收入、商品和服務等作為回報，薪酬如何計算，薪酬多少受那些因素影響，等等，都是店主必須考慮的問題。薪酬一方面，它能夠激勵員工高效工作，更好地完成營業目標；另一方面，薪酬也是店鋪運作的主要成本之一，一旦運用不當，可能造成較大的損失。因此，在聘用員工前，就需要制定好各項激勵措施與規章制度，合理分配薪酬。

在店鋪薪酬設計，如果店鋪以對業績突出的員工進行鼓勵為目標，薪酬就將按員工的績效支付。在這種情況下，店鋪應該調整薪酬支付政策，力求使薪酬與刺激性獎勵聯繫起來，而不是採取固定薪資的形式。這時，店鋪不應提升所有員工的薪資，而應對工作績效優秀的員工給予獎勵，目的是提高利潤和生產率，使直接對生產作出貢獻的員工能夠得到更多的報酬。

7 現金應日清月結

日清月結是出納員辦理現金出納工作的基本原則和要求，也是避免出現長款、短款的重要措施。所謂日清月結就是出納員辦理現金出納業務，必須做到按日清理，按月結賬。這裏所說的按日清理，是指出納員應對當日的業務進行清理，全部登記日記賬，結出庫存現金賬面餘額，並與庫存現金實地盤點數核對相符。對於自己記賬的店主而言，也應該謹遵日清月結的原則，積極做好現金管理。

按日清理的內容包括以下幾個方面。

1.清理各種現金收付款憑證，檢查單證是否相符

也就是說各種收付款憑證所填寫的內容與所附原始憑證反映的內容是否一致；同時還要檢查每張單證是否已經蓋齊「收訖」、「付訖」的戳記。

2.登記和清理日記賬

將當日發生的所有現金收付業務全部登記入賬，在此基礎上，看看賬證是否相符，即現金日記賬所登記的內容、金額與收付款憑證的內容、金額是否一致。清理完畢後，結出現金日記賬的當日庫存現金賬面餘額。

3.現金盤點

出納員應按券別分別清點其數量，然後加總，即可得出當日現金的實存數。將盤存得出的實存數和賬面餘額進行核對，看兩者是否相符。如發現有長款或短款，應進一步查明原因，及時進行處理。

所謂長款，指現金實存數大於賬存數；所謂短款，是指實存數小於賬面餘額。如果經查明長款屬於記賬錯誤、丟失單據等，應及時更正錯賬或補辦手續，如屬少付他人則應查明退還原主，如果確實無法退還，應經過一定審批手續可以作為單位的收益；對於短款如查明屬於記賬錯誤應及時更正錯賬；如果屬於出納員工作疏忽或業務水準問題，一般應按規定由過失人賠償。

如實際庫存現金超過規定庫存限額，則出納員應將超過部份及時送存銀行；如果實際庫存現金低於庫存限額，則應及時補提現金。

8 開源節流，勤儉持店

一個店鋪想要持續經營，靠的不只是利潤表上的高額利潤，而是必須保持良好而又充足的現金流量，否則就會引發財務危機，甚至導致破產。對於小店鋪而言，資金鏈本來就比較脆弱，稍有不慎，就可能會招來滅頂之災，所以優化現金管理的重要性對於店鋪而言可見一斑。

眾所週知，現金需要量的預測，能夠保證店鋪某一時點或時段的生產經營活動順利進行，而現金預算則真正動態地反映了店鋪的現金餘缺，在現金管理上的巨大作用表現在：首先可以揭示出現金過剩或現金短缺的時期，使財務管理部門能夠將暫時過剩的現金轉入投資或在顯露短缺時期來臨之前安排籌資。其次，可以預測未來時期店鋪對到期債務的直接償付能力。再其次，可以區分可延期支出和不可延期支出。最後，可以對其他財務計劃提出改進建議。透

過編制現金預算可以幫助人們有效地預計未來現金流量，使店鋪從容地籌集資金，從而避免需用資金時「饑不擇食」，它是現金收支動態管理的一種有效方法。

一個店鋪應當保持足夠的現金來防止一時的現金短缺，但又不能把過多的現金置於這種沒有收益的用途上。店鋪的財務經理必須確定一個需要保持的現金水準。為了使店鋪保持已確定的最佳現金水準，需要對未來可能的現金收支的數量和時間進行預測，編制現金預算。

開店經營大部份都是為小本經營創業，所以，節約成本是至關重要的問題。如果大手大腳，鋪張浪費，增加不必要的開支，就會很快消耗有限的資金，出現財務危機。

精打細算與節約是做生意必備的兩點。要做到精打細算，就要從許多細節上入手。例如開店初期，經營中不會有太大的旺季，許多事情可由店主自己幹，這樣可以精簡大批人員降低成本。有些店必須僱用人的，則要充分利用每個人，合理安排人力資源，使成本降到最低。

對於降低籌資的成本，個人獨資與合夥出資則要安排好出總資額，要以最佳的配置出資，達到最好效果，但不能一味追求降低成本，籌資不足，造成將來的經營失敗。

1. 老闆親力親為

店鋪經營之盈虧只在一念之間，每個細節都要精打細算。如果經營者不親力親為，一切管理及運作都任由聘用員工為之，那麼工資支出就會增加很多。而且，領薪水的員工是不會完全的努力和盡心的，只有你，經營者本身親自下海，因為是自己的事業，才會一絲一毫的省下各種成本，一點一點地努力去拼業績。況且一家店鋪本身就沒太多利潤，人事費用能省就省，只有你自己親力親為，不

但可以賺取自己的一份薪水，更可以節省其他沒有效益的人事費用。

開店創業成功不一定要大資本，小資本也可以成功，但是最重要的是要用心經營，流程要簡單化，成本要精打細算，老闆要親力親為、注意每個細節，儘量縮短回收期，用心精簡……這是開店的成功之道。

2. 估算店鋪每月的支出費用

為配合店鋪營運的合理化及資金的合理運用，店鋪經營者應對每月的支出費用作細緻的估算。這部份費用多為固定消耗，無論生意是否收益都得支出。因此，店主要詳細估算每月的費用，做到心中有數，在不影響店鋪正常營業的情況下，並儘量節約這部份開支。店鋪每月的支出費用，包括：人員管理費用，設備維護費用,設備維護費用,變動費用等。

3. 儘量簡化作業流程

店鋪經營儘量要精簡人力和各種作業流程，整個作業流程要簡化，使各種成本、人事費用降低，而且最好一個人能身兼數職，如外場服務員兼清潔員，老闆要兼服務員、接待員，甚至是出納員，內部的作業還要精簡、快速。

4. 儘量開源節流

一家店鋪開始經營時，賺的是蠅頭小利，因此儘量努力增加營業額，如果一個月開店 25 天，每天營業額多出 200 元，那麼一個月就多出 7500 元，如果能努力多招呼顧客，每天多 5 位顧客，每人消費 50 元，每天就多出 250 元的營業額，如果每天多出 10 位顧客，那麼每個月業績就多出萬元。一家店鋪的成功與失敗都在點點滴滴的小細節上，經營店鋪絕對不能「大而化之」，絕對要斤斤計較，處處精打細算。

各種費用當然也要儘量能省則省之，如夏天時的冷氣費，常常

是非常驚人的，如果在高峰時間，儘量減少冷氣用量或把溫度控制在 26 度，室內溫度達 26 度以上時才開冷氣，那麼一間 25 平方米的店面一個月可能就會省下好多電費。其他費用也是一樣，如水費、電話費、其他雜支等，能省則儘量省之。另外，最重要的是進貨成本和庫存的控制，如果能使進貨成本減少，即使是 3%～5%左右，都可以使成本減少，利潤會增加不少。還有，庫存的控制也要精打細算，不能囤積太多庫存，一來積壓資金，二來庫存太久會使商品不夠新鮮。每個月努力使業績增加 1 萬元，假如可以使淨利增加 4000元，每月節省開銷 4000 元，這樣子加總起來，每個月就多了 8000元，對一家店鋪來說，每月增加 8000 元收入，真的是太好了。

臺灣的核心競爭力，就在這裏！

圖 書 出 版 目 錄

　　憲業企管顧問（集團）公司為企業界提供診斷、輔導、培訓等專項工作。下列圖書是由臺灣的憲業企管顧問（集團）公司所出版，自 1993 年秉持專業立場，特別注重實務應用，50 餘位顧問師為企業界提供最專業的經營管理類圖書。

　　選購企管書，敬請認明品牌 ： 憲 業 企 管 公 司 。

1.傳播書香社會，直接向本出版社購買，一律 9 折優惠，郵遞費用由本公司負擔。服務電話(02) 27622241　(03) 9310960　　傳真 (03) 9310961

2.付款方式：請將書款轉帳到我公司下列的銀行帳戶。

　・銀行名稱：合作金庫銀行（敦南分行）　帳號：**5034-717-347447**

　　公司名稱：憲業企管顧問有限公司

　・郵局劃撥號碼：**18410591**　郵局劃撥戶名：憲業企管顧問公司

3.圖書出版資料每週隨時更新，請見網站 www.bookstore99.com

⌇⌇⌇⌇⌇ 經營顧問叢書 ⌇⌇⌇⌇⌇

25	王永慶的經營管理	360 元
47	營業部門推銷技巧	390 元
52	堅持一定成功	360 元
56	對準目標	360 元
60	寶潔品牌操作手冊	360 元
72	傳銷致富	360 元
78	財務經理手冊	360 元
79	財務診斷技巧	360 元
86	企劃管理制度化	360 元
91	汽車販賣技巧大公開	360 元
97	企業收款管理	360 元
100	幹部決定執行力	360 元

122	熱愛工作	360 元
125	部門經營計劃工作	360 元
129	邁克爾・波特的戰略智慧	360 元
130	如何制定企業經營戰略	360 元
135	成敗關鍵的談判技巧	360 元
137	生產部門、行銷部門績效考核手冊	360 元
139	行銷機能診斷	360 元
140	企業如何節流	360 元
141	責任	360 元
142	企業接棒人	360 元
144	企業的外包操作管理	360 元

272	主管必備的授權技巧	360 元
275	主管如何激勵部屬	360 元
276	輕鬆擁有幽默口才	360 元
278	面試主考官工作實務	360 元
279	總經理重點工作（增訂二版）	360 元
282	如何提高市場佔有率（增訂二版）	360 元
283	財務部流程規範化管理（增訂二版）	360 元
284	時間管理手冊	360 元
285	人事經理操作手冊（增訂二版）	360 元
286	贏得競爭優勢的模仿戰略	360 元
287	電話推銷培訓教材（增訂三版）	360 元
288	贏在細節管理（增訂二版）	360 元
289	企業識別系統 CIS（增訂二版）	360 元
290	部門主管手冊（增訂五版）	360 元
291	財務查帳技巧（增訂二版）	360 元
293	業務員疑難雜症與對策（增訂二版）	360 元
295	哈佛領導力課程	360 元
296	如何診斷企業財務狀況	360 元
297	營業部轄區管理規範工具書	360 元
298	售後服務手冊	360 元
299	業績倍增的銷售技巧	400 元
300	行政部流程規範化管理（增訂二版）	400 元
302	行銷部流程規範化管理（增訂二版）	400 元
304	生產部流程規範化管理（增訂二版）	400 元
305	績效考核手冊(增訂二版)	400 元
307	招聘作業規範手冊	420 元
308	喬・吉拉德銷售智慧	400 元
309	商品鋪貨規範工具書	400 元
310	企業併購案例精華（增訂二版）	420 元
311	客戶抱怨手冊	400 元

312	如何撰寫職位說明書（增訂二版）	400 元
314	客戶拒絕就是銷售成功的開始	400 元
315	如何選人、育人、用人、留人、辭人	400 元
316	危機管理案例精華	400 元
317	節約的都是利潤	400 元
318	企業盈利模式	400 元
319	應收帳款的管理與催收	420 元
320	總經理手冊	420 元
321	新產品銷售一定成功	420 元
322	銷售獎勵辦法	420 元
323	財務主管工作手冊	420 元
324	降低人力成本	420 元
325	企業如何制度化	420 元
326	終端零售店管理手冊	420 元
327	客戶管理應用技巧	420 元
328	如何撰寫商業計畫書（增訂二版）	420 元
329	利潤中心制度運作技巧	420 元
330	企業要注重現金流	420 元
331	經銷商管理實務	450 元
332	內部控制規範手冊（增訂二版）	420 元
333	人力資源部流程規範化管理（增訂五版）	420 元
334	各部門年度計劃工作（增訂三版）	420 元
335	人力資源部官司案件大公開	420 元
336	高效率的會議技巧	420 元
337	企業經營計劃〈增訂三版〉	420 元
338	商業簡報技巧（增訂二版）	420 元
339	企業診斷實務	450 元
340	總務部門重點工作（增訂四版）	450 元

《商店叢書》

18	店員推銷技巧	360 元
30	特許連鎖業經營技巧	360 元
35	商店標準操作流程	360 元
36	商店導購口才專業培訓	360 元

37	速食店操作手冊〈增訂二版〉	360 元
38	網路商店創業手冊〈增訂二版〉	360 元
40	商店診斷實務	360 元
41	店鋪商品管理手冊	360 元
42	店員操作手冊（增訂三版）	360 元
44	店長如何提升業績〈增訂二版〉	360 元
45	向肯德基學習連鎖經營〈增訂二版〉	360 元
47	賣場如何經營會員制俱樂部	360 元
48	賣場銷量神奇交叉分析	360 元
49	商場促銷法寶	360 元
53	餐飲業工作規範	360 元
54	有效的店員銷售技巧	360 元
55	如何開創連鎖體系〈增訂三版〉	360 元
56	開一家穩賺不賠的網路商店	360 元
58	商鋪業績提升技巧	360 元
59	店員工作規範（增訂二版）	400 元
61	架設強大的連鎖總部	400 元
62	餐飲業經營技巧	400 元
64	賣場管理督導手冊	420 元
65	連鎖店督導師手冊（增訂二版）	420 元
67	店長數據化管理技巧	420 元
69	連鎖業商品開發與物流配送	420 元
70	連鎖業加盟招商與培訓作法	420 元
71	金牌店員內部培訓手冊	420 元
72	如何撰寫連鎖業營運手冊〈增訂三版〉	420 元
73	店長操作手冊（增訂七版）	420 元
74	連鎖企業如何取得投資公司注入資金	420 元
75	特許連鎖業加盟合約（增訂二版）	420 元
76	實體商店如何提昇業績	420 元
77	連鎖店操作手冊（增訂六版）	420 元
78	快速架設連鎖加盟帝國	450 元
79	連鎖業開店複製流程（增訂二版）	450 元

80	開店創業手冊〈增訂五版〉	450 元

《工廠叢書》

15	工廠設備維護手冊	380 元
16	品管圈活動指南	380 元
17	品管圈推動實務	380 元
20	如何推動提案制度	380 元
24	六西格瑪管理手冊	380 元
30	生產績效診斷與評估	380 元
32	如何藉助 IE 提升業績	380 元
46	降低生產成本	380 元
47	物流配送績效管理	380 元
51	透視流程改善技巧	380 元
55	企業標準化的創建與推動	380 元
56	精細化生產管理	380 元
57	品質管制手法〈增訂二版〉	380 元
58	如何改善生產績效〈增訂二版〉	380 元
68	打造一流的生產作業廠區	380 元
70	如何控制不良品〈增訂二版〉	380 元
71	全面消除生產浪費	380 元
72	現場工程改善應用手冊	380 元
77	確保新產品開發成功（增訂四版）	380 元
79	6S 管理運作技巧	380 元
84	供應商管理手冊	380 元
85	採購管理工作細則〈增訂二版〉	380 元
88	豐田現場管理技巧	380 元
89	生產現場管理實戰案例〈增訂三版〉	380 元
92	生產主管操作手冊(增訂五版)	420 元
93	機器設備維護管理工具書	420 元
94	如何解決工廠問題	420 元
96	生產訂單運作方式與變更管理	420 元
97	商品管理流程控制(增訂四版)	420 元
101	如何預防採購舞弊	420 元
102	生產主管工作技巧	420 元
103	工廠管理標準作業流程〈增訂三版〉	420 元

105	生產計劃的規劃與執行（增訂二版）	420 元
107	如何推動 5S 管理（增訂六版）	420 元
108	物料管理控制實務〈增訂三版〉	420 元
109	部門績效考核的量化管理（增訂七版）	420 元
110	如何管理倉庫〈增訂九版〉	420 元
111	品管部操作規範	420 元
112	採購管理實務〈增訂八版〉	420 元
113	企業如何實施目視管理	420 元
114	如何診斷企業生產狀況	420 元
115	採購談判與議價技巧〈增訂四版〉	450 元

《醫學保健叢書》

1	9 週加強免疫能力	320 元
3	如何克服失眠	320 元
5	減肥瘦身一定成功	360 元
6	輕鬆懷孕手冊	360 元
7	育兒保健手冊	360 元
8	輕鬆坐月子	360 元
11	排毒養生方法	360 元
13	排除體內毒素	360 元
14	排除便秘困擾	360 元
15	維生素保健全書	360 元
16	腎臟病患者的治療與保健	360 元
17	肝病患者的治療與保健	360 元
18	糖尿病患者的治療與保健	360 元
19	高血壓患者的治療與保健	360 元
22	給老爸老媽的保健全書	360 元
23	如何降低高血壓	360 元
24	如何治療糖尿病	360 元
25	如何降低膽固醇	360 元
26	人體器官使用說明書	360 元
27	這樣喝水最健康	360 元
28	輕鬆排毒方法	360 元
29	中醫養生手冊	360 元
30	孕婦手冊	360 元
31	育兒手冊	360 元
32	幾千年的中醫養生方法	360 元

34	糖尿病治療全書	360 元
35	活到 120 歲的飲食方法	360 元
36	7 天克服便秘	360 元
37	為長壽做準備	360 元
39	拒絕三高有方法	360 元
40	一定要懷孕	360 元
41	提高免疫力可抵抗癌症	360 元
42	生男生女有技巧〈增訂三版〉	360 元

《培訓叢書》

11	培訓師的現場培訓技巧	360 元
12	培訓師的演講技巧	360 元
15	戶外培訓活動實施技巧	360 元
17	針對部門主管的培訓遊戲	360 元
21	培訓部門經理操作手冊（增訂三版）	360 元
23	培訓部門流程規範化管理	360 元
24	領導技巧培訓遊戲	360 元
26	提升服務品質培訓遊戲	360 元
27	執行能力培訓遊戲	360 元
28	企業如何培訓內部講師	360 元
31	激勵員工培訓遊戲	420 元
32	企業培訓活動的破冰遊戲（增訂二版）	420 元
33	解決問題能力培訓遊戲	420 元
34	情商管理培訓遊戲	420 元
35	企業培訓遊戲大全(增訂四版)	420 元
36	銷售部門培訓遊戲綜合本	420 元
37	溝通能力培訓遊戲	420 元
38	如何建立內部培訓體系	420 元
39	團隊合作培訓遊戲(增訂四版)	420 元
40	培訓師手冊（增訂六版）	420 元

《傳銷叢書》

4	傳銷致富	360 元
5	傳銷培訓課程	360 元
10	頂尖傳銷術	360 元
12	現在輪到你成功	350 元
13	鑽石傳銷商培訓手冊	350 元
14	傳銷皇帝的激勵技巧	360 元
15	傳銷皇帝的溝通技巧	360 元
19	傳銷分享會運作範例	360 元

20	傳銷成功技巧（增訂五版）	400 元
21	傳銷領袖（增訂二版）	400 元
22	傳銷話術	400 元
23	如何傳銷邀約	400 元

《幼兒培育叢書》

1	如何培育傑出子女	360 元
2	培育財富子女	360 元
3	如何激發孩子的學習潛能	360 元
4	鼓勵孩子	360 元
5	別溺愛孩子	360 元
6	孩子考第一名	360 元
7	父母要如何與孩子溝通	360 元
8	父母要如何培養孩子的好習慣	360 元
9	父母要如何激發孩子學習潛能	360 元
10	如何讓孩子變得堅強自信	360 元

《成功叢書》

1	猶太富翁經商智慧	360 元
2	致富鑽石法則	360 元
3	發現財富密碼	360 元

《企業傳記叢書》

1	零售巨人沃爾瑪	360 元
2	大型企業失敗啟示錄	360 元
3	企業併購始祖洛克菲勒	360 元
4	透視戴爾經營技巧	360 元
5	亞馬遜網路書店傳奇	360 元
6	動物智慧的企業競爭啟示	320 元
7	CEO 拯救企業	360 元
8	世界首富　宜家王國	360 元
9	航空巨人波音傳奇	360 元
10	傳媒併購大亨	360 元

《智慧叢書》

1	禪的智慧	360 元
2	生活禪	360 元
3	易經的智慧	360 元
4	禪的管理大智慧	360 元
5	改變命運的人生智慧	360 元
6	如何吸取中庸智慧	360 元
7	如何吸取老子智慧	360 元
8	如何吸取易經智慧	360 元
9	經濟大崩潰	360 元

10	有趣的生活經濟學	360 元
11	低調才是大智慧	360 元

《DIY 叢書》

1	居家節約竅門 DIY	360 元
2	愛護汽車 DIY	360 元
3	現代居家風水 DIY	360 元
4	居家收納整理 DIY	360 元
5	廚房竅門 DIY	360 元
6	家庭裝修 DIY	360 元
7	省油大作戰	360 元

《財務管理叢書》

1	如何編制部門年度預算	360 元
2	財務查帳技巧	360 元
3	財務經理手冊	360 元
4	財務診斷技巧	360 元
5	內部控制實務	360 元
6	財務管理制度化	360 元
8	財務部流程規範化管理	360 元
9	如何推動利潤中心制度	360 元

為方便讀者選購，本公司將一部分上述圖書又加以專門分類如下：

《主管叢書》

1	部門主管手冊（增訂五版）	360 元
2	總經理手冊	420 元
4	生產主管操作手冊（增訂五版）	420 元
5	店長操作手冊（增訂六版）	420 元
6	財務經理手冊	360 元
7	人事經理操作手冊	360 元
8	行銷總監工作指引	360 元
9	行銷總監實戰案例	360 元

《總經理叢書》

1	總經理如何經營公司(增訂二版)	360 元
2	總經理如何管理公司	360 元
3	總經理如何領導成功團隊	360 元
4	總經理如何熟悉財務控制	360 元
5	總經理如何靈活調動資金	360 元
6	總經理手冊	420 元

《人事管理叢書》

1	人事經理操作手冊	360 元

2	員工招聘操作手冊	360 元
3	員工招聘性向測試方法	360 元
5	總務部門重點工作（增訂三版）	400 元
6	如何識別人才	360 元
7	如何處理員工離職問題	360 元
8	人力資源部流程規範化管理（增訂四版）	420 元
9	面試主考官工作實務	360 元
10	主管如何激勵部屬	360 元
11	主管必備的授權技巧	360 元
12	部門主管手冊（增訂五版）	360 元

《理財叢書》

1	巴菲特股票投資忠告	360 元
2	受益一生的投資理財	360 元
3	終身理財計劃	360 元
4	如何投資黃金	360 元
5	巴菲特投資必贏技巧	360 元

6	投資基金賺錢方法	360 元
7	索羅斯的基金投資必贏忠告	360 元
8	巴菲特為何投資比亞迪	360 元

《網路行銷叢書》

1	網路商店創業手冊〈增訂二版〉	360 元
2	網路商店管理手冊	360 元
3	網路行銷技巧	360 元
4	商業網站成功密碼	360 元
5	電子郵件成功技巧	360 元
6	搜索引擎行銷	360 元

《企業計劃叢書》

1	企業經營計劃〈增訂二版〉	360 元
2	各部門年度計劃工作	360 元
3	各部門編制預算工作	360 元
4	經營分析	360 元
5	企業戰略執行手冊	360 元

請保留此圖書目錄：

　　未來在長遠的工作上，此圖書目錄

可能會對您有幫助！！

在海外出差的⋯⋯⋯

台灣上班族

　　愈來愈多的台灣上班族，到大陸工作(或出差)，對工作的努力與敬業，是台灣上班族的核心競爭力；一個明顯的例子，返台休假期間，台灣上班族都會抽空再買書，設法充實自身專業能力。

　　[憲業企管顧問公司]以專業立場，為企業界提供最專業的各種經營管理類圖書。

　　85%的台灣上班族都曾經有過購買(或閱讀)[憲業企管顧問公司]所出版的各種企管圖書。

　　尤其是在競爭激烈或經濟不景氣時，更要加強投資在自己的專業能力，建議你：

　　工作之餘要多看書，加強競爭力。

建立企業圖書館

當市場競爭激烈時：

培訓員工，強化員工競爭力
是企業最佳對策

　　「人才」是企業最大的財富。如何提升人才，是企業永續經營、戰勝對手的核心競爭力。積極培訓公司內部員工，是經濟不景氣時期的最佳戰略，而最快速的具體作法，就是「建立企業內部圖書館，鼓勵員工多閱讀、多進修專業書籍」

　　建議您：請一次購足本公司所出版各種經營管理類圖書，作為貴公司內部員工培訓圖書。使用率高的（例如「贏在細節管理」），準備 3 本；使用率低的（例如「工廠設備維護手冊」），只買 1 本。

給 總 經 理 的 話

　　總經理公事繁忙，還要設法擠出時間，赴外上課進修學習，努力不懈，力爭上游。

　　總經理拚命充電，但是員工呢？

　　公司的執行仍然要靠員工，為什麼不要讓員工一起進修學習呢？

　　買幾本好書，交待員工一起讀書，或是買好書送給員工當禮品。簡單、立刻可行，多好的事！

商店叢書 ⑧⓪　　　　　　　　　　售價：450 元

開店創業手冊（增訂五版）

西元二〇二一年五月	增訂五版一刷
西元二〇一九年一月	四版二刷
西元二〇一六年六月	四版一刷
西元二〇一四年十二月	三版二刷
西元二〇一三年一月	三版一刷

編著：葉斯吾 黃憲仁

策劃：麥可國際出版有限公司（新加坡）

編輯：蕭玲

校對：劉飛娟

發行人：黃憲仁

發行所：憲業企管顧問有限公司

電話：(02) 2762-2241　　(03) 9310960　　0930872873

電子郵件聯絡信箱：huang2838@yahoo.com.tw

銀行 ATM 轉帳：合作金庫銀行　　帳號：5034-717-347447

郵政劃撥：18410591　　憲業企管顧問有限公司

江祖平律師顧問：紙品書、數位書著作權與版權均歸本公司所有

登記證：行政業新聞局版台業字第 6380 號

本公司徵求海外版權出版代理商 (0930872873)

本圖書是由憲業企管顧問（集團）公司所出版，以專業立場，為企業界提供最專業的各種經營管理類圖書。

圖書編號 ISBN：978-986-369-098-6